Confectionery & Baking

실습편 **최신제과제빵**

조병동 · 황성훈

백산출판사

책머리에

우리나라의 제과, 제빵도 많은 발전을 거듭하여 유럽이나 일본에 결코 뒤지지 않는 기술을 가진 것이 사실이다.

또한 불과 30여 년 전만 하더라도 국내에 제대로 된 책자 하나 없었던 것이 사실이다. 그러나 지금은 어느 나라 못지않게 제과관련 책이 다양한 제과 전문가에 의해 많이 출간되었다.

기술적인 측면에서도 세계 어느 나라 못지않은 전문적인 기술로 업계를 이끄는 많은 기술자가 있다.

이 책은 이론강좌에 이어 제과제빵을 처음 배우는 학생의 기능사 시험을 준비하는 과정과 한국산업인력공단의 q-넷에 공개된 내용은 물론 제과기능사, 제빵기능사의 실기를 위해 실제 작업에 꼭 필요한 부분을 기록한 것이다.

제과인으로 사회에 첫발을 내디딜 때 가장 먼저 접하게 되는 기능사 품목은 기초를 이해하는 데는 어떤 품목보다도 빠르다는 것을 이해하고 세세하게 글로 표현하려 노력하였다. 또한 제과제빵기능사 품목 이외에도 제과제빵을 전문적으로 배우는 학생들에게도 필요한 기초 내용을 모아서 정리하였다.

전문 파티셰가 되기 위한 첫걸음으로 무엇보다도 기초에 충실해야 된다는 생각으로 기초적인 것을 기술하려 최선을 다하였다.

아울러 이 책이 나오게 도움을 주신 모든 분께 진심으로 감사드린다.

저자

차례

제빵 · 제과 실습을 위한 준비

제빵 실습기초 · 제과 실습기초 · 기능사 실기시험 준비 및 기타 유의사항
q-넷이 공개한 기능사 실기 출제기준 · 기능사 실기시험 채점표 예시

Chapter 1

제빵 · 제과
실습을 위한 준비

1. 제빵 실습기초

1) 배합표 작성

① 몇 년 전부터 기능사 시험에서 배합표 작성 부분은 시험에서 제외되고 있지만 아직까지 배합표의 작성은 실무에서 꼭 필요한 부분이라고 생각한다.

② 제빵에서는 보통 베이커 퍼센트(Baker's %)라 하여 밀가루의 양을 100%로 하였을 때를 기준으로 다른 재료의 양을 %로 나타내는 방법을 쓰고 있다.

③ 제과기능사의 배합표 작성은 보통은 어느 한 재료의 %와 양을 동시에 표시해 주고 나머지 다른 재료의 % 혹은 양을 묻는 아주 간단한 작성법도 있다.

④ 배합률 계산법을 보면
- 각 재료의 중량 = 밀가루의 중량×각 재료의 비율
- 밀가루의 중량 = 밀가루의 비율×총 반죽 중량÷총 반죽 비율
- 총 반죽 중량 = 총 반죽 비율×밀가루 중량÷밀가루 비율

2) 재료 계량

① 모든 재료는 배합표에 따라 정확한 양을 계량한다.

② 재료는 부피로 계량하지 않고 저울을 이용하여 무게로 계량한다.

③ 저울은 영점 조절을 하여 평평하고 수평을 이루는 곳에서 흔들림 없이 계량을 하여야

정확하다.

④ 양에 따라 적당한 그릇을 사용하고 흘림이나 낭비가 없이 계량하는 버릇을 들인다.

⑤ 적은 양의 재료는 적은 단위까지도 읽을 수 있는 저울을 사용하여야 한다.

⑥ 주어진 재료의 가짓수에 따라 정당한 계량시간도 확인하고 빠르고 정확한 계량을 한다.

3) 반죽

① 반죽을 위한 준비

- 밀가루는 체쳐서 준비하는데 그 이유는 밀가루의 이물질을 제거하고 밀가루 속에 공기를 넣어줌으로써 물과의 수화를 돕기 때문이다.
- 반죽의 온도를 조절하기 위하여 재료의 온도를 점검하고 특히 물은 기온에 따라 온도를 적당하게 조절하여 사용하여야 한다.
- 탈지분유는 흡습성이 좋아 덩어리지기 쉬우므로 설탕과 함께 섞거나 물에 미리 녹여서 사용하면 안전하다.
- 생이스트는 물에 녹여서 사용할 수도 있다.
- 건포도 등 건과일의 사용 시 반드시 술이나 따뜻한 물에 미리 담가서 수분이 충분히 먹을 수 있도록 하는 전처리 과정을 거쳐서 사용하여야 완제품에서 적정 수분을 유지할 수 있다.
- 호두 등의 견과류는 필요에 따라 잘게 부수고 볶거나 익혀서 준비한다.

② 반죽의 단계

- 픽업 단계(Pick up stage) : 재료와 물이 대충 섞여서 차츰 재료의 수화가 이루어지는 처음의 단계를 말한다.
- 클린업 단계(Clean up stage) : 재료의 수화가 이루어지면 전체가 한 덩어리로 되어 믹싱볼이나 훅에 붙지 않는 단계가 되는데 이때가 수화는 되었으나 글루텐의 형성은 시작하는 단계라고 볼 수 있는데 보통 이때 유지를 투입한다.
- 발전 단계(Development stage) : 반죽이 다시 믹싱볼과 훅에 달라붙으면서 글루텐이 본격적으로 형성되기 시작하는 단계로 반죽의 탄력성이 최대인 단계이다.

- 최종단계(Final stage) : 반죽의 표면에 광택이 나고 탄력성은 떨어지고 신전성이 커지는 단계로 글루텐이 최대로 발전되어 반죽을 늘려보면 풍선껌처럼 잘 늘어나고 끊어지지 않으며 손에도 달라붙지 않는 보통 빵의 최적 믹싱상태가 된다.
- 렛다운 단계(Let down stage) : 최종단계에서 더 반죽이 계속되면 반죽이 약간 끈적거리면서 탄력을 완전히 잃어가게 되어 퍼지는 경향이 보이기 시작한다. 이 단계는 햄버거, 잉글리시 머핀 등 납작하게 굽는 빵의 믹싱 최적단계이다.
- 브레이크다운 단계(Break down stage) : 글루텐이 파괴되는 단계이며 이 단계가 되면 밀가루 단백질도 효소의 작용으로 파괴되어 빵의 뼈대를 이루지 못하기 때문에 구우면 오븐 팽창이 일어나지 않는다.

③ 반죽의 온도 조절
- 마찰계수 = (반죽결과 온도×3)−(밀가루 온도+수돗물 온도+실내온도)
- 사용할 물의 온도 = (희망반죽온도×3)−(밀가루 온도+실내온도+마찰계수)
- 사용할 얼음량 = $\dfrac{\text{사용할 물량}\times(\text{수돗물 온도}-\text{사용할 물 온도})}{(80+\text{수돗물 온도})}$

④ 반죽할 때 주의점
- 믹싱볼과 훅은 깨끗이 닦아서 사용한다.
- 믹싱 기계의 사용 전에 기계의 사용법을 숙지하고 안전에 특히 주의하여 사용하도록 한다.
- 반죽하는 도중 기계를 중지하고 손을 반죽 볼 속에 넣어 재료를 모아줄 때가 있는데 기계의 정지와 작동에 주의하여 손을 다치지 않게 하여야 한다.
- 반죽은 반죽의 단계를 숙지하고 시작하여 마무리한다.
- 재료의 흘림이 없게 주의하여 반죽을 시작하고 다 된 반죽을 들어낼 때도 반죽을 깨끗이 볼에서 덜어내도록 한다.

4) 1차 발효

① 발효의 목적은 발효 도중 반죽 속에 여러 가지 발효생성물을 축적하여 최종제품에 풍미와 향과 볼륨을 주기 위한 것이다.

② 온도는 28℃ 내외, 습도는 보통 80%가 보통이다.

③ 1차 발효의 최종점은 보통 처음 부피의 3배, 반죽 바닥의 망상구조, 손가락으로 눌렀을 때 누른 자국이 그대로 있는가로 판단한다.

5) 분할

① 반죽의 손상이 가지 않게 스크레이퍼를 이용하여 반죽의 자르는 횟수를 줄이고 함부로 다루지 않게 한다.

② 분할하는 도중에도 발효는 계속되므로 처음 분할한 것과 나중에 분할한 것의 발효차이가 생겨서 고른 제품을 만들 수 없으므로 신속하게 분할하도록 노력한다.

③ 50g 이하로 분할하는 것은 전체 반죽에서 먼저 막대모양으로 길게 스크레이퍼를 이용하여 분할하여 가래떡처럼 둥글고 길게 만든 후에 엄지손가락 쪽을 이용한 손분할을 하는 것을 원칙으로 하며 더 크게 분할하는 것은 스크레이퍼를 이용하여 하나씩 따로 분할한다.

6) 둥글리기

① 분할한 반죽을 회복시키기 위한 것으로 계속 발생되는 가스를 잡을 수 있도록 표피를 터지지 않게 매끈하게 해준다.

② 다음 과정인 성형을 쉽게 하기 위하여 빵의 모양에 따른 둥글리기의 모양에 변형을 줄 수도 있는데 이때도 중요한 것은 표면을 매끈하게 하여 발생되는 가스를 포집해 줄 수 있게 하는 것이다.

③ 보통 둥글리기의 표면이 완제품의 껍질이 된다는 것을 생각하여 매끈하게 둥글리기를 하여야 한다.

④ 둥글리기 또한 계속 발효의 상태에 있기 때문에 신속한 작업이 필요한 과정이다.

7) 중간발효

① 분할과 둥글리기로 긴장되고 단단해진 반죽이 잘 성형할 수 있게 적당한 발효의 시간을 준다.

② 둥글리기한 반죽의 표피는 마르게 않게 조치한다.

③ 보통은 상온에서 하지만 습도 70%, 온도 27℃ 정도가 적당하다.

8) 성형
① 반죽의 힘이 부족하면 성형을 단단하게 하고 반죽의 힘이 강하다고 생각되면 성형을 부드럽게 해주는데 이것은 가스 포집력이 빵의 최종 볼륨에 영향을 미치기 때문이다.
② 반죽 속의 공기를 빼주면서 원하는 모양을 잡아준다.

9) 패닝
① 철판에 패닝을 할 때는 모양이나 크기를 고려하여 같은 모양의 같은 크기로 적당한 배열이 되게 한다.
② 틀 속에 넣는 경우라면 적정량을 넣어야 하는 데 비용적에 맞게 양을 조절하여 패닝하여야 한다.
③ 반죽의 적정 분할량 = 팬의 용적 ÷ 비용적
④ 비용적이란 질량을 가진 물질이 차지하는 부피로 산형 식빵은 3.3 정도가 좋고 풀만형은 3.7 정도가 좋은데 다른 빵도 덮개를 덮지 않는 빵과 덮는 빵으로 구분하여 비슷하게 적용시킨다.
⑤ 모양을 잡은 빵은 이음을 단단히 하여 이음새가 바닥으로 가게 패닝한다.
⑥ 팬이나 틀의 온도도 32℃ 정도로 하여야 2차 발효시간이 적당하게 된다.

10) 2차 발효
① 부피가 좋은 빵을 얻기 위해 반죽 속에 적당한 가스를 포집시켜 주어야 한다.
② 보통 35℃, 습도 85% 정도로 하여 완제품의 80% 정도, 성형 부피의 2~3배가 되게 한다.

11) 굽기
① 굽기 전 제품의 굽기 온도를 체크하여 적정온도가 될 수 있게 예열하여야 한다.
② 이스트의 사멸온도는 65℃ 정도이므로 반죽 속의 온도가 60℃가 될 때까지는 이스트의 활동이 계속되므로 반죽의 팽창도 계속된다.
③ 글루텐은 74℃ 이상이 되어야 응고하기 시작하여 완전히 구워질 때까지 응고된다.

④ 전분의 호화는 60℃에서 시작되므로 이 온도가 되어야 부풀기도 중단되고 익기 시작하는 것이다.

⑤ 작은 제품은 약간 높은 온도에서 빨리 굽고 큰 제품은 약간 낮은 온도에서 조금 오래 구워야 하는 데 이유는 제품 속의 수분도 유지시키면서 전체가 고르게 익어야 하기 때문이다.

⑥ 언더 베이킹이나 오버 베이킹을 이해하고 항상 오븐과 제품의 상관관계에 관심을 가져야 한다.

⑦ 굽기의 완료는 시간의 개념이 아닌 상태의 개념으로 파악하기 위해 제품의 굽기 완성 시점이 언제인지 항상 관찰하는 시선을 기르도록 한다.

12) 냉각

① 구운 제품은 바로 포장하면 수분 · 응축을 일으켜 곰팡이가 생기기 쉽고 속이 부드러워 찌그러지므로 식히는 과정이 필요하다.

② 너무 오래 상온에 방치하면 식으면서 수분도 달아나 거칠고 마른 제품이 되므로 주의한다.

③ 식힐 때는 아주 차가운 공기가 따뜻한 빵과 직접 접촉하는 것도 피하는 것이 좋다.

13) 포장

① 빵의 적정 포장온도는 빵 속의 온도가 체온보다 약간 높은 40℃ 정도가 적당하다.

2. 제과 실습기초

1) 반죽형의 크림법

① 먼저 유지를 크림화시켜 계란을 조금씩 투입하여 분리되지 않게 하면서 크림화를 계속하여 밀가루를 혼합하는 방법으로 제품의 부피감에 중점을 둘 때 사용하는 방법이다.

② 유지와 계란 등 재료의 수분이 분리되지 않고 크림화가 매끈하고 윤기있게 잘 되었을 때 밀가루의 혼합도 쉬워지며 또한 좋은 제품을 얻을 수 있다.

③ 계란을 노른자와 흰자로 분리하여 노른자는 유지를 크림화시킬 때 넣고 흰자는 설탕과 머랭을 만들어 밀가루를 투입하기 전과 후로 나누어 반죽하는 방법도 있다.

2) 반죽형의 블렌딩법

① 밀가루와 유지를 먼저 혼합하여 밀가루에 수분의 접근을 막아 글루텐의 형성을 방해하게 하는 방법으로 제품이 유연감 있게 해준다.

3) 거품형의 공립법

① 계란을 흰자와 노른자로 분리하지 않고 계란의 거품성을 이용하여 제품을 만드는 방법으로 계란의 기포를 단단하게 잘 올려 밀가루 등의 재료를 가볍게 섞어야 한다.

② 중탕하여 하는 방법과 찬 방법이 있으며, 계란의 거품을 올리는 동안 설탕은 충분히 녹아야 하는데 설탕이 많이 들어가는 제품은 계란이 차가우면 설탕이 녹지 않으므로 중탕으로 설탕을 녹여 거품을 올려 반죽하면 껍질색이 좋아진다.

4) 거품형의 별립법

① 계란의 흰자와 노른자를 분리하여 따로 거품을 올려 혼합하는 방법이다.

② 흰자의 거품을 올릴 때 기름기가 있으면 거품을 단단하게 올릴 수 없으므로 계란을 분리할 때 노른자가 들어가지 않게 한다.

③ 머랭을 만드는 기구와 그릇 또한 기름기를 깨끗이 청소해 준 후 머랭의 반죽을 한다.

5) 시퐁형

① 별립법과 같은 반죽법이다. 단, 노른자의 거품을 올리지 않고 가볍게 풀어서 섞어주는 것이 다르다.

② 쫄깃한 식감과 부피감을 얻을 수 있다.

6) 제과 반죽 시의 유의점

① 유지의 크림화 적정온도는 24℃ 정도이며 이때 유지의 크림성이 가장 좋다.

② 제과 반죽의 반죽온도가 24℃ 정도인 것도 크림성이 가장 좋은 온도이기 때문이다.

③ 여름과 겨울, 재료의 보관온도 등에 따라 반죽온도가 적당히 나올 수 있게 적절한 조치를 취한다.

④ 제과에서 반죽의 비중은 대단히 중요한데 반죽의 비중은 반죽 속에 거품의 정도를 말하는 것으로 같은 부피의 반죽 무게를 같은 부피의 물 무게로 나눈 값으로 제품마다 적정 반죽의 비중이 존재하므로 숙지하여 익히는 것이 중요하며 보통 반죽형 케이크는 0.7~0.9이며 거품형은 0.3~0.7 정도이다.

⑤ 패닝은 틀부피를 비용적으로 나누어 계산하는데 틀 속에 물을 채워 무게를 재서 부피를 대신하여 계산할 수 있다.

3. 기능사 실기시험 준비 및 기타 유의사항

준비물 확인	① 시험일자, 시간, 장소 등을 미리 챙겨서 시간에 늦지 않아야 안정된 마음을 가질 수 있다. ② 수검표, 신분증, 흰색 실습복(상 · 하), 모자, 스카프, 앞치마, 운동화, 온도계, 계산기(공학용 사용 불가) ③ 머리칼과 손톱은 짧게, 매니큐어 · 짙은 화장 금지, 액세서리 금지
배합표 작성	요즈음은 배합표 작성은 하지 않을 수 있다. 그러나 배합표 작성은 중요하므로 이해하고 가는 것이 좋다.
재료 계량	① 저울 0점 확인, 재료의 수 확인, 계량종이, 스테인리스 그릇 준비 ② 다른 수검자가 계량하지 않는 재료, 가까운 재료부터 계량 ③ 지급된 배합표의 재료 계량 후 확인 표시를 한다. ④ 계량 용기의 무게를 확인 후, 계량할 재료의 무게를 더하여 저울추를 먼저 올린 후 재료를 단다. ⑤ 전자저울일 때는 용기와 함께 영점을 확인하고 계량한다.

물 계량방법	① 수돗물로 먼저 계량한다. ② 믹싱 전 물 온도계산(더운물, 찬물, 얼음)
재료량에 알맞은 기구 준비	① 계량종이 = 이스트, 이스트푸드, 소금, 분유, 쇼트닝, 마가린, 땅콩버터, 분말, 향료 ② 큰 플라스틱 통 = 강력 밀가루 ③ (대, 중, 소)그릇 = 중력밀가루, 설탕, 보리, 호밀, 옥수수가루, 계란, 물 등 ④ 작은 용기 = 술, 식초, 액체, 향료 등 적은 양의 재료
물엿 달기	① 설탕을 스테인리스 그릇에 계량한 후 설탕 가운데를 움푹 파이도록 한 다음 손에 찬물을 묻혀 설탕 위에 계량한다. ② 물엿이 흘러 용기에 묻지 않도록 한다.
액체 재료	① 중요 액체 재료를 먼저 투입하되 동시에 하는 것이 좋고 물을 최종 투입하면서 되기를 조절한다.
건포도(식빵)	① 계량한 후 감독관의 검사 후 전처리 준비를 한다.
믹싱완료 2~3분 전	① 반죽온도를 확인하여 믹싱볼에 찬물 혹은 더운물을 받쳐 희망 반죽온도 맞추기
1차 발효 확인	① 부피 2.5배 정도 확인 ② 손가락테스트 ③ 바닥의 섬유질(거미줄) 확인 ④ 시간보다 상태로 확인
성형	① 분할 전, 후 수량 확인 → 충분한 중간발효 → 신속한 성형 → 간격 잘 맞춘 패닝 → 노른자 물칠하기
2차 발효 중	① 오븐온도 조절하기
굽기	① 철판에 굽기할 경우 : 굽기 전 오븐망을 넣는다. 굽기 시간 절반 경과 후 밑면색 확인 ② 윗색이 강할 경우 : 윗불을 줄인다. 유산지를 덮는다. 공기창을 연다. 오븐 문을 절반으로 연다. ③ 밑색이 강할 경우 : 밑불을 줄인다. 차가운 철판 1~2장 뒤집어 깐다.
정리정돈	① 믹서, 작업대, 사용그릇, 도구 등은 깨끗이 닦아 정리정돈해 놓는다.
감독관에게 확인	① 각 공정이 끝날 때마다 재확인 후, 감독관에게 확인받을 것(재료계량, 반죽온도, 비중, 중량, 수량, 발효상태, 성형 후 등)
덧가루	① 덧가루는 되도록 사용하지 않거나 적게 사용할 것
노른자 물칠	① 노른자 물칠은 패닝 후
오븐 사용	① 동시에 같이 굽기할 시험자끼리 짝을 맞추어 사용할 것

4. q-넷이 공개한 기능사 실기 출제기준

제빵기능사 출제기준

직무분야	식품가공	중직무분야	제과 · 제빵	자격종목	제빵기능사	적용기간	2013.01.01~2017.12.31

○ 직무내용 : 제과 · 제빵에 관한 재료 및 제법의 지식을 바탕으로 하여 위생적이고 영양적인 빵 · 과자 제품을 제조하는 직무

○ 수행준거 : 1. 각 제빵 제품 제조에 필요한 재료의 배합표를 작성할 수 있다.
　　　　　　2. 재료를 계량하고 각종 제빵용 기계 및 기구를 사용할 수 있다.
　　　　　　3. 믹싱, 발효, 성형, 굽기, 장식 등의 공정을 거쳐 각종 빵류 제품을 만들 수 있다.

실기검정방법		작업형		시험시간	2~4시간 정도

실기과목명	주요항목	세부항목	세세항목
제빵작업	1. 식빵류 제조	1. 반죽 및 1차 발효하기	1. 소비자 기호, 생산비용을 고려해 배합률을 결정할 수 있다. 2. 제품별로 소요되는 각 재료를 계량할 수 있다. 3. 믹싱기 속도, 반죽온도, 재료 투입순서 등 주어진 조건에 따라 반죽을 준비할 수 있다. 4. 주어진 발효조건에 맞추어 발효를 할 수 있다. 5. 반죽과 발효과정에서 반죽의 적절성을 판단, 조치할 수 있다.
		2. 성형 및 2차 발효하기	1. 덧가루 사용을 최소화하여 반죽을 분할 · 둥글리기할 수 있다. 2. 필요한 경우 중간발효 및 2차 발효를 진행할 수 있다. 3. 팬에 넣거나 모양을 만들어 조건에 맞게 2차 발효를 시킬 수 있다. 4. 팬의 크기에 알맞게 반죽량을 조절할 수 있다.
		3. 굽기	1. 반죽이 되거나 진 정도, 빵의 크기, 발효상태에 따라 굽는 시간과 온도를 조절할 수 있다. 2. 오븐의 밑불과 윗불의 온도차를 고려하여 균일하게 구워낼 수 있다. 3. 굽기 전후에 수행되는 작업을 실시할 수 있다. 4. 구워진 식빵이 알맞은 부피와 기공분포, 모양을 갖추었는지 평가하고 대처할 수 있다.
		4. 냉각 및 포장하기	1. 제품을 최적상태로 냉각하여 포장할 수 있다. 2. 형태를 유지하며 잘라 포장할 수 있다. 3. 제품의 품질 유지를 위해 유통기한, 제조일시를 표시하여 포장할 수 있다.

실기과목명	주요항목	세부항목	세세항목
제빵작업	2. 과자빵류 제조	1. 반죽 및 1차 발효하기	1. 소비자 기호, 생산비용을 고려해 배합률을 결정할 수 있다.
			2. 제품별로 소요되는 각 재료를 정확히 계량·배합할 수 있다.
			3. 믹싱기 속도, 반죽온도, 재료투입순서 등 주어진 조건에 따라 반죽할 수 있다.
			4. 주어진 발효조건에 맞추어 발효시킬 수 있다.
			5. 반죽과 발효과정에서 반죽의 적절성을 판단, 조치할 수 있다.
		2. 충전물 및 토핑 준비하기	1. 제품의 종류에 알맞은 충전물과 토핑재료를 준비할 수 있다.
			2. 충전물과 토핑을 제조방법에 따라 만들 수 있다.
			3. 만들어진 충전물이나 토핑이 남는 경우 보관할 수 있다.
		3. 충전·토핑 및 2차 발효하기	1. 종류와 모양에 따라 분할무게, 크기를 달리하여 분할할 수 있다.
			2. 빵의 양과 크기에 따라 알맞은 양의 충전물을 넣거나 토핑할 수 있다.
			3. 모양과 크기에 따라 2차 발효를 하여 발효가 적정하게 이뤄졌는지 판단할 수 있다.
		4. 굽기	1. 빵의 크기, 발효상태, 반죽상태에 따라 굽는 시간과 온도를 조절할 수 있다.
			2. 오븐 내부 위치에 따른 온도 편차를 고려하여 빵의 색깔을 맞춰 적절한 시점에 팬의 위치를 바꿀 수 있다.·
			3. 굽기 전후에 필요한 작업을 수행할 수 있다.
			4. 구워진 과자빵이 알맞은 색상, 기공분포, 부드러운 조직, 모양을 갖췄는지 판단하고 대처할 수 있다.
		5. 냉각 및 포장하기	1. 제품을 최적상태로 냉각하여 포장할 수 있다.
			2. 냉각이 된 빵에 충전물을 넣을 수 있다.
			3. 충전물이 포장에 묻지 않도록 포장할 수 있다.
			4. 제품의 품질 유지를 위해 유통기한, 제조일시를 표시하여 포장할 수 있다.
	3. 특수빵류 제조	1. 반죽 및 1차 발효하기	1. 주재료의 특성을 고려한 배합표를 작성할 수 있다.
			2. 배합률에 따라 재료를 계량할 수 있다.
			3. 실내온도, 주재료온도, 기계 마찰계수를 고려하여 사용할 물의 온도를 계산할 수 있다.
			4. 제품에 따라 건과 및 넛류를 전처리할 수 있다.
			5. 순서에 맞춰 재료를 넣고 속도를 조절하여 반죽할 수 있다.
			6. 제품 및 주재료의 특성에 따라 적정상태로 발효시킬 수 있다.
			7. 필요한 경우 펀치할 수 있다.
		2. 성형 및 2차 발효하기	1. 제품에 따라 크기별로 분할하여 둥글리기를 할 수 있다.
			2. 필요한 경우 중간발효하고 모양을 내어 패닝할 수 있다.
			3. 적당한 간격으로 반죽을 팬에 배열할 수 있다.
			4. 2차 발효 후 반죽표피에 모양을 내거나 토핑을 할 수 있다.

실기과목명	주요항목	세부항목	세세항목
제빵작업	3. 특수빵류 제조	3. 굽기	1. 오븐온도 편차를 고려하여 균일한 색상으로 구워낼 수 있다. 2. 스팀 오븐을 사용할 수 있다.
		4. 냉각 및 포장하기	1. 제품을 최적상태로 냉각하여 포장을 할 수 있다. 2. 형태를 유지하며 잘라 개별 포장을 할 수 있다. 3. 제품의 품질 유지를 위해 유통기한, 제조일시를 표시하여 포장을 할 수 있다.
	4. 페이스트리류 제조	1. 반죽 및 1차 발효하기	1. 주재료의 특성을 고려한 배합표를 작성할 수 있다. 2. 제품별로 소요되는 각 재료를 정확히 계량할 수 있다. 3. 믹싱기 속도, 반죽온도, 재료 투입순서 등 주어진 조건에 따라 반죽할 수 있다. 4. 반죽과 발효과정에서 반죽의 적절성을 판단, 조치할 수 있다. 5. 제품 제조에 필요한 페이스트리용 버터를 준비할 수 있다.
		2. 밀기 접기 및 2차 발효하기	1. 제품에 맞추어 반죽을 적정량으로 분할할 수 있다. 2. 밀어 펴기와 유지 싸기, 휴지를 반복할 수 있다. 3. 크기와 재단형태에 따라 다양한 모양으로 만들 수 있다. 4. 유지가 빠져나오지 않도록 저온으로 2차 발효를 시킬 수 있다.
		3. 굽기	1. 충전물을 넣거나 토핑하여 표피에 계란물을 발라 구워낼 수 있다. 2. 오븐온도 편차를 고려하여 균일한 색상으로 구워낼 수 있다. 3. 구워진 페이스트리를 평가하고 대처할 수 있다
		4. 냉각 및 포장하기	1. 제품을 최적상태로 냉각하여 포장을 할 수 있다. 2. 냉각된 빵에 내용물을 충전하거나 토핑을 할 수 있다. 3. 충전물이나 토핑물이 포장에 묻지 않도록 포장을 할 수 있다. 4. 제품의 품질 유지를 위해 유통기한, 제조일시를 표시하여 포장을 할 수 있다.
	5. 조리빵류 제조	1. 반죽 및 1차 발효하기	1. 충전물과 어울리는 빵류를 선택하여 배합표에 따라 재료를 정확히 계량할 수 있다. 2. 믹싱기 속도, 반죽온도, 재료 투입순서 등 주어진 조건에 따라 반죽을 준비할 수 있다. 3. 주어진 발효조건에 맞추어 발효시킬 수 있다.
		2. 충전물 만들기	1. 충전에 필요한 재료를 계량할 수 있다. 2. 소스를 선택하여 준비할 수 있다. 3. 오븐, 팬, 찜기, 튀김기 등을 이용하여 미리 가공할 수 있다.
		3. 성형 및 2차 발효하기	1. 반죽을 알맞은 크기로 분할할 수 있다. 2. 성형 시 충전물을 넣거나, 토핑하여 모양을 만들 수 있다. 3. 2차 발효를 할 수 있다.

실기과목명	주요항목	세부항목	세세항목
제빵작업	5. 조리빵류 제조	4. 굽기	1. 오븐온도 편차를 고려하여 균일한 색상으로 구워낼 수 있다. 2. 표피에 토핑물을 올려 구워낼 수 있다. 3. 충전물이 흘러내리지 않도록 구워낼 수 있다.
		5. 냉각 및 충전물 넣기	1. 제품을 최적상태로 냉각하여 포장을 할 수 있다. 2. 형태를 유지하며 빵을 자를 수 있다. 3. 빵에 습기가 배어들지 않도록 충전물을 넣을 수 있다. 4. 제품에 따라 조리된 빵을 다시 굽거나 그릴링할 수 있다. 5. 충전물이 흘러나오지 않도록 포장을 할 수 있다. 6. 제품의 품질 유지를 위해 유통기한, 제조일시를 표시하여 포장을 할 수 있다.
	6. 튀김빵류 제조	1. 반죽 및 1차 발효하기	1. 주재료의 특성을 고려한 배합표를 작성할 수 있다. 2. 배합표에 따라 정확하게 계량할 수 있다. 3. 사용할 물의 온도를 계산할 수 있다. 4. 반죽온도를 맞출 수 있다. 5. 발효과정에서 반죽의 적절성을 판단, 조치할 수 있다.
		2. 성형 및 2차 발효하기	1. 반죽을 알맞은 크기로 분할할 수 있다. 2. 중간발효를 시키거나 충전물을 넣을 수 있다. 3. 원하는 모양으로 만들 수 있다. 4. 적당한 크기로 발효를 시킬 수 있다.
		3. 튀기기	1. 튀기기 전 표피를 건조시킬 수 있다. 2. 적정한 튀김온도와 시간, 투입시점을 알고 튀겨낼 수 있다. 3. 앞ㆍ뒤 색상이 균일하게 튀겨낼 수 있다.
		4. 충전물과 토핑 만들기	1. 충전물과 토핑재료를 계량ㆍ제조할 수 있다. 2. 온도를 일정하게 유지하면서 제품에 글레이즈할 수 있다. 3. 제품에 따라 토핑할 수 있다.
		5. 냉각 및 포장하기	1. 기름이 흘러나오지 않도록 최적상태로 냉각시킬 수 있다. 2. 충전물이나 토핑물이 포장에 묻지 않도록 포장을 할 수 있다. 3. 제품의 품질 유지를 위해 유통기한, 제조일시를 표시하여 포장을 할 수 있다.

제과기능사 출제기준

직무 분야	식품가공	중직무분야	제과 · 제빵	자격 종목	제과기능사	적용 기간	2013.01.01～2017.12.31

○ 직무내용 : 제과 · 제빵에 관한 재료 및 제법의 지식을 바탕으로 하여 위생적이고 영양적인 빵, 과자 제품을 제조하는 직무

○ 수행준거 : 1. 제품 제조에 필요한 재료의 배합표를 작성할 수 있다.

            2. 재료를 계량하고 각종 제과용 기계 및 기구를 사용할 수 있다.

            3. 믹싱, 성형, 굽기, 장식 등의 공정을 거쳐 각종 제과제품을 만들 수 있다.

실기검정방법	작업형	시험시간	2～4시간 정도

실기과목명	주요항목	세부항목	세세항목
제과작업	1. 케이크류 제조	1. 계량 및 반죽하기	1. 소비자 기호, 생산비용을 고려해 배합률을 결정할 수 있다. 2. 케이크팬 용적을 고려하여 반죽량을 계산할 수 있다. 3. 배합표에 따라 제품별로 소요되는 각 재료를 계량할 수 있다. 4. 믹싱기 속도, 반죽온도, 재료 투입순서 등 주어진 조건에 따라 반죽할 수 있다. 5. 반죽의 적절성을 판단하고 문제가 발생한 경우 조치할 수 있다.
		2. 패닝하기	1. 제품에 맞추어 반죽을 분할하거나 혼합 가공할 수 있다. 2. 팬에 반죽이 붙지 않도록 처리할 수 있다. 3. 원하는 모양의 케이크가 나오도록 알맞은 팬에 넣을 수 있다.
		3. 굽기	1. 작업장에서 사용되는 오븐의 점검과 조작을 할 수 있다. 2. 케이크의 크기를 고려하여 구울 수 있다. 3. 제품의 종류와 특징에 따라 적합하게 구워졌는지 확인 판단할 수 있다. 4. 굽는 동안 마무리 작업을 준비할 수 있다.
		4. 냉각 및 포장하기	1. 완성된 제품의 맛과 형태의 유지, 수분 증발을 방지하며 냉각시킬 수 있다. 2. 제품에 따라 필요한 자르기, 시럽이나 잼바르기, 아이싱, 데커레이션 등의 가공을 할 수 있다. 3. 제품 이동 시에도 모양이 흐트러지지 않도록 포장할 수 있다. 4. 제품의 품질 유지를 위해 유통기한, 제조일시를 표시하여 포장할 수 있다.
	2. 특수케이크류 제조	1. 계량 및 반죽하기	1. 소비자 기호, 생산비용을 고려해 배합률을 결정할 수 있다. 2. 제품별로 소요되는 각 재료를 계량할 수 있다. 3. 믹싱기 속도, 반죽온도, 재료 투입순서 등 조건에 따라 반죽할 수 있다. 4. 주재료의 특성과 제조방법을 고려하여 반죽의 적정성을 판단할 수 있다. 5. 굽기/찌기/굳히기 등 제조공정에 따라 재료의 양을 조정할 수 있다.

실기과목명	주요항목	세부항목	세세항목
제과작업	2. 특수케이크류 제조	2. 패닝 및 성형하기	1. 굽기/찌기/굳히기 공정에서 형태, 색상이 정확히 나올 수 있도록 제품별로 패닝 및 성형할 수 있다. 2 제품 특성에 맞추어 반죽을 분할하거나 혼합 가공할 수 있다. 3. 반죽이 붙지 않도록 처리할 수 있다. 4. 제품에 따라, 이미 만들어 놓은 부분들을 순서에 맞추어 제조할 수 있다.
		3. 굽기/찌기/굳히기	1. 특수케이크 제작에 사용되는 장비를 점검하고 조작할 수 있다. 2. 제품별로 적합한 온·습도 및 시간, 조건에 따라 반죽을 굽거나 찌거나 굳힐 수 있다. 3. 제품의 종류와 특징에 따라 적합하게 굽기/찌기/굳히기 작업이 완료되었는지 확인 판단할 수 있다. 4. 굽기 및 굳히기 전후에 필요한 작업을 수행할 수 있다. 5. 제품원료 및 고객 요구에 적합한 장식을 할 수 있다.
		4. 냉각 및 포장하기	1. 완성된 제품의 맛과 형태를 유지하며 냉각할 수 있다. 2. 제품에 따라 필요한 자르기, 충전하기, 아이싱 및 데커레이션을 할 수 있다. 3. 케이크의 모양과 온도가 유지되도록 포장할 수 있다. 4. 제품의 품질 유지를 위해 유통기한, 제조일시를 표시하여 포장할 수 있다.
	3. 페이스트리, 파이류 제조	1. 계량 및 반죽하기	1. 소비자 기호, 생산비용을 고려해 배합률을 결정할 수 있다. 2. 제품별로 소요되는 각 재료를 계량할 수 있다. 3. 차가운 상태를 유지하며 반죽할 수 있다. 4. 성형에 적절한 탄력과 점성을 가졌는지 판단하고, 조치할 수 있다. 5. 유지가 나오지 않고, 성형이 쉽도록 충분히 휴지시킬 수 있다. 6. 제품 제조에 필요한 페이스트리용 버터나 충전물 등을 준비할 수 있다.
		2. 성형하기	1. 덧가루를 적절히 사용하여 밀어 펴기를 할 수 있다. 2. 두께가 균일하게 밀어 펼 수 있다. 3. 필요한 경우 외형 유지를 위해 성형 전·후에 휴지시킬 수 있다. 4. 접거나 재단해서 모양을 만들어 패닝할 수 있다. 5. 제품의 특성별로 충전물 양을 알맞게 조정할 수 있다.
		3. 굽기	1. 제품에 따라 굽는 온도를 조절할 수 있다. 2. 골고루 구워지도록 굽는 도중에 점검할 수 있다. 3. 적합하게 구워졌는지 확인·판단할 수 있다.
		4. 냉각 및 포장하기	1. 완성된 제품의 맛과 형태를 유지하며 냉각할 수 있다. 2. 제품에 따라 냉각된 제품에 충전 또는 토핑할 수 있다. 3. 제품의 품질 유지를 위해 유통기한, 제조일시를 표시하여 포장할 수 있다.

실기과목명	주요항목	세부항목	세세항목
제과작업	4. 쿠키류 제조	1. 계량 및 반죽하기	1. 소비자 기호, 생산비용을 고려해 배합률을 결정할 수 있다.
			2. 제품별로 소요되는 각 재료를 계량할 수 있다.
			3. 글루텐 형성이 억제되도록 밀가루를 섞을 수 있다.
			4. 성형에 적합한 상태로 반죽할 수 있다.
		2. 성형하기	1. 반죽이 팬에 달라붙지 않게 처리할 수 있다.
			2. 필요한 경우 냉장고나 냉동고에 두어 휴지시킬 수 있다.
			3. 크기와 모양 간격을 고려하여 팬 위에 배치할 수 있다.
		3. 굽기	1. 오븐을 예열시켜 준비할 수 있다.
			2. 쿠키 전체의 색깔이 고르게 되도록 구워낼 수 있다.
		4. 냉각 및 포장하기	1. 구워진 쿠키를 바로 냉각시킬 수 있다.
			2. 제품 취급 시 부스러지지 않도록 주의하여 다룰 수 있다.
			3. 제품이 눅눅해지지 않도록 포장할 수 있다.
			4. 제품의 품질 유지를 위해 유통기한, 제조일시를 표시하여 포장할 수 있다.
	5. 튀김, 찜과자류 제조	1. 계량 및 반죽하기	1. 소비자 기호, 생산비용을 고려해 배합률을 결정할 수 있다.
			2. 제품별로 소요되는 각 재료를 계량할 수 있다.
			3. 적정한 글루텐 형성이 되었을 때 반죽을 완료할 수 있다.
			4. 건조를 방지하며 휴지시킬 수 있다.
		2. 성형하기	1. 성형에 용이할 정도로 분할할 수 있다.
			2. 적정한 두께로 밀어 펴기를 하여 원하는 모형으로 성형할 수 있다.
			3. 필요한 경우 온·습도를 조절하여 2차 발효 또는 휴지를 할 수 있다.
		3. 튀기기	1. 제품별로 알맞은 온도에서 튀겨낼 수 있다.
			2. 양면이 고른 색상을 갖고 고르게 튀기도록 조치할 수 있다.
			3. 기름의 산패여부를 판단하여 깨끗한 기름에서 튀길 수 있다.
		4. 찌기	1. 제품별로 알맞은 스팀온도(증기압력)에서 찔 수 있다.
			2. 제품이 붙지 않도록 간격을 조정할 수 있다.
		5. 냉각 및 포장하기	1. 토핑이나 충전물 등을 준비할 수 있다.
			2. 냉각시켜 마무리작업을 할 수 있다.
			3. 토핑이나 충전물이 흐르지 않도록 주의하여 포장할 수 있다.
			4. 제품의 품질 유지를 위해 유통기한, 제조일시를 표시하여 포장할 수 있다.

5. 기능사 실기시험 채점표 예시

실기시험의 채점하는 예일 뿐입니다. 세부항목에 따른 배점을 하여 채점한다는 것입니다. 항목별 채점방법을 참고하여 열심히 한다면 합격은 어렵지 않겠죠?

주요항목	세부항목	번호	항목별 채점방법	배점
제조공정	배합표작성	1	1) 시간 내에 전부 맞으면 만점	5
			2) 1개 틀리면 2점	
			3) 시간초과, 2개 이상 틀리면 0점	
	재료계량			
	1) 계량시간	2	1) 제한시간 10분 내에 완성하면 만점	2
			2) 제한시간 10분을 초과하면 0점	
	2) 재료손실	3	1) 재료 손실이 없으면 만점	2
			2) 계량대, 재료대에 흘리는 재료가 있으면 0점	
	3) 정확도	4	1) 전 재료가 정확하면 만점	
			2) 1개 이상 오차가 있으면 0점	
	반죽 제조			
	1) 혼합순서	5	1) 스트레이트법에 의한 혼합순서가 정확하면 만점	2
			2) 스트레이트법이 아니거나 혼합순서가 부적절하면 0점	
	2) 반죽상태	6	1) 반죽의 믹싱 완료점이 최적이면 만점	4
			2) 약간 오버 믹싱 언더 믹싱이면 2점	
			3) 그 외는 0점	
	3) 반죽온도	7	1) 27±1℃이면 만점	4
			2) 27±1℃에서 1~2℃ 벗어나면 2점	
			3) 27±1℃에서 3℃ 이상 벗어나면 0점	
	1차 발효			
	1) 발효관리	8	1) 온도 27℃ 전후, 상대습도 75~80%로 적정시간 발효시키면 만점	2
			2) 온도, 습도가 너무 높거나 낮으면 0점	
	2) 발효상태	9	1) 발효상태가 최적이면 만점	4
			2) 다소 어리거나 지치면 2점	
			3) 너무 어리거나 지치면 0점	

주요항목	세부항목	번호	항목별 채점방법	배점
제조공정	분 할			
	1) 시간	10	1) 제한시간 10분 이내에 모두 분할하면 만점	2
			2) 제한시간 10분을 초과하면 0점	
	2) 숙련도 및 정확도	11	1) 개당 무게 편차가 적으며 분할 숙련도가 높으면 만점	2
			2) 무게 편차가 크거나 능숙하지 못하면 0점	
	둥글리기	12	1) 반죽 면이 매끄럽게 능숙하게 작업하면 만점	2
			2) 둥글리기 상태가 불량하거나 능숙하지 못하면 0점	
	중간발효	13	1) 적정시간과 표피의 건조가 안 되도록 조치하면 만점	2
			2) 표피가 마르거나 시간이 부적당하면 0점	
	정 형			
	1) 숙련도	14	1) 가스빼기와 표면 마무리가 능숙하면 만점	3
			2) 작업 숙련도가 미숙하면 1점	
			3) 작업을 모르면 0점	
	2) 정형상태	15	1) 모양이 균일하고 균형이 잡히면 만점	4
			2) 모양, 균형, 이음매 처리가 다소 불량이면 2점	
			3) 모양, 균형, 이음매 처리가 아주 불량하면 0점	
	팬 넣 기	16	1) 팬 기름칠이 적당하고 이음매가 바닥에 가고 간격이 적절하면 만점	2
			2) 팬 기름칠, 이음매의 위치 등이 부적절하면 0점	
	2차 발효			
	1) 발효관리	17	1) 온도 35~39℃ 전후, 상대습도 85~95%에서 적정시간 발효관리를 하면 만점	2
			2) 온도, 습도, 시간관리가 부적절하면 0점	
	2) 발효상태	18	1) 최적 발효상태에서 완료하면 만점	4
			2) 발효가 다소 어리거나 지치면 2점	
			3) 발효가 아주 어리거나 지치면 0점	
	굽기			
	1) 굽기관리	19	1) 오븐온도 조절 잘하고 위치에 따른 열관리 잘하면 만점	2
			2) 온도, 위치 관리를 못하면 0점	
	2) 구운 상태	20	1) 구운 상태가 최적이면 만점	4
			2) 오버 베이킹, 언더 베이킹 정도가 적정에 가까우면 2점 타거나 익지 않으면 0점	

주요항목	세부항목	번호	항목별 채점방법	배점
제조공정	정리정돈 및 청소	21	1) 사용한 기구 및 작업대 주위의 청소와 정리정돈이 양호하면 만점	2
			2) 상태가 불량하면 0점	
	개인위생	22	1) 위생복, 모자(스카프)를 깨끗하게 착용하고 두발, 손톱 등이 단정하고 청결하면 만점	2
			2) 상태가 불량하면 0점	
제품평가	부피	23	1) 팬의 좌, 우, 상, 하 및 모서리가 가득 찬 상태이면 만점	8
			2) 모서리가 부족하거나 터지는 정도가 적정상태에 가까우면 4점	
	외부균형	24	1) 찌그러짐, 터짐이 없이 대칭모양을 지니고 균형이 잘 잡히면 만점	8
			2) 다소 찌그러지거나 불균형이면 4점	
	껍질	25	1) 껍질이 부드러우며 부위별로 고른 색깔이 나고 반점과 줄무늬가 없고 먹음직스러우면 만점	8
			2) 껍질특성과 색상이 다소 불만스러우면 4점	
	내상	26	1) 기공과 조직이 부위별로 고르고 얼룩이나 반점이 없이 부드러울 때 만점	8
			2) 기공과 조직이 거칠거나 큰 기포가 생기거나 얼룩이 있으면 4점	
	맛과 향	27	1) 씹는 촉감이 부드러우며 끈적거리지 않고 발효 향이 온화하면 만점	8
			2) 끈적거림, 탄 냄새, 생 재료의 맛 등 전체적인 맛과 향이 다소 떨어지면 4점	
	최종평가	☞	★제품평가 시 상품의 가치가 없으면 0점 처리한다.	

Chapter 2

제빵기능사 실기

빵도넛 • 소시지빵 • 식빵 • 단팥빵 • 브리오슈 • 그리시니 • 밤식빵 • 베이글
햄버거빵 • 스위트롤 • 우유식빵 • 불란서빵 • 단과자빵(트위스트형)
단과자빵(크림빵) • 풀만식빵 • 단과자빵(소보로빵) • 더치빵 • 호밀빵 • 건포도식빵
버터톱식빵 • 옥수수식빵 • 데니시페이스트리 • 모카빵 • 버터롤

빵도넛 🕐 시험시간 **3시간**

요구사항

※ **다음 요구사항대로 빵도넛을 제조하여 제출하시오.**

❶ 배합표의 각 재료를 계량하여 재료별로 진열하시오.(12분).
❷ 반죽을 스트레이트법으로 제조하시오. (단, 유지는 클린업 단계에서 첨가하시오.)
❸ 반죽온도는 27℃를 표준으로 하시오.
❹ 분할무게는 45g씩으로 하시오.
❺ 모양은 8자형 또는 트위스트형(꽈배기형)으로 만드시오. (단, 감독위원이 지정하는 모양으로 변경할 수 있음)
❻ 반죽은 전량을 사용하여 성형하시오.

배합표

재 료 명	비 율(%)	무 게(g)
강력분	80	880
박력분	20	220
설탕	10	110
쇼트닝	12	132
소금	1.5	16.5
분유	3	33
생이스트	5	55
제빵개량제	1	11
바닐라향	0.2	2.2
계란	15	165
물	46	506
너트메그	0.3	3.3
계	194	2134

수험자 유의사항

❶ 시험시간은 재료계량시간이 포함된 시간입니다.

❷ 안전사고가 없도록 유의합니다.

❸ 의문사항이 있으면 감독위원에게 문의하고, 감독위원의 지시에 따릅니다.

❹ 다음과 같은 경우에는 채점대상에서 제외됩니다.
　가) 시험시간 내에 작품을 제출하지 못한 경우
　나) 시험시간 내에 제출된 작품이라도 다음과 같은 경우

(1) 작품의 가치가 없을 정도로 타거나 익지 않은 경우
(2) 요구사항을 준수하지 않았을 경우
(3) 지급된 재료 이외의 재료를 사용한 경우
다) 시험 중 시설 · 장비의 조작 또는 재료의 취급이 미숙하여 위해를 일으킬 것으로 감독위원 전원이 합의하여 판단한 경우

지급재료목록

재 료 명	규 격	단 위	수 양	비 고
밀가루	강력분	g	968	1인용
밀가루	박력분	g	242	1인용
설탕	정백당	g	121	1인용
쇼트닝	제과(빵)용	g	145	1인용
소금	정제염	g	18	1인용
탈지분유	제과(빵)용	g	51	1인용
생이스트		g	61	1인용
제빵개량제	제빵용	g	13	1인용
향	바닐라	g	3	1인용
계란	60g(껍질 포함)	개	4	1인용
너트메그	향신료(식용)	g	4	1인용
식용유	대두유	ℓ	2	5인용
얼음	식용	g	200	1인용
위생지	식품용(8절지)	장	10	1인용
부탄가스	가정용(220g)	개	1	5인 공용
제품상자	제품포장용	개	1	5인 공용

1. 혼합순서

- 계란, 물, 쇼트닝을 제외한 전 재료를 믹서볼에 넣고 재료를 저속으로 30초 정도 섞어준다.
- 계란과 물을 넣고 저속으로 수화시킨 후 중속으로 반죽을 한다.
- 재료가 완전히 수화되어 한 덩어리가 된 클린업 단계에서 쇼트닝을 혼합하고 최종단계보다 조금 못 미치게 반죽을 한다.

2. 반죽상태

- 박력분이 들어가고 성형의 공정에 손이 많이 가는 반죽이므로 최종단계의 80~85% 정도까지 반죽한다.

3. 반죽온도

- 요구사항 27℃가 되게 조치한다.

4. 1차 발효

- 발효관리 : 온도 27℃, 습도 80%, 발효시간 60~90분 정도
- 발효상태 : 처음부피의 3배 정도, 섬유질상태, 손가락 시험 등 발효의 시간보다는 상태에 관심을 갖고 판단한다.

5. 분할

- 요구사항대로 45g씩 45~47개를 최대한 빠른 동작으로 분할한다.

6. 둥글리기

- 반죽표면이 매끄럽게 되도록 능숙한 동작으로 둥글리기를 한다.

7. 중간발효

- 비닐 등으로 덮어 마르지 않게 조치하여 성형에 용이한 상태가 되게 10분 정도 중간발효를 시킨다.

8. 성형

- 가스빼기를 하여 팔자형, 꽈배기형 등의 주어진 모양으로 능숙하게 만든다.
- 과도한 덧가루의 사용은 표면을 거칠게 하고 맛을 떨어지게 하므로 가능한 최소량을 사용한다.
- 전체적인 모양이 일정하고 균형을 이루게 성형하는 것이 중요하다.

9. 2차 발효

- 발효실온도 : 35℃, 습도 : 85%, 발효시간 : 30~35분간 발효시킨다.
- 부피가 2~2.5배 정도인 발효시간보다는 상태로 판단한다.

10. 튀기기

- 튀김기름의 온도를 185℃로 맞춘다.
- 한 면이 약 1분 30초로 양면 약 3분 정도 튀긴다.
- 튀김기름의 온도가 낮으면 기름이 많이 흡수되어 도넛이 눅눅하여 맛이 없다.
- 튀김 후 약간 식힌 후 제공되는 설탕을 묻힌다.

11. 제품평가

- 부피, 균형, 껍질, 내상, 맛과 향 등을 평가한다.
- 상품적 가치가 없으면 0점 처리가 된다.

key point

- 튀김 제품의 반죽은 일반 빵에 비하여 이스트의 양이 조금 많다.
- 튀김기름의 온도가 185℃인 것을 확인하는 방법은 남은 반죽을 조금 넣었을 때 바로 떠오를 때의 시점으로 한다.
- 2차 발효를 할 때 지나치게 온도와 습도가 높고 많이 발효하게 되면 모양이 찌그러지고 손에 달라붙어 모양이 잡히지 않으므로 조금 덜 발효된 상태로 튀겨준다.
- 한쪽 면의 색이 나면 한번만 뒤집어서 다른 쪽을 튀겨주며 도넛의 옆면이 연한 색이 나와야 정상이다.
- 너트메그는 좋지 못한 기름 냄새를 제거해 준다.
- 튀김 중 자주 뒤집으면 반죽 속 공기가 빠져 부피가 작아진다.
- 튀김기름의 온도가 낮으면 반죽 속에 기름이 많이 스며들게 되고 모양이 퍼지고 부피는 커져 식으면 쭈글쭈글해진다.
- 계피와 설탕의 비율은 1 : 9로 하여 도넛을 튀긴 후 조금 식혀서 36~40℃ 정도가 되었을 때 묻혀주면 적당하다.

소시지빵 🕐 시험시간 **4시간**

요구사항

☒ **다음 요구사항대로 소시지빵을 제조하여 제출하시오.**

❶ 반죽재료를 계량하여 재료별로 진열하시오(10분). (토핑
   및 충전물 재료의 계량은 휴지시간을 활용하시오.)
❷ 반죽을 스트레이트법으로 제조하시오.
❸ 반죽온도는 27℃를 표준으로 하시오.
❹ 분할무게는 70g씩 분할하시오.
❺ 반죽은 전량을 사용하여 분할하고, 완제품(토핑 및 충전물
   완성)은 18개 제조하여 제출하시오.
❻ 충전물은 발효시간을 활용하여 제조하시오.
❼ 정형 모양은 낙엽모양과 꽃잎모양의 2가지로 만들어서 제
   출하시오.

배합표(반죽)

재 료 명	비 율(%)	무 게(g)
강력분	80	640
중력분	20	160
생이스트	4	32

제빵개량제	1	8
소금	2	16
설탕	11	88
마가린	9	72
탈지분유	5	40
계란	5	40
물	52	416
계	189	1512

배합표(반죽토핑 및 충전물)

재 료 명	비 율(%)	무 게(g)
프랑크 소시지	100	720(19개)
양파	72	504
마요네즈	34	238
피자치즈	22	154
케첩	24	168
계	252	1784

❶ 시험시간은 재료계량시간이 포함된 시간입니다.

❷ 안전사고가 없도록 유의합니다.

❸ 의문사항이 있으면 감독위원에게 문의하고, 감독위원의 지시에 따릅니다.

❹ 다음과 같은 경우에는 채점대상에서 제외됩니다.

   가) 시험시간 내에 작품을 제출하지 못한 경우

   나) 시험시간 내에 제출된 작품이라도 다음과 같은 경우

(1) 작품의 가치가 없을 정도로 타거나 익지 않은 경우

(2) 요구사항을 준수하지 않았을 경우

(3) 지급된 재료 이외의 재료를 사용한 경우

다) 시험 중 시설 · 장비의 조작 또는 재료의 취급이 미숙하여 위해를 일으킬 것으로 감독위원 전원이 합의하여 판단한 경우

지급재료목록

재 료 명	규 격	단 위	수 양	비 고
밀가루	강력분	g	700	1인용
밀가루	중력분	g	200	1인용
설 탕	정백당	g	100	1인용
소 금	정제염	g	20	1인용
이스트	생이스트	g	32	1인용
제빵개량제		g	10	1인용
마가린	제과용	g	80	1인용
탈지분유	제과(빵)용	g	50	1인용
계 란	60g(껍질 포함)	g	1	1인용
프랑크소시지	중량 40g/길이 12cm	개	19	1인용
양 파	껍질 깐 것	g	520	1인용
마요네즈	식품용	g	250	1인용
피자치즈	모차렐라치즈	g	180	1인용
케 첩	식품용	g	200	1인용
짤주머니	1회용(중, 100개)	1팩	2	40인용
얼 음	식용	g	200	1인용 (겨울철 제외)
위생지	식품용(8절지)	장	10	1인용
제품상자	제품포장용	개	1	5인 공용

제조 과정

1. 반죽 혼합순서

- 계란, 물, 마가린을 제외한 건재료를 믹싱볼에 넣고 저속으로 30초 정도 고르 게 섞이게 혼합한다.
- 계란, 물을 넣고 저속으로 반죽하여 수화시킨 후 클린업 단계에서 마가린을 넣 고 섞은 후 중속으로 반죽을 한다.
- 중력분이 들어가고 성형의 과정에 손이 많이 가는 반죽이므로 발전단계 후기 에서 최종단계 초기까지 반죽을 해준다.

2. 반죽상태

- 글루텐이 일반적인 식빵보다 최상으로 늘어나지는 않지만 반죽의 피막이 곱고 매끄러운 상태여야 한다.

3. 반죽온도

- 요구사항인 27℃를 맞추기 위하여 물리적인 조치를 취한다.

4. 1차 발효

- 발효관리 : 온도 27℃, 습도 80%, 발효시간 60분 정도
- 발효상태 : 처음부피의 3배 정도, 섬유질 테스트, 손가락 시험 등 시간보다는 상태로 파악한다.

5. 토핑 및 충전물 제조

- 1차 발효시간에 토핑 및 충전물의 재료를 계량한다.
- 양파를 잘게 잘라 준비해 두었다가 토핑물을 올리기 직전 일부의 마요네즈와 케첩을 섞어 사용한다.
- 남은 마요네즈와 케첩은 각각 짤주머니에 담아 준비한다.

6. 분할

- 주어진 요구사항인 70g짜리 19~21개로 분할한다.
- 가능한 빠른 시간에 분할하고 각각의 무게 편차가 적어야 한다.

7. 둥글리기

- 반죽의 표면을 매끄럽고 능숙하게 둥글리기한다.
- 분할한 순서로 둥글리기하여 판 위에 간격을 너무 띄우지 않고 차례로 놓는다.

8. 중간발효

- 비닐 등을 덮어 표면이 마르지 않게 조치하여 15분 정도 중간발효한다.

9. 성형

- 중간발효시킨 반죽의 공기를 빼준 뒤 소시지 길이로 밀어 소시지를 감싼다.
- 마무리 부분이 밑으로 가게 패닝 후, 가위로 7번 정도 비스듬히 잘라준다.
- 나뭇잎모양은 비스듬히 자른 반죽을 지그재그로 엇갈리게 옆면으로 아카시아 잎처럼 펴준다.
- 꽃잎모양으로 비스듬히 자른 반죽을 둥글게 펴서 놓는다.
- 일부 남겨둔 마요네즈와 케첩을 섞어 윗면에 약간 발라준다.
- 윗면에 준비된 토핑물을 고르게 올린다.
- 치즈를 뿌리고 마요네즈와 케첩의 소스를 윗면에 뿌린다.

10. 2차 발효

- 발효실온도 : 35℃, 습도 : 85%, 발효시간 : 40분 정도
- 상태 : 성형한 빵의 부피가 2배 정도 되었을 때

11. 굽기

- 오븐온도 : 윗불 200℃, 아랫불 160℃
- 굽기 시간 : 12분 내외
- 윗면 치즈가 타지 않고 바닥의 색상에 주의한다.

12. 제품평가

- 부피, 균형, 껍질, 내상, 맛과 향 등을 평가한다.
- 상품적 가치가 없으면 0점 처리가 된다.

key point

- 토핑이 너무 과할 시에 빵 고유의 맛이 떨어지니 이에 유의하도록 한다.
- 소스와 치즈가 있어 색이 빨리 나므로 구울 때 타지 않도록 한다.
- 소스가 지나치면 굽고 난 후 빵이 지저분해 보일 수 있으니 주의한다.
- 성형 시 가위를 깊게 넣어 완전히 잘라 모양을 내주지 않으면 발효 후 모양이 제대로 나오지 않을 수 있다.
- 토핑물을 만들 때 양파와 마요네즈, 케첩을 미리 섞으면 물이 생길 수 있으니 양파를 잘라 준비해 두었다가 쓰기 직전에 섞어서 사용한다.
- 실제에서는 옥수수, 당근 등 다른 재료와 양파를 함께하여 토핑재료로 사용하면 더욱 맛있는 소시지 빵을 만들 수 있다.

식빵(비상스트레이트법) 시험시간 **2시간 40분**

요구사항

※ **다음 요구사항대로 식빵(비상스트레이트법)을 제조하여 제출하시오.**

❶ 배합표의 각 재료를 계량하여 재료별로 진열하시오(8분).

❷ 비상스트레이트법 공정에 의해 제조하시오. (반죽온도는 30℃로 한다.)

❸ 표준분할무게는 170g으로 하고, 제시된 팬의 용량을 감안하여 결정하시오. (단, 분할무게×3을 1개의 식빵으로 함)

❹ 반죽은 전량을 사용하여 성형하시오.

재 료 명	직접반죽법	비상직접반죽법	
	비율(%)	비율(%)	무게(g)
강력분	100	100	1200
물	64	63	756
이스트	2	4	48
제빵개량제	2	2	24
설탕	6	5	60
쇼트닝	4	4	48
분유	3	3	36
소금	2	2	24
계	183	183	2196

❶ 시험시간은 재료계량시간이 포함된 시간입니다.

❷ 안전사고가 없도록 유의합니다.

❸ 의문사항이 있으면 감독위원에게 문의하고, 감독
위원의 지시에 따릅니다.

❹ 다음과 같은 경우에는 채점대상에서 제외됩니다.

　가) 시험시간 내에 작품을 제출하지 못한 경우

　나) 시험시간 내에 제출된 작품이라도 다음과
　　 같은 경우

(1) 작품의 가치가 없을 정도로 타거나 익지
　　않은 경우

(2) 요구사항을 준수하지 않았을 경우

(3) 지급된 재료 이외의 재료를 사용한 경우

다) 시험 중 시설·장비의 조작 또는 재료의 취
급이 미숙하여 위해를 일으킬 것으로 감독
위원 전원이 합의하여 판단한 경우

지급재료목록

재 료 명	규 격	단 위	수 양	비 고
밀가루	강력분	g	1320	1인용
설탕	정백당	g	70	1인용
소금	정제염	g	30	1인용
식용유	대두유	ml	50	1인용
이스트	생이스트	g	55	1인용
제빵개량제	제빵용	g	30	1인용
쇼트닝	제과(빵)용	g	55	1인용
탈지분유	제과(빵)용	g	45	1인용
얼음	식용	g	200	1인용
위생지	식품용(8절지)	장	10	1인용
제품상자	제품포장용	개	1	5인 공용

1. 혼합순서

- 쇼트닝과 물을 제외한 전 재료를 믹서에 넣고 저속으로 가볍게 섞어 마른 재료가 고르게 섞이게 한다.
- 반죽온도를 맞추기 위하여 미리 조치한 물을 넣고 저속으로 섞어 가루가 보이지 않게 수화시킨다.
- 반죽이 처음 한 덩어리가 되는 클린업 상태에서 쇼트닝을 넣고 중속으로 믹싱을 계속한다.
- 윈도 테스트를 하여 반죽의 글루텐이 최대 신장성과 탄력성을 가지게 조치된 최종단계 후기까지 반죽을 하여 완료한다.

2. 반죽상태

- 글루텐의 피막이 곱고 매끄러운 반죽이 되도록 한다.

3. 반죽온도

- 비상스트레이트법의 요구조건에 맞게 30℃로 맞춘다.

4. 1차 발효

- 처음 반죽 부피의 3배 이상이다.
- 발효의 상태는 그물구조가 충분할 때까지 한다.
- 발효실온도 : 30℃, 습도 : 80%, 발효시간 : 25분 정도

5. 분할, 둥글리기, 중간발효, 성형, 패닝

- 요구사항인 170g씩 12개로 분할한다.
- 가급적 빠르고 정확하게 분할하여야 한다.

6. 둥글리기

- 다음 공정인 성형을 쉽게 할 수 있게 일관된 모양으로 둥글리기한다.
- 표면이 매끄럽게 능숙한 작업을 한다.

7. 중간발효

- 표피가 마르지 않게 비닐 등으로 조치한다.
- 다음 공정인 성형을 하기 좋게 10~15분 정도 한다.

8. 성형

- 반죽에 남아 있는 가스를 완전히 밀대로 밀어 뺀 후 3겹 접기를 한다.
- 식빵틀의 크기를 염두에 두고 둥글고 단단하게 말아 이음매를 잘 봉한다.
- 과도한 덧가루를 사용하지 않는다.

9. 패닝

- 단단하게 성형한 반죽을 이음매가 바닥으로 가게 하여 배열 및 간격을 맞추어 넣는다.
- 가볍게 눌러 틀에 균형이 잡히게 조치한다.

10. 2차 발효

- 반죽이 팬 위로 1cm 정도 올라오게 발효시킨다.
- 발효실온도 : 35℃, 습도 : 90%, 발효시간 : 약 50분

11. 굽기

- 오븐온도 : 윗불 180℃, 아랫불 200℃
- 굽기 시간 : 30~40분 정도
- 빵의 옆면에 색이 나면 익었다고 할 수 있는데 밑면과 윗면의 색에 주의하여야 한다.

12. 제품평가

- 부피, 균형, 껍질, 내상, 맛과 향 등을 평가한다.
- 상품적 가치가 없으면 0점 처리가 된다.

key point

- 이스트는 미지근한 물에 개어서 쓸 수도 있는데 이스트 양의 2배 이상의 물을 사용하고 믹싱 5~10분 전에 개어두는 것이 좋다.
- 반죽온도를 맞추기 위해서는 재료와 외부의 온도에 따라 물의 온도를 잘 맞추어야 한다.
- 물의 온도는 겨울에는 30℃ 정도로 하고 여름에는 찬 수돗물을 그대로 사용하는 것이 좋다.
- 강력분은 분유, 제빵개량제와 함께 체질하여 사용하면 이물질도 제거되고 밀가루 속에 공기를 넣게 되어 재료의 분산과 수화에 도움을 주며 분유가 한곳에 있으면 물과 엉기게 되는 것을 막을 수도 있다.
- 성형을 할 때에는 밀대나 바닥에 밀가루를 약간 묻혀서 밀면 잘 밀리며 덧가루는 가능하면 최소량 사용하여 작업을 한다.
- 한 팬에 들어가는 3개의 반죽을 가능하면 빠르게 같은 모양으로 작업하여야 3개가 동시에 발효되어 산형모양이 일정하게 나온다.
- 패닝을 한 후 반죽을 손 등으로 눌러주어 팬과 반죽 사이의 공기를 빼주어 바닥의 모양이 고르게 잘 나오게 한다.
- 구울 때는 상황에 따라 25분 정도 구운 후 팬을 돌려준다.
- 구운 옆면도 갈색이 나야 틀에서 제품을 꺼내어 식혀도 주저앉지 않는다.
- 예전에는 제빵계량제 대신에 이스트푸드를 사용하였는데 보통 제빵개량제는 1~2%, 이스트푸드는 0.1~0.2% 사용한다.

단팥빵(비상스트레이트법) 🕐 시험시간 **3시간**

요구사항

※ 다음 요구사항대로 **단팥빵(비상스트레이트법)**을 제조하여 제출하시오.

❶ 배합표의 각 재료를 계량하여 재료별로 진열하시오 (10분).
❷ 반죽은 비상스트레이트법으로 제조하시오. (단, 유지는 클린업 단계에 첨가하고, 반죽온도는 30℃로 한다.)
❸ 반죽 1개의 분할무게는 40g, 팥앙금 무게는 30g으로 제조하시오.
❹ 반죽은 전량을 사용하여 성형하시오.

배합표

재 료 명	스트레이트법	비상스트레이트법	
	비율(%)	비율(%)	중량(g)
강력분	100	100	900
물	49	48	432
이스트	3.5	7	63
제빵개량제	1	1	9
소금	2	2	18
설탕	17	16	144
마가린	12	12	108
분유	3	3	27
계란	15	15	135
계	202.5	204	1836
팥앙금	150	150	1350

수험자 유의사항

❶ 시험시간은 재료계량시간이 포함된 시간입니다.

❷ 안전사고가 없도록 유의합니다.

❸ 의문사항이 있으면 감독위원에게 문의하고, 감독
위원의 지시에 따릅니다.

❹ 다음과 같은 경우에는 채점대상에서 제외됩니다.

　가) 시험시간 내에 작품을 제출하지 못한 경우

　나) 시험시간 내에 제출된 작품이라도 다음과
　　같은 경우

　(1) 작품의 가치가 없을 정도로 타거나 익지
　　않은 경우

　(2) 요구사항을 준수하지 않았을 경우

　(3) 지급된 재료 이외의 재료를 사용한 경우

　다) 시험 중 시설·장비의 조작 또는 재료의 취
　　급이 미숙하여 위해를 일으킬 것으로 감독
　　위원 전원이 합의하여 판단한 경우

지급재료목록

재료명	규격	단위	수양	비고
밀가루	강력분	g	990	1인용
설탕	정백당	g	150	1인용
소금	정제염	g	20	1인용
식용유	대두유	ml	50	1인용
이스트	생이스트	g	70	1인용
제빵개량제	제빵용	g	10	1인용
마가린	제빵용	g	120	1인용
탈지분유	제과(빵)용	g	30	1인용
계란	60g(껍질 포함)	개	5	1인용
팥앙금	가당	g	1500	1인용
위생지	식품용(8절지)	장	10	1인용
제품상자	제품포장용	개	1	5인 공용
얼음	식용	g	200	1인용 (겨울철 제외)

1. 혼합순서

- 마가린, 물, 계란, 팥앙금을 제외한 건재료를 넣고 저속으로 재료를 섞어준다.
- 계란, 물을 넣고 저속으로 수화시키고 중속으로 반죽을 한다.
- 클린업 단계에서 마가린을 첨가하고 최종단계 후기 반죽으로 만든다.

2. 반죽상태

- 비상스트레이트법이므로 보통보다 조금 오래 반죽을 해야 한다.
- 글루텐의 피막이 곱고 매끄러운 상태의 반죽이 되어야 한다.

3. 반죽온도

- 비상스트레이트법의 요구사항인 반죽온도는 30℃이다.
- 필요한 물리적 조치를 하여야 한다.

4. 1차 발효

- 발효실온도 : 30℃, 습도 : 80%, 발효시간 : 15분 정도
- 발효의 속도가 빠르므로 일반 단과자빵에 비해 약간 어린 발효이다.

5. 분할

- 40g씩 45개로 분할한다.
- 앙금은 30g으로 한다.
- 빠른 동작으로 능숙하고 정확하게 분할한다.

6. 둥글리기

- 표면이 매끄럽고 둥글게 둥글리기한다.
- 빠른 동작으로 능숙하게 한다.

7. 중간발효

- 성형공정을 잘 할 수 있게 10~15분 정도 중간발효한다.
- 비닐 등으로 덮어서 마르지 않게 관리한다.

8. 성형

- 가스빼기와 앙금싸기를 정확하고 능숙하게 한다.
- 반죽을 너무 당겨서 앙금을 싸면 앙금이 한쪽으로 치우치게 된다.

9. 패닝

- 평 철판에 기름칠을 고르게 하고 적절한 간격으로 패닝한다.
- 패닝 후 손으로 적당하게 눌러준 후 목봉으로 가운데 구멍을 내어준다.
- 윗면의 계란물은 감독관의 지시에 따른다.

10. 2차 발효

- 발효실온도 : 35℃, 습도 : 85%, 발효시간 : 30분 정도
- 2배의 크기이나 이스트의 발효력이 크므로 지나치지 않게 주의한다.

11. 굽기

- 오븐온도 : 윗불 200℃, 아랫불 160℃
- 굽기 시간 : 12분 정도
- 황금갈색이 나게 먹음직스럽게 굽기한다.

12. 제품평가

- 부피, 균형, 껍질, 내상, 맛과 향 등을 평가한다.
- 상품적 가치가 없으면 0점 처리가 된다.

key point

- 비상스트레이트법 반죽은 스트레이트법에 비하여 이스트는 2배, 물 1% 감소, 설탕 1% 감소, 반죽 온도 30℃로 하는 것은 필수적 조치이다.
- 앙금을 지나치게 작게 넣으면 전체적인 부피가 작을 수 있으므로 앙금도 정확히 달아서 전체의 무게가 일정하게 해준다.
- 앙금싸기 요령은 전체적인 반죽의 두께를 고르게 하는 것이 중요하다.
- 앙금을 싼 반죽을 지나치게 둥글리기하면 앙금이 위로 몰리게 되어 도리어 가운데 앙금이 있어야 하는 데 그렇지 못하게 된다.
- 실제 사용에서 아래의 그림과 같이 과일이나 깨 등을 이용하기도 한다.

브리오슈  시험시간 **3시간 30분**

요구사항

☒ **다음 요구사항대로 브리오슈를 제조하여 제출하시오.**

❶ 배합표의 각 재료를 계량하여 재료별로 진열하시오
(10분).
❷ 반죽은 스트레이트법으로 제조하시오. (단, 유지는 클
린업 단계에 첨가하시오.)
❸ 반죽온도는 29℃를 표준으로 하시오.
❹ 분할무게는 40g씩이며, 오뚜기모양으로 제조하시오.
❺ 반죽은 전량을 사용하여 성형하시오.

배합표

재 료	비 율(%)	무 게(g)
강력분	100	900
물	30	270
생이스트	8	72
소금	1.5	13.5
마가린	20	180
버터	20	180
설탕	15	135
분유	5	45
계란	30	270
브랜디(술)	1	9
계	230.5	2074.5

수험자 유의사항

❶ 시험시간은 재료계량시간이 포함된 시간입니다.

❷ 안전사고가 없도록 유의합니다.

❸ 의문사항이 있으면 감독위원에게 문의하고, 감독위원의 지시에 따릅니다.

❹ 다음과 같은 경우에는 채점대상에서 제외됩니다.

　가) 시험시간 내에 작품을 제출하지 못한 경우

　나) 시험시간 내에 제출된 작품이라도 다음과 같은 경우

(1) 작품의 가치가 없을 정도로 타거나 익지 않은 경우

(2) 요구사항을 준수하지 않았을 경우

(3) 지급된 재료 이외의 재료를 사용한 경우

　다) 시험 중 시설·장비의 조작 또는 재료의 취급이 미숙하여 위해를 일으킬 것으로 감독위원 전원이 합의하여 판단한 경우

지급재료목록

재 료 명	규 격	단 위	수 양	비 고
밀가루	강력분	g	990	1인용
설탕	정백당	g	300	1인용
소금	정제염	g	15	1인용
식용유	대두유	ml	50	1인용
이스트	생이스트	g	80	1인용
버터	제빵용	g	200	1인용
마가린	제빵용	g	200	1인용
탈지분유	제과(빵)용	g	50	1인용
계란	60g(껍질 포함)	개	5	1인용
술	브랜디	g	10	1인용
얼음	식용	g	200	1인용
위생지	식품용(8절지)	장	10	1인용
제품상자	제품포장용	개	1	5인 공용

1. 혼합순서

- 마가린, 버터, 계란, 물, 술을 제외한 건재료를 넣고 가볍게 섞어준다.
- 계란, 술, 물을 순서로 넣고 저속으로 수화시킨 후 중속으로 반죽을 한다.
- 클린업 단계에서 마가린, 버터를 나누어 넣고 중속으로 반죽을 하여 최종단계까지 반죽을 한다.

2. 반죽상태

- 표면이 보들보들하고 광택이 있는 반죽이 되어야 한다.
- 유지가 많은 반죽으로 유지가 반죽 밖으로 새어 나오지 않게 하여야 한다.

3. 반죽온도

- 반죽온도는 요구사항인 29℃로 맞추는데 속성으로 제조하기 때문이다.
- 유지가 많이 들어가는 반죽은 대체적으로 반죽의 온도를 약간 낮게 해야 유지가 반죽에서 새어 나오지 않는다.

4. 1차 발효

- 발효실온도 : 30℃, 습도 : 80%, 발효시간 : 60분 정도

5. 분할

- 40g씩 50개 분할한다.
- 정확하고 빠르게 분할한다.

6. 둥글리기

- 매끈하고 윤기 있게 둥글리기한다.
- 능숙하고 빠르게 둥글리기하여야 유지가 반죽에서 덜 새어 나온다.

7. 중간발효

- 다음 공정인 성형을 쉽게 하기 위하여 15분 정도의 중간발효시간을 준다.
- 비닐 등을 덮어 마르지 않게 조치하여야 한다.

8. 성형

- 브리오슈 특유의 오뚝이 모양을 만든다.
- 모양이 균일하고 꼭지를 일정하게 해야 한다.

9. 패닝

- 평철판에 놓거나 브리오슈 틀에 패닝한다.
- 꼭지가 가운데 오도록 조치한다.

10. 2차 발효

- 발효실온도 : 35℃, 습도 : 85%, 발효시간 : 35분 정도
- 틀 이용 시 가득한 상태가 되도록 발효를 한다.

11. 굽기

- 오븐온도 : 윗불 190℃, 아랫불 180℃
- 굽기 시간 : 15분 정도
- 철판에 패닝하여 구울 때는 아랫불을 160℃로 한다.
- 밝은 황금색이 나게 잘 굽는다.

12. 제품평가

- 부피, 균형, 껍질, 내상, 맛과 향 등을 평가한다.
- 상품적 가치가 없으면 0점 처리가 된다.

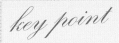

- 유지가 많은 제과와 제빵의 중간단계의 빵으로 2차 발효의 상태에 따라 제품의 부피가 영향을 받는다.
- 많은 유지가 흘러 나오지 않게 발효를 시켜야 한다.
- 고율배합이므로 반죽온도와 발효온도도 약간씩 높지만 너무 높게 발효시키면 유지가 빠져 나오고 반죽이 처진다.
- 분할 후의 발효 진행이 빠르므로 빠른 동작으로 처음 분할한 반죽부터 성형을 하도록 한다.
- 2차 발효 시 꼭지부분이 넘어지지 않으려면 성형 시 반죽을 단단하게 성형하고 2차 발효를 지나치게 하지 않도록 한다.
- 계란물은 노른자 : 물=1 : 2의 비율로 만들어서 2차 발효 후 주의하여 칠한다.
- 유지가 많은 반죽이므로 분할, 둥글리기, 성형 등 손으로 작업을 할 때 손에서 오래 머물게 되면 유지가 반죽 밖으로 나오게 된다.

그리시니(Grissini)

⏰ 시험시간 **2시간 30분**

요구사항

※ 다음 요구사항대로 그리시니를 제조하여 제출하시오.

❶ 배합표의 각 재료를 계량하여 재료별로 진열하시오(8분).
❷ 전 재료를 동시에 투입하여 믹싱하시오(스트레이트법).
❸ 반죽온도는 27℃를 표준으로 하시오.
❹ 1차 발효시간은 30분 정도로 하시오.
❺ 분할무게는 30g, 길이는 35~40cm로 성형하시오.
❻ 반죽은 전량을 사용하여 성형하시오.

배합표(반죽)

재 료 명	비 율(%)	무 게(g)
강력분	100	700
설탕	1	7
건조 로즈마리	0.14	1
소금	2	14
생이스트	3	21
버터	12	84
올리브유	2	14
물	62	434
계	182.14	1275

수험자 유의사항

❶ 시험시간은 재료계량시간이 포함된 시간입니다.

❷ 안전사고가 없도록 유의합니다.

❸ 의문사항이 있으면 감독위원에게 문의하고, 감독위원의 지시에 따릅니다.

❹ 다음과 같은 경우에는 채점대상에서 제외됩니다.

　가) 시험시간 내에 작품을 제출하지 못한 경우

　나) 시험시간 내에 제출된 작품이라도 다음과 같은 경우

(1) 작품의 가치가 없을 정도로 타거나 익지 않은 경우

(2) 요구사항을 준수하지 않았을 경우

(3) 지급된 재료 이외의 재료를 사용한 경우

다) 시험 중 시설·장비의 조작 또는 재료의 취급이 미숙하여 위해를 일으킬 것으로 감독위원 전원이 합의하여 판단한 경우

지급재료목록

재료명	규격	단위	수량	비고
밀가루	강력분	g	770	1인용
설탕	정백당	g	8	1인용
버터	제빵용	g	90	1인용
소금	정제염	g	16	1인용
이스트	생이스트	g	25	1인용
건조 로즈마리		g	2	1인용
식용유	올리브유	ml	16	1인용
위생지	식품용(8절지)	장	10	1인용
제품상자	제품포장용	개	1	5인 공용
얼음	식용	g	200	1인용(겨울철 제외)

1. 혼합순서

- 버터, 올리브유, 물을 제외한 건재료를 넣고 가볍게 섞어준다.
- 물을 넣고 저속으로 수화시킨 후 중속으로 반죽을 한다.
- 클린업 단계에서 버터, 올리브유를 나누어 넣고 중속으로 반죽하여 최종단계 초기까지 반죽을 한다.

2. 반죽상태

- 반죽은 성형을 할 때 밀어 펴야 하므로 최종단계에 조금 못 미치게 반죽을 한다.
- 글루텐의 형성 정도가 지나치지 않은 부드럽고 신장성이 큰 반죽이어야 한다.

3. 반죽온도

- 요구사항인 27℃로 맞춘다.

4. 1차 발효

- 발효실온도 : 28℃, 습도 : 80%, 발효시간 : 40분 정도
- 부피가 두 배 정도로 일반 제품의 반죽보다 발효가 약간 부족한 상태이다.

5. 분할

- 30g짜리 42개로 분할한다.
- 정확하고 빠른 동작으로 분할한다.

6. 둥글리기

- 밀어서 길게 성형을 할 것이므로 길쭉하게 둥글리기한다.
- 분할한 순서대로 매끈하고 빠르게 둥글리기하여 길쭉하게 하여 차례대로 둔다.

7. 중간발효

- 마르지 않게 조치하여 20분간 중간발효한다.

8. 성형

- 공기를 빼준 뒤 최종길이가 35~40cm 정도가 되게 고르게 밀어준다.
- 사이사이 휴지시간을 주어 2~3회 나누어 밀어야 찢어지지 않고 쉽게 원하는 길이로 밀 수 있다.
- 전체적인 두께가 일정하게 손가락의 힘을 고르게 주어 빠르게 작업을 한다.

9. 패닝

- 기름 바른 철판 위에 간격이 일정하게 패닝한다.

10. 2차 발효

- 발효실온도 : 30℃, 습도 : 85%, 발효시간 : 30분 정도

11. 굽기

- 오븐온도 : 윗불 220℃, 아랫불 160℃, 굽는 시간 : 9분 정도

12. 제품평가

- 부피, 균형, 껍질, 내상, 맛과 향 등을 평가한다.
- 상품적 가치가 없으면 0점 처리가 된다.

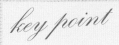

key point

- 밀어 펴기 중간에 시간을 두어 반죽이 찢어지지 않게 밀어주는 것이 요령이다.
- 손가락의 힘을 고르게 하여 부드럽게 밀어주어야 전체적인 두께가 고른 그리시니를 얻을 수 있다.
- 2차 발효를 적당히 하는 데 따라 그리시니의 바삭거림과 부드러움이 다르다.
- 세몰라(semola) 등을 묻혀 굽기도 하고 치즈를 넣어 만들기도 한다.
- 그리시니는 이탈리아 스틱형 빵으로 이탈리아 레스토랑에서는 메인요리가 나오기 전 그리시니를 유리병에 꽂아 와인과 함께 서비스되고 있다.

밤식빵 🕐 시험시간 **4시간**

요구사항

❆ **다음 요구사항대로 밤식빵을 제조하여 제출하시오.**

❶ 반죽재료를 계량하여 재료별로 진열하시오(10분).
❷ 반죽은 스트레이트법으로 제조하시오.
❸ 반죽온도는 27℃를 표준으로 하시오.
❹ 분할무게는 450g으로 하고, 성형 시 450g의 반죽에 80g의 통조림밤을 넣고 정형하시오(한 덩이 : one loaf).
❺ 토핑물을 제조하여 굽기 전에 토핑하고 아몬드를 뿌리시오.
❻ 반죽은 전량을 사용하여 성형하시오.

배합표

• 반죽배합표

재 료 명	비 율(%)	무 게(g)
강력분	80	960
중력분	20	240
물	52	624
생이스트	4	48
제빵개량제	1	12
소금	2	24
설탕	12	144
버터	8	96
탈지분유	3	36
계란	10	120
계	192	2304
통조림밤(시럽 제외)	35	420

• 토핑 배합표

재 료 명	비 율(%)	무 게(g)
중력분	100	100
마가린	100	100
설탕	60	60
계란	60	60
베이킹파우더	2	2
계	372	322
슬라이스 아몬드	50	50

지급재료목록

재 료 명	규 격	단 위	수 양	비 고
밀가루	강력분	g	1060	1인용
밀가루	중력분	g	380	1인용
설탕	정백당	g	230	1인용
이스트	생이스트	g	54	1인용
분유	제빵용	g	40	1인용
버터	제빵용	g	110	1인용
소금	정제염	g	30	1인용
제빵개량제	제빵용	g	14	1인용
밤(슬라이스)	당조림	g	900	1인용 (시럽 포함)
계란	60g(껍질 포함)	개	4	1인용
마가린	제빵용	g	120	1인용
베이킹파우더	제과(빵)용	g	3	1인용
아몬드(슬라이스)	제과(빵)용	g	60	1인용
얼음	식용	g	220	1인용 (하절기에만 필요)
위생지	식품용(8절지)	장	10	1인용
제품상자	제품포장용	개	1	5인 공용

제조 과정

1. 혼합순서

- 버터, 계란, 물, 통조림밤을 제외한 건재료를 넣고 가볍게 섞어준다.
- 계란, 물을 넣고 저속으로 섞은 후 중속으로 반죽을 한다.
- 클린업 단계에서 버터를 투입하여 중속으로 최종단계까지 반죽하여 마무리한다.

2. 반죽상태

- 글루텐의 형성이 최종단계까지 충분히 되어야 한다.
- 반죽이 매끄럽고 신장성과 탄력성이 최대가 되어야 한다.

3. 반죽온도

- 요구사항대로 27℃로 맞춘다.

4. 1차 발효

- 발효실온도 : 27℃, 습도 : 80%, 발효시간 : 60분 정도
- 반죽 내부가 충분한 망상조직을 형성할 때까지 발효시킨다.

5. 토핑물 혼합순서

- 마가린을 부드럽게 풀어준 후 설탕을 넣으면서 크림화를 한다.
- 계란을 조금씩 투입하면서 부드러운 크림상태로 만든다.
- 중력분과 베이킹파우더를 체질하여 가볍게 잘 혼합한다.
- 반죽이 끝나면 마르지 않게 하여 휴지 후 사용한다.

6. 분할

- 반죽을 요구사항대로 450g으로 분할한다.
- 빠른 동작으로 정확하게 분할한다.

7. 둥글리기

- 매끈하게 원형으로 둥글리기한다.
- 먼저 분할한 순서대로 가지런히 정돈한다.

8. 중간발효

- 성형하기 좋게 10~15분 정도 중간발효시킨다.
- 비닐 등을 덮어 마르지 않게 조치한다.

9. 성형

- 밀대로 밀어 가스를 뺀 후 타원형으로 밀어 편다.
- 수분을 제거한 밤을 알맞게 다진 후 80g씩 윗면에 고르게 편다.

- 단단하게 반죽을 당겨가면서 돌돌 말아 봉합부분을 잘 붙인다.

10. 패닝

- 봉합부분이 기름칠한 팬의 밑부분을 향하게 하여 패닝한다.
- 전체적인 두께가 맞게 살짝 눌러 정리한다.

11. 2차 발효

- 발효실온도 : 35℃, 습도 : 85%, 발효시간 : 40분
- 팬의 95%까지 발효를 시킨다.

12. 토핑물 짜기

- 납작한 모양깍지를 이용하여 토핑물을 넣어 2차 발효를 끝낸 반죽 위에 반죽이 눌리지 않게 주의하여 짜준다.
- 팬 테두리에 토핑물이 묻지 않게 주의하여 짠다.
- 윗면에 아몬드슬라이스를 뿌려준다.

13. 굽기

- 오븐온도 : 윗불 170℃, 아랫불 200℃
- 굽기 시간 : 25~30분
- 옆면이 찌그러지기 쉬우므로 충분히 익힌다.

14. 제품평가

- 부피, 균형, 껍질, 내상, 맛과 향 등을 평가한다.
- 상품적 가치가 없으면 0점 처리가 된다.

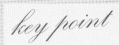

key point

- 충전용 밤에 물기가 있으면 구운 후 내상이 좋지 않고 기공이 커지며 제품의 측면이 주저앉을 수 있다.
- 당절임된 밤은 물로 씻은 후 표면의 당을 제거하고 물기를 제거한 후 사용한다.
- 토핑용 반죽은 겉껍질의 색을 빠르게 나게 하므로 온도에 주의한다.
- 토핑물의 색과 빵의 색이 이중으로 나므로 윗면에 토핑이 너무 많이 짜지 않아야 흘러내림도 방지되고 예쁜 모양을 얻을 수 있다.
- 토핑물은 톱모양의 납작한 모양깍지로 짜면 모양이 예쁘게 나온다.

베이글  시험시간 **3시간 30분**

요구사항

※ **다음 요구사항대로 베이글을 제조하여 제출하시오.**

❶ 배합표의 각 재료를 계량하여 재료별로 진열하시오(7분).
❷ 반죽은 스트레이트법으로 제조하시오.
❸ 반죽온도는 27℃를 표준으로 하시오.
❹ 1개당 분할중량은 80g으로 하고 링모양으로 정형하시오.
❺ 반죽은 전량을 사용하여 성형하시오.
❻ 2차 발효 후 끓는 물에 데쳐 패닝하시오.
❼ 팬 2개에 완제품 16개를 구워 제출하시오.

배합표(반죽)

재 료 명	비 율(%)	무 게(g)
강력분	100	900
물	60	540
이스트	3	27
제빵개량제	1	9
소금	2.2	(20)
설탕	2	18
식용유	3	27
계	171.2	1541

수험자 유의사항

❶ 시험시간은 재료계량시간이 포함된 시간입니다.

❷ 안전사고가 없도록 유의합니다.

❸ 의문사항이 있으면 감독위원에게 문의하고, 감독위원의 지시에 따릅니다.

❹ 다음과 같은 경우에는 채점대상에서 제외됩니다.

　가) 시험시간 내에 작품을 제출하지 못한 경우

　나) 시험시간 내에 제출된 작품이라도 다음과 같은 경우

(1) 작품의 가치가 없을 정도로 타거나 익지 않은 경우

(2) 요구사항을 준수하지 않았을 경우

(3) 지급된 재료 이외의 재료를 사용한 경우

다) 시험 중 시설·장비의 조작 또는 재료의 취급이 미숙하여 위해를 일으킬 것으로 감독위원 전원이 합의하여 판단한 경우

지급재료목록

재 료 명	규 격	단 위	수 양	비 고
밀가루	강력분	g	1000	1인용
설 탕	정백당	g	20	1인용
소금	정제염	g	25	1인용
이스트	생이스트	g	35	1인용
제빵개량제	제빵용	g	11	1인용
식용유		g	35	1인용
위생지	식품용(8절지)	장	10	1인용
제품상자	제품포장용	개	1	5인 공용
얼음	식용	g	200	1인용 (겨울철 제외)

1. 혼합순서

- 물과 식용유를 제외한 건재료를 넣고 저속으로 가볍게 섞어준다.
- 물과 식용유를 넣고 저속으로 섞은 후 중속으로 반죽을 한다.
- 반죽은 밀어 펴서 성형하는 과정이 있어 발전단계 후기까지만 반죽을 한다.

2. 반죽상태

- 재료의 혼합이 균일하고 매끈한 반죽이 되어야 한다.
- 다소 된 반죽으로 약간은 거친 반죽이다.

3. 반죽온도

- 요구사항에 따라 반죽온도를 27℃로 맞춘다.

4. 1차 발효

- 발효실온도 : 27℃, 습도 : 80%, 발효시간 : 40분 정도
- 글루텐의 숙성이 잘 되고 섬유질상태, 손가락 시험 등 시간보다는 발효의 상태로 확인한다.

5. 분할

- 요구사항대로 80g짜리 19개로 분할한다.
- 빠르고 정확한 분할이 되게 한다.

6. 둥글리기

- 밀어서 길게 성형할 것이므로 길쭉하게 둥글리기한다.
- 순서에 따라 작업할 수 있게 가지런히 정돈한다.

7. 중간발효

- 비닐 등을 덮어 마르지 않게 조치한다.
- 성형을 잘 할 수 있게 20분간 중간발효한다.

8. 성형

- 공기를 빼준 뒤 고르게 밀어준다.
- 사이사이 휴지시간을 주어 2~3회 나누어 밀어야 찢어지지 않고 원하는 길이로 쉽게 밀 수 있다.
- 반죽을 30cm 정도로 고르게 밀어준다.
- 한쪽은 넓적하게 다른 한쪽은 뾰족하게 하여 양끝을 붙여 링모양으로 성형한다.
- 여러 개의 모양이 일정하게 되어야 한다.

- 적당하게 한 장씩 자른 유산지 위에 각각의 성형된 베이글을 올린다.
- 철판 위에 간격이 일정하게 패닝한다.

9. 2차 발효
- 발효실온도 : 30℃, 습도 : 85%, 발효시간 : 30분 정도
- 일반빵의 2차 발효보다는 약간 어린 반죽일 때 튀긴다.

10. 튀기기
- 베이글 튀길 물을 끓인다.
- 80% 정도 2차 발효된 베이글을 유산지와 함께 들어서 끓는 물에 유산지 면이 먼저 물에 닿게 넣어 5초 정도 튀긴 후 뒤집으면서 유산지를 벗긴다.
- 그 상태로 8초 정도 튀긴 후 다시 뒤집어 처음의 면을 3초 더 튀긴다.
- 물기를 살짝 뺀 후 팬에 나누어서 간격이 고르게 패닝한다.
- 튀겨서 쭈글쭈글해진 베이글의 표피가 적당하게 탱글해지면 굽는다.

11. 굽기
- 오븐온도 : 윗불 220℃, 아랫불 190℃
- 굽기 시간 : 15분 정도
- 옆면이 찌그러지기 쉬우므로 충분히 익힌다.

12. 제품평가
- 부피, 균형, 껍질, 내상, 맛과 향 등을 평가한다.
- 상품적 가치가 없으면 0점 처리가 된다.

key point

- 2차 발효가 되는 동안 끓는 물에 데치는 이유는 표면을 호화시켜 오븐에서 익을 때 약간 딱딱한 껍질을 만들고 광택이 살게 하기 위함이다.
- 베이글이라는 이름은 독일어로 승마에 필요한 등자를 뜻하는 뷔글(bugel)에서 유래하였다. 베이글은 19세기에 유대인들이 미국 동부 지역으로 이주하면서 널리 알려지게 되었다.
- 양파, 건포도, 기타 건과일을 혼합하여 여러 가지 베이글을 만들 수 있다.
- 베이글은 그냥 먹기도 하고 반으로 잘라 버터를 바르고 구운 후 여러 가지 샌드위치 재료를 넣어 먹을 수도 있다.
- 현재는 유럽보다 미국에서 더 많이 먹는 것으로 알려져 있다.

햄버거빵 시험시간 **4시간**

요구사항

※ **다음 요구사항대로 햄버거빵을 제조하여 제출하시오.**

❶ 배합표의 각 재료를 계량하여 재료별로 진열하시오 (10분).
❷ 반죽은 스트레이트법으로 제조하시오. (단, 유지는 클린업 단계에 첨가하시오.)
❸ 반죽온도는 27℃를 표준으로 하시오.
❹ 반죽 분할무게는 개당 60g으로 제조하시오.
❺ 모양은 원반형이 되도록 하시오.
❻ 반죽은 전량을 사용하여 성형하시오.

배합표

재 료	비 율(%)	무 게(g)
강력분	70	770
중력분	30	330
생이스트	3	33
제빵개량제	2	22
소금	1.8	19.8
마가린	9	99
분유	3	33
계란	8	88
물	48	528
설탕	10	110
계	184.8	2032.8

지급재료목록

재 료 명	규 격	단 위	수 양	비 고
밀가루	강력분	g	850	1인용
밀가루	중력분	g	360	1인용
설탕	정백당	g	121	1인용
소금	정제염	g	22	1인용
이스트	생이스트	g	60	1인용
제빵개량제	제빵용	g	25	1인용
마가린	제빵용	g	110	1인용
탈지분유	제과(빵)용	g	36	1인용
계란	60g(껍질 포함)	개	3	1인용
식용유	대두유	ml	50	1인용
얼음	식용	g	200	1인용
위생지	식품용(8절지)	장	10	1인용
제품상자	제품포장용	개	1	5인 공용

1. 혼합순서

- 마가린, 계란, 물을 제외한 전 재료를 믹싱볼에 넣고 저속으로 가볍게 섞는다.
- 계란, 물을 넣고 저속으로 수화시킨 후 중속으로 반죽을 한다.
- 클린업 단계에서 마가린을 투입하여 중속으로 반죽을 계속하여 반죽이 최종단계 후기에 올 때까지 계속한다.

2. 반죽상태

- 믹싱을 보통의 반죽보다 조금 길게 해준다.
- 약간의 오버 믹싱은 햄버거 고유의 원반형으로 발효하는 데 도움을 준다.

3. 반죽온도

- 요구사항에 맞게 27℃로 맞춘다.

4. 1차 발효

- 발효실온도 : 27℃, 습도 : 80%, 발효시간 : 80분 정도
- 부피는 3배 정도, 손가락 시험, 섬유질상태 등 발효의 시간보다는 상태로 판단한다.

5. 분할

- 요구사항대로 60g씩 33개로 분할한다.
- 정확하고 빠르게 작업을 완료한다.

6. 둥글리기

- 표면이 매끄럽게 둥글리기한다.
- 능숙하고 빠른 동작으로 한다.

7. 중간발효

- 비닐 등을 덮어 표면이 마르지 않게 조치한다.
- 다음 공정인 성형을 용이하게 하기 위하여 15분 정도 충분히 한다.

8. 성형

- 눌러서 공기를 뺀 후 7~8cm의 지름을 가진 원반형으로 대칭이 잘되게 하고 표피도 매끄럽게 한다.
- 과도한 덧가루를 털어내고 작업을 능숙하게 마무리한다.

9. 패닝

- 팬에 기름칠을 적당히 한 후 간격을 맞추어 패닝한다.
- 간격을 맞추어 패닝한 후 모양이 원반형이 되도록 다시 한 번 잡아준다.

• 계란물칠은 감독관의 지시에 따른다.

10. 2차 발효

• 발효실온도 : 35℃, 습도 : 85%, 발효시간 : 40분 정도
• 가스 포집력이 최대인 상태까지 발효를 계속한다.

11. 굽기

• 오븐온도 : 윗불 200℃, 아랫불 160℃
• 굽기 시간 : 15분 정도
• 껍질색이 황금갈색이 되게 한다.

12. 제품평가

• 부피, 균형, 껍질, 내상, 맛과 향 등을 평가한다.
• 상품적 가치가 없으면 0점 처리가 된다.

key point

• 팬에 기름칠이 지나치면 빵의 밑부분이 움푹하게 올라간다.
• 햄버거빵의 반죽은 최종단계 후기나 렛다운 단계까지 반죽을 하여 반죽의 탄력성을 없애고 신장성을 크게 하여 잘 늘어나게 한다.
• 패닝을 한 후 윗면에 계란물칠을 하여 덧가루도 털어내고 광택이 나게 해준다.
• 일정한 간격을 유지하여 패닝하여 구워야 색이 잘 나며 구워져 나온 후에 버터를 발라 마무리하기도 한다.
• 윗면에 깨 등을 뿌려서 이용하기도 한다.

스위트롤 🕐 시험시간 **4시간**

요구사항

※ **다음 요구사항대로 스위트롤을 제조하여 제출하시오.**

❶ 배합표의 각 재료를 계량하여 재료별로 진열하시오(11분).
❷ 반죽은 스트레이트법으로 제조하시오. (단, 유지는 클린업 단계에 첨가하시오.)
❸ 반죽온도는 27℃를 표준으로 사용하시오.
❹ 모양은 야자잎형, 트리플 리프형(세잎새형)의 2가지 모양으로 만드시오.
❺ 계피설탕은 각자가 제조하여 사용하시오.
❻ 반죽은 전량을 사용하여 성형하시오.

배합표

재 료 명	비 율(%)	무 게(g)
강력분	100	1200
물	46	552
이스트	5	60
제빵개량제	1	12
소금	2	24
설탕	20	240
쇼트닝	20	240
분유	3	36
계란	15	180
계	212	2544
충전용 설탕	15	180
충전용 계핏가루	1.5	18

수험자 유의사항

❶ 시험시간은 재료계량시간이 포함된 시간입니다.

❷ 안전사고가 없도록 유의합니다.

❸ 의문사항이 있으면 감독위원에게 문의하고, 감독위원의 지시에 따릅니다.

❹ 다음과 같은 경우에는 채점대상에서 제외됩니다.

　가) 시험시간 내에 작품을 제출하지 못한 경우

　나) 시험시간 내에 제출된 작품이라도 다음과 같은 경우

(1) 작품의 가치가 없을 정도로 타거나 익지 않은 경우

(2) 요구사항을 준수하지 않았을 경우

(3) 지급된 재료 이외의 재료를 사용한 경우

다) 시험 중 시설 · 장비의 조작 또는 재료의 취급이 미숙하여 위해를 일으킬 것으로 감독위원 전원이 합의하여 판단한 경우

지급재료목록

재 료 명	규 격	단 위	수 양	비 고
밀가루	강력분	g	1320	1인용
쇼트닝	제과(빵)용	g	260	1인용
설탕	정백당	g	660	1인용
소금	정제염	g	26	1인용
생이스트		g	66	1인용
제빵개량제	제빵용	g	15	1인용
계핏가루		g	40	1인용
탈지분유	제과(빵)용	g	40	1인용
계란	60g(껍질 포함)	개	4	1인용
식용유	대두유	ml	50	1인용
얼음	식용	g	200	1인용
위생지	식품용(8절지)	장	10	1인용
제품상자	제품포장용	개	1	5인 공용

1. 혼합순서

- 충전용 재료와 쇼트닝, 계란, 물을 제외한 전 재료를 넣고 저속으로 가볍게 섞어준다.
- 계란, 물을 넣고 저속으로 수화시킨 후 중속으로 반죽을 한다.
- 클린업 단계에서 유지를 넣고 중속으로 반죽을 계속하여 최종단계에서 믹싱을 완료한다.

2. 반죽상태

- 글루텐의 피막이 곱고 매끄러운 상태의 반죽이다.

3. 반죽온도

- 요구사항인 27℃로 맞춘다.

4. 1차 발효

- 발효실온도 : 27℃, 습도 : 80%, 발효시간 : 60분 정도
- 부피 3배, 손가락 시험, 섬유질상태 등 발효의 시간보다는 상태로 확인한다.

5. 정형

- 밀어 펴기 : 직사각형의 형태에 가깝게 고른 두께로 밀어 펴기 한다.
- 충전물 넣기 : 녹인 마가린을 바른 후 계피설탕을 고르게 뿌린다.
- 말기 : 일정의 굵기로 가볍게 당기면서 말아서 마지막 봉하는 부분을 더욱 얇게 한 후 물칠을 하여 떨어지지 않게 단단히 붙인다.
- 자르기 : 형태별로 모양, 두께, 중량을 일정하게 하는 것이 중요하다.
- 요구사항대로 모양은 야자잎형, 트리플 리프형을 만들 수 있어야 한다.
- 야자잎형은 약 4cm로 자른 후 가운데를 2/3만큼 잘라 벌인다.
- 트리플 리프형은 약 5cm로 자른 후 3등분하여 2/3만큼 잘라 벌인다.

6. 패닝

- 기름칠한 평철판에 같은 모양끼리 간격을 유지하여 놓는다.

7. 2차 발효

- 발효실온도 : 35℃, 습도 : 85%, 발효시간 : 30분 정도
- 가스 포집력이 최상인 상태를 유지한다.

8. 굽기

- 오븐온도 : 윗불 200℃, 아랫불 160℃
- 굽기 시간 : 12분 정도

• 전체적으로 고르게 익어야 한다.

9. 제품평가

• 부피, 균형, 껍질, 내상, 맛과 향 등을 평가한다.
• 상품적 가치가 없으면 0점 처리가 된다.

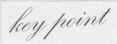

key point

• 믹싱이 지나치거나 반죽이 지치면 성형한 모양의 유지가 어렵다.
• 가로 80cm, 세로 25cm, 두께 1cm 정도의 직사각형으로 밀어서 말아준다.
• 말발굽형으로 만든다면 약 15cm로 자른 후 8등분을 하여 2/3만큼 잘라 벌인다.
• 말아줄 때는 당겨가면서 단단하게 말아야 구워낸 후 엉성한 구조가 되지 않는다.
• 충전물을 고르게 바르고 설탕을 뿌리는데 가장자리 부분 1cm 정도는 남겨두어 말아서 붙이기 쉽게 한다.
• 지나친 계피설탕은 제품의 색상이 검게 되고 지저분하게 되므로 너무 많이 뿌리지 않는다.
• 부피가 알맞고 성형 시 자른 면이 깨끗하고 두께가 일정해야 한다.
• 충전물이 밖으로 흘러나오지 않고 균일하게 충전되어야 한다.

우유식빵  시험시간 **4시간**

요구사항

▣ 다음 요구사항대로 우유식빵을 제조하여 제출하시오.

❶ 배합표의 각 재료를 계량하여 재료별로 진열하시오(7분).
❷ 반죽은 스트레이트법으로 제조하시오. (단, 유지는 클린업 단계에 첨가하시오.)
❸ 반죽온도는 27℃를 표준으로 하시오.
❹ 표준분할무게는 180g으로 하고, 제시된 팬의 용량을 감안하여 결정하시오. (단, 분할무게×3을 1개의 식빵으로 함)
❺ 반죽은 전량을 사용하여 성형하시오.

배합표

재 료 명	비 율(%)	무 게(g)
강력분	100	1200
우유	72	864
이스트	3	36
제빵개량제	1	12
소금	2	24
설탕	5	60
쇼트닝	4	48
계	187	2244

수험자 유의사항

❶ 시험시간은 재료계량시간이 포함된 시간입니다.

❷ 안전사고가 없도록 유의합니다.

❸ 의문사항이 있으면 감독위원에게 문의하고, 감독위원의 지시에 따릅니다.

❹ 다음과 같은 경우에는 채점대상에서 제외됩니다.

　가) 시험시간 내에 작품을 제출하지 못한 경우

　나) 시험시간 내에 제출된 작품이라도 다음과 같은 경우

　　(1) 작품의 가치가 없을 정도로 타거나 익지 않은 경우

　　(2) 요구사항을 준수하지 않았을 경우

　　(3) 지급된 재료 이외의 재료를 사용한 경우

　다) 시험 중 시설 · 장비의 조작 또는 재료의 취급이 미숙하여 위해를 일으킬 것으로 감독위원 전원이 합의하여 판단한 경우

지급재료목록

재 료 명	규 격	단 위	수 양	비 고
밀가루	강력분	g	1320	1인용
쇼트닝	제과(빵)용	g	53	1인용
설탕	정백당	g	66	1인용
소금	정제염	g	26	1인용
이스트	생이스트	g	40	1인용
제빵개량제	제빵용	g	15	1인용
우유	시유	ml	900	1인용
식용유	대두유	ml	50	1인용
얼음	식용	g	200	1인용
위생지	식품용(8절지)	장	10	1인용
제품상자	제품포장용	개	1	5인 공용

제조 과정

1. 혼합순서

- 쇼트닝과 우유를 제외한 전 재료를 믹서에 넣고 저속으로 가볍게 섞어 마른 재료가 고르게 섞이게 한다.
- 반죽온도를 맞추기 위하여 중탕으로 미리 조치한 우유를 넣고 섞어 가루가 보이지 않게 저속으로 수화시킨다.
- 반죽이 처음 한 덩어리가 되는 클린업 상태에서 쇼트닝을 넣고 중속으로 반죽을 계속한다.
- 윈도 테스트를 하여 반죽의 글루텐이 최대 신장성과 탄력성을 가지게 조치된 최종단계까지 반죽을 하여 완료한다.

2. 반죽상태

- 글루텐 형성이 잘 되어 반죽의 신장성이 최대인 상태여야 한다.

3. 반죽온도

- 요구사항인 27℃가 되게 필요한 조치를 취한다.

4. 1차 발효

- 발효실온도 : 27℃, 습도 : 80%, 발효시간 : 80분
- 1차 발효는 시간보다는 발효의 상태로 확인한다.

5. 분할, 둥글리기, 중간발효, 성형, 패닝

- 요구사항인 180g짜리 12개로 분할한다.
- 정확하고 빠르게 작업을 완료한다.

6. 둥글리기

- 반죽의 표면이 매끈하게 둥글리기한다.
- 능숙한 동작으로 하여야 한다.

7. 중간발효

- 다음 공정인 성형을 용이하게 하기 위하여 15분 정도의 중간발효를 한다.
- 비닐 등을 덮어 표피가 마르지 않게 조치한다.

8. 성형

- 반죽에 남아 있는 가스가 완전히 빠지게 밀대로 밀어 펴서 접기를 하여 둥글게 단단히 말아 이음매를 잘 봉한다.
- 대칭이 되고 표피를 매끄럽게 관리한다.

9. 패닝

- 이음매가 바닥으로 가게 하여 배열 및 간격을 알맞게 한다.
- 3개를 1조로 하여 넣은 후 가볍게 눌러준다.

10. 2차 발효

- 발효실온도 : 35℃, 습도 : 85% 전후, 발효시간 : 45~50분
- 가스 포집력이 최대인 상태로 팬 위에 1cm 정도 올라오게 한다.

11. 굽기

- 오븐온도 : 윗불 170℃, 아랫불 200℃
- 굽기 시간 : 30분 정도(철판 받치지 않고 굽기)
- 전체가 잘 익고 색도 알맞아야 한다.

12. 제품평가

- 부피, 균형, 껍질, 내상, 맛과 향 등을 평가한다.
- 상품적 가치가 없으면 0점 처리가 된다.

key point

- 반죽의 온도를 맞추기 위해서는 우유의 온도를 맞출 필요가 있다.
- 이스트에는 유당의 분해효소인 락타아제가 없어 반죽 속 우유의 유당은 분해되지 않고 오븐 속에서 열을 받아 색이 빨리 나고 진하게 되므로 오븐의 윗불을 주의한다.
- 우유는 수분이 88%, 고형분 12%이므로 우유 대신 물을 사용할 때는 우유 양에서 12%만큼 뺀 물을 사용한다.
- 우유의 유당은 발효를 약간 더디게 한다.
- 반죽온도를 맞추기 위하여 우유를 데우고 우유를 반죽 속에 넣는 과정에서 우유의 손실이 많게 되면 반죽이 되게 되어 제품의 균형에 영향을 미치게 되므로 손실에 유의한다.

불란서빵 🕐 시험시간 **4시간**

요구사항

❊ **다음 요구사항대로 불란서빵을 제조하여 제출하시오.**

❶ 배합표의 각 재료를 계량하여 재료별로 진열하시오(5분).
❷ 반죽은 스트레이트법으로 제조하시오.
❸ 반죽온도는 24℃를 표준으로 하시오.
❹ 반죽은 200g씩으로 분할하고, 막대모양으로 만드시오. (단, 막대길이는 30cm, 3군데에 자르기를 하시오.)
❺ 반죽은 전량을 사용하여 성형하시오.

배합표

재 료 명	비 율(%)	무 게(g)
강력분	100	1000
물	65	650
이스트	3.5	35
제빵개량제	1.5	15
소금	2	20
계	172	1720

지급재료목록

재 료 명	규 격	단 위	수 양	비 고
밀가루	강력분	g	1100	1인용
소금	정제염	g	22	1인용
이스트	생이스트	g	28	1인용
제빵개량제	제빵용	g	18	1인용
얼음	식용	g	200	1인용
위생지	식품용(8절지)	장	10	1인용
제품상자	제품포장용	개	1	5인 공용

1. 혼합순서

• 물을 제외한 전 재료를 믹싱볼에 넣고 저속으로 가볍게 섞어준다.
• 물을 넣고 저속으로 수화시키고 중속으로 반죽을 한다.
• 일반 식빵의 70~80% 정도 믹싱한다.

2. 반죽상태

• 최종단계가 되기 전에 믹싱을 멈춘다.

3. 반죽온도

• 요구사항 24℃가 되게 물리적 조치를 한다.

4. 1차 발효

• 발효실온도 : 27℃, 습도 : 75%, 발효시간 : 100분 정도
• 글루텐의 숙성이 잘 되고 부피가 3~3.5배 정도 되게 발효시킨다.
• 시간보다는 상태로 판단한다.

5. 분할

• 요구사항대로 200g짜리 8개로 분할한다.
• 빠른 동작으로 능숙하게 분할을 한다.

6. 둥글리기

• 반죽의 표면을 매끄럽게 한다.
• 타원이 되게 둥글리기한다.

7. 중간발효

• 다음 공정인 성형을 용이하게 하기 위하여 20분 정도 중간발효시킨다.
• 비닐 등으로 덮어 반죽의 표피가 마르지 않게 조치한다.

8. 성형

• 가스빼기를 잘한 후 30cm 정도의 불란서빵을 성형한다.
• 지나치게 단단하지 않고 약간 느슨한 형태로 말고 덧가루의 사용을 자제한다.

9. 패닝

• 불란서빵 전용 철판에 같은 길이로 패닝한다.
• 2차 발효를 헝겊 위에서 시키고 옮겨서 패닝하기도 한다.

10. 2차 발효

• 발효실온도 : 30℃, 습도 : 75%, 발효시간 : 60분 정도

- 가스 포집력이 최대인 상태로 만든다.

11. 윗면 칼집내기

- 요구사항대로 엇비슷하게 3군데 칼집을 준다.
- 칼집의 모양을 균형 있게 한다.

12. 굽기

- 오븐온도 : 윗불 200℃, 아랫불 160℃
- 굽기 시간 : 25분 정도
- 굽기 전 물을 뿌리거나 굽는 초기에 스팀을 분사한다.
- 전체가 잘 익고 밝은 황금색이 나야 한다.
- 꺼내기 전에 드라이 시간도 주어 제품이 주저앉지 않게 한다.

13. 제품평가

- 부피, 균형, 껍질, 내상, 맛과 향 등을 평가한다.
- 상품적 가치가 없으면 0점 처리가 된다.

key point

- 일명 바게트인 프랑스 빵은 겉은 바삭하고 속은 부드러운 긴 막대형 빵을 말한다.
- 모양의 유지를 위하여 반죽을 할 때 일반 빵에 비하여 믹싱시간을 약간 짧게 하여 반죽이 오랫동안 발효하여도 처지지 않게 하여준다.
- 빵을 구울 때 증기를 넣는 이유는 오븐 팽창시간 중에 겉껍질을 천천히 익게 하여 오븐팽창을 크게 하고 칼집이 터지지 않고 잘 벌어지게 하며, 겉껍질에 윤기가 나게 하는 방법이기도 하다.
- 비타민 C는 산화촉진제로서 반죽을 서로 연결해 주어 글루텐을 강하게 하여 탄산가스가 나가는 것을 방지하고 반죽을 부풀려 부피를 크게 하며 속이 텅 빈 것 같은 가벼운 제품이 되게 하는 데 도움을 준다.
- 맥아는 전분을 분해하여 탄산가스를 내어 발효속도를 촉진한다.
- 굽기 전 칼집을 넣는 이유는 다른 부분이 터지지 않게 하여주고 부풀림을 좋게 하며 속결을 부드럽게 하여준다.
- 성형 후 밀가루를 묻혀 발효시켜 구워서 사용하기도 한다.

단과자빵(트위스트형)  시험시간 **4시간**

요구사항

※ 다음 요구사항대로 단과자빵(트위스트형)을 제조하여 제출하시오.

❶ 배합표의 각 재료를 계량하여 재료별로 진열하시오(9분).
❷ 반죽은 스트레이트법으로 제조하시오. (단, 유지는 클린업 단계에 첨가하시오.)
❸ 반죽온도는 27℃를 표준으로 하시오.
❹ 반죽분할무게는 50g이 되도록 하시오.
❺ 모양은 8자형, 달팽이형, 더블8자형 중 감독위원이 요구하는 2가지 모양으로 만드시오.
❻ 반죽은 전량을 사용하여 성형하시오.

배합표

재 료 명	비 중(%)	무 게(g)
강력분	100	1200
물	47	564
이스트	4	48
제빵개량제	1	12
소금	2	24
설탕	12	144
쇼트닝	10	120
분유	3	36
계란	20	240
계	199	2388

수험자 유의사항

❶ 시험시간은 재료계량시간이 포함된 시간입니다.

❷ 안전사고가 없도록 유의합니다.

❸ 의문사항이 있으면 감독위원에게 문의하고, 감독위원의 지시에 따릅니다.

❹ 다음과 같은 경우에는 채점대상에서 제외됩니다.

  가) 시험시간 내에 작품을 제출하지 못한 경우

  나) 시험시간 내에 제출된 작품이라도 다음과 같은 경우

    (1) 작품의 가치가 없을 정도로 타거나 익지 않은 경우

    (2) 요구사항을 준수하지 않았을 경우

    (3) 지급된 재료 이외의 재료를 사용한 경우

  다) 시험 중 시설·장비의 조작 또는 재료의 취급이 미숙하여 위해를 일으킬 것으로 감독위원 전원이 합의하여 판단한 경우

지급재료목록

재 료 명	규 격	단 위	수 양	비 고
밀가루	강력분	g	1320	1인용
설탕	정백당	g	158	1인용
쇼트닝	제과(빵)용	g	132	1인용
소금	정제염	g	27	1인용
이스트	생이스트	g	53	1인용
제빵개량제	제빵용	g	15	1인용
탈지분유	제과(빵)용	g	40	1인용
계란	60g(껍질 포함)	개	6	1인용
식용유	대두유	ml	50	1인용
얼음	식용	g	200	1인용
위생지	식품용(8절지)	장	10	1인용
제품상자	제품포장용	개	1	5인 공용

1. 혼합순서

- 쇼트닝, 계란, 물을 제외한 전 재료를 넣고 저속으로 고르게 섞어준다.
- 계란, 물을 넣고 저속으로 수화시킨 후 중속으로 반죽을 한다.
- 클린업 단계에서 쇼트닝을 넣고 최종단계에서 반죽을 완료한다.

2. 반죽상태

- 글루텐의 피막이 곱고 탄력성과 신장성이 최대인 상태이다.

3. 반죽온도

- 요구사항대로 27℃로 맞추기 위해 필요한 물리적인 조치를 취한다.

4. 1차 발효

- 발효실온도 : 27℃, 습도 : 80%, 발효시간 : 80분 정도
- 손가락 시험, 섬유질상태, 부피 3~3.5배 등 시간보다는 상태로 발효종점을 확인한다.

5. 분할

- 요구사항대로 50g씩 46개로 분할한다.
- 능숙한 동작으로 빠르게 분할한다.

6. 둥글리기

- 반죽의 표면이 매끄럽게 되도록 숙련되게 둥글리기한다.
- 둥글리기 차례로 작업을 할 수 있게 순서대로 정돈한다.

7. 중간발효

- 다음 공정인 성형을 용이하게 할 수 있게 15분 정도 중간발효시킨다.
- 비닐 등을 덮어 마르지 않게 관리한다.

8. 성형

- 고르고 길쭉하게 밀어서 주어진 모양 만들기를 한다.
- 같은 모양별로 균일하고 균형이 잡혀야 한다.
- 요구사항인 8자형, 달팽이형, 더블8자형의 모양을 미리 숙지하여야 한다.

9. 패닝

- 철판에 기름칠한 후 같은 모양끼리 패닝하는 것이 좋다.
- 계란물칠은 감독관의 지시에 따른다.

10. 2차 발효

- 발효실온도 : 35℃, 습도 : 85%, 발효시간 : 30분 정도
- 가스 포집력이 최대인 상태로 발효시킨다.

11. 굽기

- 오븐온도 : 윗불 200℃, 아랫불 160℃
- 굽기 시간 : 12분 정도
- 전체가 잘 익고 껍질의 색이 황금갈색으로 알맞아야 한다.

12. 제품평가

- 부피, 균형, 껍질, 내상, 맛과 향 등을 평가한다.
- 상품적 가치가 없으면 0점 처리가 된다.

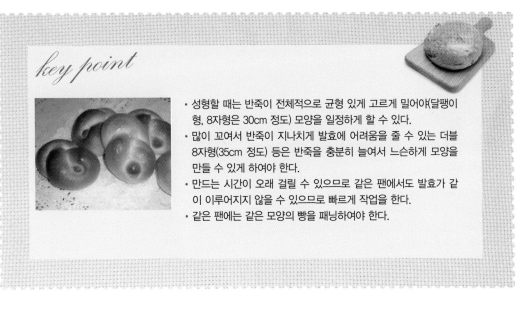

key point

- 성형할 때는 반죽이 전체적으로 균형 있게 고르게 밀어야(달팽이형, 8자형은 30cm 정도) 모양을 일정하게 할 수 있다.
- 많이 꼬여서 반죽이 지나치게 발효에 어려움을 줄 수 있는 더블 8자형(35cm 정도) 등은 반죽을 충분히 늘여서 느슨하게 모양을 만들 수 있게 하여야 한다.
- 만드는 시간이 오래 걸릴 수 있으므로 같은 팬에서도 발효가 같이 이루어지지 않을 수 있으므로 빠르게 작업을 한다.
- 같은 팬에는 같은 모양의 빵을 패닝하여야 한다.

단과자빵(크림빵) 시험시간 **4시간**

요구사항

▩ 다음 요구사항대로 단과자빵(크림빵)을 제조하여 제출하시오.

❶ 배합표의 각 재료를 계량하여 재료별로 진열하시오 (10분).
❷ 반죽은 스트레이트법으로 제조하시오. (단, 유지는 클린업 단계에 첨가하시오.)
❸ 반죽온도는 27℃를 표준으로 하시오.
❹ 반죽 1개의 분할무게는 45g, 1개당 크림 사용량은 30g으로 제조하시오.
❺ 제품 중 20개는 크림을 넣은 후 굽고, 나머지는 반달형으로 크림을 충전하지 말고 제조하시오.
❻ 반죽은 전량을 사용하여 성형하시오.

배합표

재 료 명	비 중(%)	무 게(g)
강력분	100	1100
물	53	583
생이스트	4	44
제빵개량제	2	22
소금	2	22
설탕	16	176
쇼트닝	12	132
분유	2	22
계란	10	110
계	201	2211
커스터드크림(충전물)	65	715

수험자 유의사항

❶ 시험시간은 재료계량시간이 포함된 시간입니다.

❷ 안전사고가 없도록 유의합니다.

❸ 의문사항이 있으면 감독위원에게 문의하고, 감독위원의 지시에 따릅니다.

❹ 다음과 같은 경우에는 채점대상에서 제외됩니다.

  가) 시험시간 내에 작품을 제출하지 못한 경우

  나) 시험시간 내에 제출된 작품이라도 다음과 같은 경우

(1) 작품의 가치가 없을 정도로 타거나 익지 않은 경우

(2) 요구사항을 준수하지 않았을 경우

(3) 지급된 재료 이외의 재료를 사용한 경우

다) 시험 중 시설·장비의 조작 또는 재료의 취급이 미숙하여 위해를 일으킬 것으로 감독위원 전원이 합의하여 판단한 경우

지급재료목록

재 료 명	규 격	단 위	수 양	비 고
밀가루	강력분	g	1210	1인용
설탕	정백당	g	194	1인용
쇼트닝	제과(빵)용	g	145	1인용
소금	정제염	g	24	1인용
이스트	생이스트	g	48	1인용
제빵개량제	제빵용	g	25	1인용
탈지분유	제과(빵)용	g	24	1인용
계란	60g(껍질 포함)	개	4	1인용
커스터드크림	살균, 진공포장	g	790	1인용 (커스터드 파우더 지급 시 지급량 300g)
식용유	대두유	ml	50	1인용
얼음	식용	g	200	1인용
위생지	식품용(8절지)	장	10	1인용
제품상자	제품포장용	개	1	5인 공용

1. 혼합순서

- 충전용 크림과 쇼트닝, 계란, 물을 제외한 전 재료를 넣고 저속으로 고르게 섞이도록 혼합한다.
- 계란, 물을 넣고 저속으로 수화 후 중속으로 반죽을 한다.
- 클린업 단계에서 쇼트닝을 넣고 중속으로 반죽을 계속하여 최종단계에서 반죽을 마무리한다.

2. 반죽상태

- 글루텐의 피막이 곱고 탄성과 신장성이 좋은 상태를 만든다.

3. 반죽온도

- 요구사항인 27℃로 맞추기 위하여 필요한 물리적 조치를 취한다.

4. 1차 발효

- 발효실온도 : 27℃, 습도 : 80%, 발효시간 : 80분 정도
- 손가락 시험, 섬유질상태, 부피 3배 등 시간보다는 상태로 확인한다.

5. 분할

- 요구사항대로 45g씩 48개로 분할한다.
- 정확하고 능숙하게 작업을 한다.

6. 둥글리기

- 표면이 매끈하게 둥글리기한다.
- 작업의 순서대로 정리하여 차례로 작업할 수 있게 정돈한다.

7. 중간발효

- 성형작업이 용이하게 15분 정도 중간발효시킨다.
- 비닐 등으로 덮어 반죽이 마르지 않게 조치한다.

8. 성형

- 타원형으로 밀어 펴서 식용유를 절반쯤 바른다.
- 커스터드크림을 중앙에 30g씩 같은 양을 넣는다.
- 반달모양으로 균형을 잡아 가장자리를 눌러 떨어지지 않게 하고 칼집을 주어 모양을 낸다.
- 요구사항대로 20개만 크림을 넣고 나머지는 그냥 반달모양을 만든다.
- 계란물칠은 감독관의 지시에 따른다.

9. 패닝

- 기름칠한 철판에 간격을 맞추어서 패닝한다.
- 크림이 들어 있는 것과 아닌 것을 다른 철판에 패닝한다.

10. 2차 발효

- 발효실온도 : 35℃, 습도 : 85%, 발효시간 : 35분 정도
- 가스 포집력이 최대인 상태로 만든다.

11. 굽기

- 오븐온도 : 윗불 200℃, 아랫불 160℃
- 굽기 시간 : 12분 정도
- 전체가 잘 익고 껍질의 색이 황금갈색으로 알맞아야 한다.

12. 제품평가

- 부피, 균형, 껍질, 내상, 맛과 향 등을 평가한다.
- 상품적 가치가 없으면 0점 처리가 된다.

key point

- 크림빵은 크림을 충전하기 위해 반죽을 긴 타원형으로 미는 것이 좋은데 먼저 반죽을 둥글리기하여 중간발효시킨 상태에서 타원형으로 만든 후에 타원형으로 밀어 펴기를 하면 쉽다.
- 크림은 적당한 양을 넣어야 구울 때 흘러 나오지 않고 좋다.
- 크림을 넣고 반죽의 접합부위에 식용유를 발라주어 붙이면 적당히 붙어서 구워진 후에 다시 그 자리를 쉽게 뗄 수가 있다.
- 반달형으로 모양을 일정하게 하려면 균일하게 타원형으로 밀어 펴는 기술이 필요하다.

풀만식빵

🕐 시험시간 **4시간**

요구사항

⊠ 다음 요구사항대로 풀만식빵을 제조하여 제출하시오.

❶ 배합표의 각 재료를 계량하여 재료별로 진열하시오(9분).
❷ 반죽은 스트레이트법으로 제조하시오. (단, 유지는 클린업 단계에 첨가하시오.)
❸ 반죽온도는 27℃를 표준으로 하시오.
❹ 표준분할무게는 250g으로 하고, 제시된 팬의 용량을 감안하여 결정하시오. (단, 분할무게×2를 1개의 식빵으로 함)
❺ 반죽은 전량을 사용하여 성형하시오.

배합표

재 료 명	비율(%)	무게(g)
강력분	100	1400
물	58	812
이스트	3	42
제빵개량제	1	14
소금	2	28
설탕	6	84
쇼트닝	4	56
계란	5	70
분유	3	42
계	182	2548

지급재료목록

재 료 명	규 격	단 위	수 양	비 고
밀가루	강력분	g	1540	1인용
설탕	정백당	g	92	1인용
쇼트닝	제과(빵)용	g	62	1인용
소금	정제염	g	31	1인용
이스트	생이스트	g	46	1인용
제빵개량제	제빵용	g	15	1인용
탈지분유	제과(빵)용	g	46	1인용
계란	60g(껍질 포함)	개	2	1인용
식용유	대두유	ml	50	1인용
얼음	식용	g	200	1인용
위생지	식품용(8절지)	장	10	1인용
제품상자	제품포장용	개	1	5인 공용

1. 혼합순서

- 쇼트닝과 물, 계란을 제외한 전 재료를 넣고 저속으로 가볍게 섞어 마른 재료가 고르게 섞이게 한다.
- 먼저 계란을 넣고 반죽온도를 맞추기 위하여 미리 조치한 물을 넣고 섞어 가루가 보이지 않게 저속으로 수화시킨다.
- 반죽이 처음 한 덩어리가 되는 클린업 상태에서 쇼트닝을 넣고 중속으로 반죽을 계속한다.
- 윈도 테스트를 하여 반죽의 글루텐이 최대 신장성과 탄력성을 가지게 조치된 최종단계까지 반죽을 하여 완료한다.

2. 반죽상태

- 글루텐의 발전이 최대가 되어 반죽의 겉면이 곱고 광택이 나며 매끄러워야 한다.

3. 반죽온도

- 요구사항인 27℃로 맞추기 위하여 필요한 물리적 조치를 취한다.

4. 1차 발효

- 발효실온도 : 27℃, 습도 : 80%, 발효시간 : 80분
- 최적발효는 손가락 시험, 섬유질상태, 부피 3배 등으로 확인하여 발효시간보다는 발효상태로 판단한다.

5. 분할

- 요구사항대로 250g짜리 10개로 분할한다.
- 정확하고 빠른 동작으로 작업하여야 한다.

6. 둥글리기

- 능숙한 손놀림으로 매끈하게 둥글리기한다.
- 2개씩 한 조가 되게 가지런히 정돈한다.

7. 중간발효

- 성형을 용이하게 하기 위해 15분 정도 중간발효를 한다.
- 비닐 등을 덮어 마르지 않게 조치한다.

8. 성형

- 밀대로 밀어 가스를 뺀 후 접기를 하여 단단하게 말아서 이음매가 벌어지지 않게 잘 봉한다.

- 보통 풀만식빵은 샌드위치용이므로 산형 식빵에 비하여 단단하게 만다.

9. 패닝

- 팬에 이음매가 바닥으로 가게 적절히 넣는다.
- 배열과 간격을 잘 맞추고 살짝 누른 후 뚜껑을 덮어야 한다.

10. 2차 발효

- 발효실온도 : 35~43℃, 습도 : 85%, 발효시간 : 40~50분 정도
- 가스 포집력이 최대인 상태로 팬 모서리 직전까지 올라와야 한다.

11. 굽기

- 오븐온도 : 윗불 180℃, 아랫불 200℃
- 굽기 시간 : 40분 정도
- 전체가 잘 익고 전체적인 껍질의 색이 알맞아야 한다.

12. 제품평가

- 부피, 균형, 껍질, 내상, 맛과 향 등을 평가한다.
- 상품적 가치가 없으면 0점 처리가 된다.

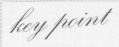

key point

- 분할무게 결정하기
- 분할 반죽의 무게 = 팬용적÷비용적
- 비용적은 뚜껑이 없는 팬은 3.2~3.4cm³/g, 뚜껑이 있는 팬은 3.5~4.0cm³/g 으로 계산한다.
- 팬용적을 계산하고 제품의 비용적을 알아야 반죽의 분할무게를 결정할 수 있으므로 풀만식빵에서 공부해 둔다.
- 둥글리기를 할 때는 반죽에 유지가 적게 들어간 반죽일수록 겉면이 터지기 쉬우므로 조심한다.
- 둥글리기를 한 면이 최종제품의 겉껍질이 되므로 반죽을 밀어 펼 때나 성형을 할 때 항상 주의하여 만들어야 한다는 것을 염두에 두자.
- 패닝을 할 때는 가능하면 반죽덩이가 말린 일정한 방향으로 넣어야 발효를 할 때 힘을 고르게 받게 하고 모양도 일정하게 된다.
- 2차 발효가 지나치면 뚜껑을 밀고 밖으로 반죽이 나오게 되고 발효가 모자라면 팬 속에 가득 담기지 않아 모양이 작게 나올 수 있으므로 2차 발효의 종점을 잘 잡아 굽기를 한다.

단과자빵(소보로빵)

🕐 시험시간 **4시간**

요구사항

☒ 다음 요구사항대로 단과자빵(소보로빵)을 제조하여 제출하시오.

❶ 빵반죽재료를 계량하여 재료별로 진열하시오(9분).
❷ 반죽은 스트레이트법으로 제조하시오. (단, 유지는 클린업 단계에 첨가하시오.)
❸ 반죽온도는 27℃를 표준으로 하시오.
❹ 반죽 1개의 분할무게는 46g씩, 1개당 소보로 사용량은 약 26g씩으로 제조하시오.
❺ 토핑용 소보로는 배합표에 의거 직접 제조하여 사용하시오.
❻ 반죽은 전량을 사용하여 성형하시오.

배합표

● 빵반죽

재 료 명	비 율(%)	무 게(g)
강력분	100	1100
물	47	517
생이스트	4	44
제빵개량제	1	11
소금	2	22
마가린	18	198
분유	2	22
계란	15	165
설탕	16	176
계	205	2255

● 토핑용 소보로

재 료 명	비 율(%)	무 게(g)
중력분	100	500
설탕	60	300
마가린	50	250
땅콩버터	15	75
계란	10	50
물엿	10	50
분유	3	15
베이킹파우더	2	10
소금	1	5
계	251	1255

지급재료목록

재 료 명	규 격	단 위	수 양	비 고
밀가루	강력분	g	1210	1인용
밀가루	중력분	g	550	1인용
설탕	정백당	g	520	1인용
마가린	제빵용	g	490	1인용
소금	정제염	g	30	1인용
이스트	생이스트	g	50	1인용
제빵개량제	제빵용	g	13	1인용
탈지분유	제과(빵)용	g	40	1인용
계란	60g(껍질 포함)	개	6	1인용
땅콩버터	제과용	g	85	1인용
물엿	이온엿(제과용)	g	55	1인용
베이킹파우더	제과(빵)용	g	11	1인용
식용유	대두유	ml	50	1인용
얼음	식용	g	200	1인용
위생지	식품용(8절지)	장	10	1인용
제품상자	제품포장용	개	1	5인 공용

1. 혼합순서

- 마가린, 계란, 물을 제외한 전 재료를 넣고 재료가 고르게 섞이게 저속으로 혼합한다.
- 계란, 물을 넣고 저속으로 수화시킨 후 중속으로 반죽한다.
- 클린업 단계에서 마가린을 넣고 중속으로 반죽을 계속하여 최종단계에서 반죽을 마무리한다.

2. 반죽상태

- 글루텐의 피막이 곱고 신장성, 탄력성이 최대인 상태이다.

3. 반죽온도

- 요구사항이 27℃가 되게 물리적 조치를 취한다.

4. 1차 발효

- 발효실온도 : 27℃, 습도 : 80%, 발효시간 : 70분 정도
- 발효시간보다는 상태로 발효종점을 확인한다.

5. 소보로 반죽

- 마가린, 땅콩버터, 설탕, 소금, 물엿을 그릇에 담아 부드러운 크림을 만든다.
- 계란을 소량씩 넣으면서 부드러운 크림을 만든다.
- 건조재료를 혼합하여 파실파실한 상태로 만든다.

6. 분할

- 요구사항대로 45g씩 48개로 분할한다.
- 정확하고 능숙하게 작업을 하여야 한다.

7. 둥글리기

- 표면이 매끄럽게 되도록 능숙하게 둥글리기를 한다.
- 차례대로 성형할 수 있게 정돈하여 둔다.

8. 중간발효

- 성형하기 좋게 10분 정도 중간발효한다.
- 비닐 등을 덮어 마르지 않게 조치한다.

9. 성형

- 소보로를 평평하고 적당한 두께로 펴서 반죽의 윗면에 물을 묻혀 올려놓고 이음매 있는 위에도 약간의 소보로를 올린 후 양손으로 꾹 눌러 찍는다.

- 토핑이 뭉치지도 않고 한쪽에 치우쳐 있지도 않게 알맞게 소보로를 묻힌다.

10. 패닝

- 기름칠한 평철판에 간격을 알맞게 하여 패닝한다.
- 약간의 소보로를 묻힌 이음매가 바닥으로 가게 하여 놓고 모양을 살짝 잡아준다.

11. 2차 발효

- 발효실온도 : 35℃, 습도 : 85%, 발효시간 : 30분 정도
- 시간보다는 상태로 판단하여 가스 포집력이 최대가 되었는지 확인한다.

12. 굽기

- 오븐온도 : 윗불 200℃, 아랫불 150℃
- 굽기 시간 : 12분 정도
- 전체가 잘 익고 껍질의 색이 알맞아야 한다.

13. 제품평가

- 부피, 균형, 껍질, 내상, 맛과 향 등을 평가한다.
- 상품적 가치가 없으면 0점 처리가 된다.

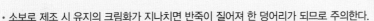

key point

- 소보로 제조 시 유지의 크림화가 지나치면 반죽이 질어져 한 덩어리가 되므로 주의한다.
- 토핑의 양이 너무 많으면 2차 발효 시 소보로의 무게에 의해 주저앉을 수 있기 때문에 적당량을 묻히는 것이 좋다.
- 소보로를 묻히기 전에 반죽의 가스 빼기를 충분히 잘 해주어야 완제품에서 기공이 크지 않고 작고 균일하게 나온다.
- 소보로가 고르게 묻지 않으면 묻지 않은 부분의 색이 빨리 나서 짙어져 보기가 좋지 않다.
- 소보로 가루가 너무 작고 곱게 비벼져 묻혀지면 구워져 나왔을 때 윗면의 소보로가 고르게 터지지 않아 보기가 좋지 않다.
- 소보로에 옥수수가루를 첨가하여 색도 내어주고 맛 또한 고소하게 해주기도 한다.

더치빵  시험시간 **4시간**

요구사항

※ 다음 요구사항대로 더치빵을 제조하여 제출하시오.

❶ 더치빵 반죽재료를 계량하여 재료별로 진열하시오(9분).
❷ 반죽은 스트레이트법으로 제조하시오. (단, 유지는 클린업 단계에 첨가하시오.)
❸ 반죽온도는 27℃를 표준으로 하시오.
❹ 토핑용 반죽의 온도는 27℃를 표준으로 하여 빵반죽에 토핑할 시간을 맞추어 발효시키시오.
❺ 빵 반죽은 1개당 300g씩 분할하시오.
❻ 반죽은 전량을 사용하여 성형하시오.

배합표
● 더치빵 반죽

재 료 명	비 율(%)	무 게(g)
강력분	100	1100
물	60	660
이스트	3	33
제빵개량제	1	33
소금	1.8	20
설탕	2	22
쇼트닝	3	33
탈지분유	4	44
계란 흰자	3	33
계	177.8	1956

● 토핑반죽

재 료 명	비 율(%)	무 게(g)
멥쌀가루	100	200
중력분	20	40
생이스트	2	4
설탕	2	4
소금	2	4
물	85	170
마가린	30	60
계	241	482

지급재료목록

재 료 명	규 격	단 위	수 양	비 고
밀가루	강력분	g	1200	1인용
밀가루	중력분	g	50	1인용
설탕	정백당	g	30	1인용
마가린	제빵용	g	75	1인용
소금	정제염	g	30	1인용
생이스트		g	46	1인용
제빵개량제	제빵용	g	14	1인용
탈지분유	제과(빵)용	g	53	1인용
계란	70g	개	1	1인용
쇼트닝	제과(빵)용	g	40	1인용
멥쌀가루	분말	g	220	1인용
식용유	대두유	ml	50	1인용
얼음	식용	g	200	1인용
위생지	식품용(8절지)	장	10	1인용
제품상자	제품포장용	개	1	5인 공용

1. 혼합순서

- 쇼트닝, 물, 계란 흰자를 제외한 전 재료를 넣고 저속으로 고르게 섞이게 혼합한다.
- 흰자와 물을 넣고 저속으로 수화시키고 중속으로 반죽을 한다.
- 클린업 단계에서 쇼트닝을 넣고 중속으로 반죽을 계속하여 최종단계에서 반죽을 마무리한다.

2. 반죽상태

- 신장성과 탄력성이 최대인 글루텐이 형성되어야 한다.

3. 반죽온도

- 요구사항인 27℃가 되게 물리적 조치를 취한다.

4. 1차 발효

- 발효실온도 : 27℃, 습도 : 80%, 발효시간 : 90분간 발효
- 글루텐의 숙성이 잘 되어야 하며 항상 발효상태로 파악을 한다.

5. 토핑반죽

- 유지를 제외한 전 재료를 골고루 섞는다.
- 반죽온도가 27℃가 되게 한다.
- 용해시킨 마가린을 넣고 고르게 혼합하여 발효시킨다.

6. 분할

- 요구사항대로 300g씩 6개로 분할한다.
- 정확하고 빠른 동작으로 작업을 한다.

7. 둥글리기

- 표면이 매끄럽게 둥글리기를 한다.
- 능숙한 동작으로 빠르게 마무리한다.

8. 중간발효

- 성형하기 좋게 20분의 중간발효를 한다.
- 비닐 등으로 덮어 마르지 않게 조치한다.

9. 성형

- 가스빼기를 하여 둥근 타원형으로 모양을 잡는다.
- 타원형의 이음매를 잘 봉한다.
- 마무리를 능숙하게 하고 덧가루의 과도 사용을 주의한다.

10. 패닝

- 이음매를 바닥으로 가게 하여 적당한 간격을 맞추어 놓는다.

11. 2차 발효

- 발효실온도 : 35℃, 습도 : 80%, 발효시간 : 35분 정도
- 가스 포집력이 최대인 상태로 시간보다는 상태로 파악한다.

12. 토핑하기

- 스패튤러를 사용하거나 짤주머니를 이용하여 발효된 빵 반죽 위에 토핑을 짠다.
- 빵의 윗면에 습기가 지나치면 밖에 그대로 두어 약간 건조해진 후에 토핑을 한다.

13. 굽기

- 오븐온도 : 윗불 180℃, 아랫불 150℃
- 굽기 시간 : 25분 정도
- 전체가 잘 익고 껍질의 색이 황금갈색으로 알맞아야 한다.

14. 제품평가

- 부피, 균형, 껍질, 내상, 맛과 향 등을 평가한다.
- 상품적 가치가 없으면 0점 처리가 된다.

key point

- 성형을 할 때는 단단하게 말아주어야 제품이 주저앉지 않으며 전체적으로 모양이 일정하게 크기와 길이를 조절하면서 성형을 한다.
- 토핑물이 너무 두꺼우면 구운 색이 나지 않고 큰 균열이 생기며, 너무 얇으면 균열이 생기지 않아 모양이 좋지 않다.
- 토핑물 반죽의 반죽온도를 27℃로 맞추는 이유는 마가린이 많이 들어가므로 온도가 낮으면 뻑뻑해지고 반대로 온도가 높으면 흘러내리므로 적당한 온도로 맞추어 흘러내리지 않아야 하기 때문이다.
- 빵 반죽과 토핑물의 반죽을 구워내면 색깔이 다르므로 윗면을 전체적으로 고르게 발라주어야 구워져 나온 제품의 색이 일정하게 난다.
- 토핑물을 바를 때는 발효된 반죽의 윗면을 약간 건조시킨 후 발라주면 한층 작업이 용이하다.

호밀빵  시험시간 **4시간**

요구사항

☒ **다음 요구사항대로 호밀빵을 제조하여 제출하시오.**

❶ 배합표의 각 재료를 계량하여 재료별로 진열하시오
 (10분).
❷ 반죽은 스트레이트법으로 제조하시오.
❸ 반죽온도는 25℃를 표준으로 하시오.
❹ 표준분할무게는 330g으로 하시오.
❺ 제품의 형태는 타원형(럭비공모양)으로 제조하시오.
❻ 반죽은 전량을 사용하여 성형하시오.

배합표

재 료	비 율(%)	무 게(g)
강력분	70	770
호밀가루	30	330
생이스트	2	22
제빵개량제	1	11
물	60~63	660~693
소금	2	22
황설탕	3	33
쇼트닝	5	55
분유	2	22
당밀(Molasses)	2	22
계	177~180	1947~1980

지급재료목록

재 료 명	규 격	단 위	수 양	비 고
밀가루	강력분	g	800	1인용
호밀가루	제빵용	g	350	1인용
이스트	생이스트	g	25	1인용
제빵개량제	제빵용	g	14	1인용
소금	정제염	g	25	1인용
황설탕		g	40	1인용
쇼트닝	제과(빵)용	g	60	1인용
탈지분유	제과(빵)용	g	25	1인용
당밀	식용	g	25	1인용
식용유	대두유	ml	50	1인용
얼음	식용	g	200	1인용
위생지	식품용(8절지)	장	10	1인용
제품상자	제품포장용	개	1	5인 공용

제조과정

1. 혼합순서

- 쇼트닝과 물을 제외한 전 재료를 넣고 저속으로 재료를 섞어준다.
- 물을 넣고 저속으로 수화시키고 중속으로 반죽한다.
- 클린업 단계에서 쇼트닝을 투여하여 중속으로 발전단계까지 반죽한다.

2. 반죽상태

- 식빵 80% 정도의 어린 반죽에서 마무리한다.
- 호밀가루가 많을수록 반죽시간을 짧게 한다.

3. 반죽온도

- 요구사항대로 25℃가 되게 물리적 조치를 취한다.

4. 1차 발효

- 발효실온도 : 27℃, 습도 : 80%, 발효시간 : 50~80분 정도
- 식빵에 비해 어린 상태까지 발효시킨다.

5. 분할

- 요구사항대로 330g짜리 5개로 분할한다.
- 정확하고 빠른 동작으로 작업을 완료한다.

6. 둥글리기

- 반죽을 원형이나 타원형으로 둥글리기를 한다.
- 숙련되고 매끄럽게 작업을 한다.

7. 중간발효

- 성형을 용이하게 20분 정도 중간발효시킨다.
- 비닐 등을 덮어 표피가 마르지 않게 주의한다.

8. 성형

- 반죽을 밀대를 이용하여 밀어서 공기를 빼고 럭비공모양(원로프형)으로 만든다.

9. 패닝

- 기름칠한 철판에 간격을 맞추어 놓는다.
- 이음매가 아래로 가게 한다.

10. 2차 발효

- 발효실온도 : 35℃, 습도 : 85%, 발효시간 : 50분 정도

- 오븐팽창이 적으므로 팬 위로 처음부피 2배 정도의 상태가 알맞다.

11. 굽기

- 오븐온도 : 윗불 180℃, 아랫불 160℃
- 굽기 시간 : 35분 정도
- 전체가 잘 익고 껍질의 색이 밀짚색으로 알맞아야 한다.

12. 제품평가

- 부피, 균형, 껍질, 내상, 맛과 향 등을 평가한다.
- 상품적 가치가 없으면 0점 처리가 된다.

key point

- 호밀가루가 많아질수록 글루텐의 함량이 적어지므로 밀가루만 사용하는 반죽에 비해 80% 정도 인 발전단계까지만 반죽을 한다.
- 밀가루 외의 가루를 첨가하여 사용하는 반죽은 이와 비슷하게 반죽을 완료한다.
- 호밀가루가 들어가서 다른 반죽에 비하여 글루텐의 힘이 약하여 둥글리기, 밀어펴기 등의 작업 을 할 때 반죽이 찢어지는 경향이 있으므로 주의하여 반죽을 다룬다.
- 반죽 전체의 끈기가 약하므로 성형을 하여 이음매를 마무리할 때 잘 붙게 하여야 한다.
- 다른 반죽에 비하여 반죽온도를 약간 낮게 잡는다.
- 오븐 팽창이 적으므로 2차 발효를 약간 더하여 굽기를 한다.
- 식빵형으로 만들어 사용하기도 한다.

건포도식빵  시험시간 **4시간**

요구사항

☒ **다음 요구사항대로 건포도식빵을 제조하여 제출하시오.**

❶ 배합표의 각 재료를 계량하여 재료별로 진열하시오 (10분).
❷ 반죽은 스트레이트법으로 제조하시오. (단, 유지는 클린업 단계에서 첨가하시오.)
❸ 반죽온도는 27℃를 표준으로 하시오.
❹ 표준분할무게는 180g으로 하고, 제시된 팬의 용량을 감안하여 결정하시오. (단, 분할무게×3을 1개의 식빵으로 함)
❺ 반죽은 전량을 사용하여 성형하시오.

배합표

재 료 명	비 율(%)	무 게(g)
강력분	100	1400
물	60	840
이스트	3	42
제빵개량제	1	14
소금	2	28
설탕	5	70
마가린	6	84
분유	3	42
계란	5	70
건포도	25	350
계	210	2940

지급재료목록

재 료 명	규 격	단 위	수 양	비 고
밀가루	강력분	g	1540	1인용
이스트	생이스트	g	46	1인용
제빵개량제	제빵용	g	17	1인용
소금	정제염	g	31	1인용
설탕	정백당	g	77	1인용
마가린	제빵용	g	92	1인용
탈지분유	제과(빵)용	g	46	1인용
계란	60g(껍질 포함)	개	2	1인용
건포도	식용	g	400	1인용
식용유	대두유	ml	50	1인용
얼음	식용	g	200	1인용
위생지	식품용(8절지)	장	10	1인용
제품상자	제품포장용	개	1	5인 공용

1. 혼합순서

- 마가린과 물, 계란, 건포도를 제외한 전 재료를 믹서에 넣고 저속으로 가볍게 섞어 마른 재료가 고르게 섞이게 한다.
- 먼저 계란을 넣고 반죽온도를 맞추기 위하여 미리 조치한 물을 넣고 섞어 가루가 보이지 않게 저속으로 수화시킨다.
- 반죽이 처음 한 덩어리가 되는 클린업 상태에서 마가린을 넣고 중속으로 반죽을 계속한다.
- 최종단계에서 전처리한 건포도를 물기를 제거하여 넣고 으깨지지 않게 주의하여 고르게 혼합한다.

2. 반죽상태

- 글루텐의 신장성이 최대가 되고 건포도는 손상되지 않은 상태이다.

3. 반죽온도

- 요구사항 27℃가 되게 물리적 조치를 한다.

4. 1차 발효

- 발효실온도 : 27℃, 습도 : 80%, 발효시간 : 80분 정도
- 글루텐의 숙성이 잘 되어야 한다.

5. 분할, 둥글리기, 중간발효, 성형, 패닝

- 요구사항에 따라 180g짜리 15개로 분할한다.
- 정확하고 바른 동작으로 한다.

6. 둥글리기

- 반죽을 매끈하고 능숙하게 둥글리기한다.
- 3개를 한 조로 할 수 있게 차례로 정돈한다.

7. 중간발효

- 성형을 하기 좋게 15분 정도 중간발효한다.
- 비닐 등을 덮어 마르지 않게 조치한다.

8. 성형

- 반죽 속의 건포도가 부서지지 않도록 밀대로 느슨하게 밀어서 접기를 하여 단단히 말아서 이음매를 잘 봉한다.

9. 패닝

- 배열 및 간격을 고르게 하고 이음매를 밑으로 가게 한다.

- 팬에 넣은 후 눌러준다.

10. 2차 발효

- 발효실온도 : 35℃, 습도 : 85%, 시간 : 60분 정도
- 가스 포집력이 최대이고 팬 위 1~2cm가 알맞다.

11. 굽기

- 오븐온도 : 윗불 170℃, 아랫불 200℃
- 굽기 시간 : 40분 정도
- 전체가 잘 익고 껍질의 색이 황금갈색으로 알맞아야 한다.

12. 제품평가

- 부피, 균형, 껍질, 내상, 맛과 향 등을 평가한다.
- 상품적 가치가 없으면 0점 처리가 된다.

key point

- 건포도의 전처리는 제품 속 수분의 양을 적당하게 하기 위하여 반드시 필요한 작업인데 건포도 양의 12%에 해당하는 27℃ 정도의 차지 않은 물에 4시간 정도 버무려두었다가 건져서 물기를 약간 제거한 후 사용하는데 물에 너무 푹 담그면 당이 빠져 나와 좋지 않다.
- 반죽할 때 마지막으로 건포도를 넣으면서 건포도가 으깨지지 않도록 전체적으로 반죽을 잘 섞어야 한다.
- 건포도를 섞을 때는 물에 버무려둔 건포도의 표면을 약간의 밀가루로 코팅하여 표면의 물기를 제거한 후 사용하여야 반죽과의 결합이 잘 된다.
- 발효 시나 성형 시 밖으로 떨어져 나오는 건포도는 속으로 집어넣으면서 작업을 한다.
- 성형을 할 때 건포도가 으깨지지 않도록 밀대를 사용할 때는 주의한다.
- 건포도 속 당의 영향으로 구울 때는 색이 빨리 나므로 윗불의 온도에 신경을 써서 굽는다.

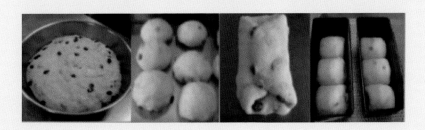

버터톱식빵 시험시간 **3시간 30분**

요구사항

※ **다음 요구사항대로 버터톱식빵을 제조하여 제출하시오.**

❶ 배합표의 각 재료를 계량하여 재료별로 진열하시오(9분).

❷ 반죽은 스트레이트법으로 만드시오. (단, 유지는 클린업 단계에서 첨가하시오.)

❸ 반죽온도는 27℃를 표준으로 하시오.

❹ 분할무게 460g짜리 5개를 만드시오(한 덩이 : one loaf).

❺ 윗면을 길이로 자르고 버터를 짜넣는 형태로 만드시오.

❻ 반죽은 전량을 사용하여 성형하시오.

배합표

재 료 명	비 율(%)	무 게(g)
강력분	100	1200
물	40	480
생이스트	4	48
제빵개량제	1	12
소금	1.8	21.6
설탕	6	72
버터	20	240
탈지분유	3	36
계란	20	240
계	195.8	2349.6
버터(바르기용)	10	120

수험자 유의사항

❶ 시험시간은 재료계량시간이 포함된 시간입니다.

❷ 안전사고가 없도록 유의합니다.

❸ 의문사항이 있으면 감독위원에게 문의하고, 감독위원의 지시에 따릅니다.

❹ 다음과 같은 경우에는 채점대상에서 제외됩니다.

　가) 시험시간 내에 작품을 제출하지 못한 경우

　나) 시험시간 내에 제출된 작품이라도 다음과 같은 경우

(1) 작품의 가치가 없을 정도로 타거나 익지 않은 경우

(2) 요구사항을 준수하지 않았을 경우

(3) 지급된 재료 이외의 재료를 사용한 경우

다) 시험 중 시설·장비의 조작 또는 재료의 취급이 미숙하여 위해를 일으킬 것으로 감독위원 전원이 합의하여 판단한 경우

지급재료목록

재 료 명	규 격	단 위	수 양	비 고
밀가루	강력분	g	1320	1인용
생이스트	제빵용	g	53	1인용
설탕	정백당	g	80	1인용
탈지분유	제과(빵)용	g	40	1인용
버터	유제품	g	400	1인용
소금	정제염	g	24	1인용
제빵개량제	제빵용	g	14	1인용
식용유	대두유	ml	20	1인용
계란	60g(껍질 포함)	개	5	1인용
얼음	식용	g	100	1인용 (겨울철 제외)
위생지	식품용(8절지)	장	10	1인용
제품상자	제품포장용	개	1	5인 공용

제조
과정

1. 혼합순서

- 버터, 계란, 물을 제외한 전 재료를 넣고 저속으로 재료를 고르게 섞는다.
- 계란, 물을 넣고 저속으로 수화시킨 후 중속으로 반죽을 한다.
- 클린업 단계에서 버터를 투입한다.
- 최종단계까지 중속으로 반죽하여 마무리한다.

2. 반죽온도

- 요구사항 27℃가 되도록 필요한 물리적 조치를 취한다.

3. 1차 발효

- 발효실온도 : 27℃, 습도 : 80%, 발효시간 : 60분 정도
- 부피 3배, 손가락 시험, 섬유질 확인 등 시간보다는 상태로 확인한다.

4. 분할

- 요구사항 460g짜리 5개로 분할한다.
- 정확하고 빠른 동작으로 작업을 완료한다.

5. 둥글리기

- 매끈하게 원형으로 둥글리기한다.
- 숙련된 동작으로 둥글리기하여 차례로 정돈한다.

6. 중간발효

- 둥글리기한 윗면이 마르지 않게 비닐 등으로 덮는다.
- 성형이 용이하게 15분 정도 중간발효시킨다.

7. 성형

- 밀대로 밀어 가스를 뺀 후 타원형으로 밀어 편다.
- 단단하게 반죽을 당겨가면서 돌돌 말아 봉합부분을 잘 붙인다.

8. 패닝

- 봉합부분이 기름칠한 팬의 밑부분을 향하게 하여 패닝한다.

9. 2차 발효

- 발효실온도 : 35℃, 습도 : 85%, 발효시간 : 40분
- 팬의 85~90%까지 발효를 시킨다.

10. 윗면 버터 짜서 넣기

- 발효 후 윗면의 중앙부분을 일자로 길게 칼집을 낸다.

- 부드럽게 만든 버터를 짤주머니에 넣어 자른 부분에 짜준다.

11. 굽기

- 오븐온도 : 윗불 160℃, 아랫불 200℃
- 굽기 시간 : 40분 정도
- 전체가 잘 익고 껍질의 색이 밝은 황색으로 알맞아야 한다.

12. 제품평가

- 부피, 균형, 껍질, 내상, 맛과 향 등을 평가한다.
- 상품적 가치가 없으면 0점 처리가 된다.

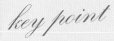

key point

- 반죽을 할 때는 버터가 많이 들어가는 반죽이므로 충분히 믹싱 후 버터를 잘게 잘라 넣어 섞어 주는 것이 좋다.
- 2차 발효의 종점은 일반 식빵보다 다소 적은 상태에서 버터를 짜준다.
- 버터를 짜기 위해 반죽을 자를 때는 반죽의 윗면을 약간 건조시킨 후 자르면 깨끗하게 자를 수 있다.
- 버터는 공기가 들어가지 않게 부드럽게 녹여 짜기 좋게 하는 것이 좋다.
- 식빵류는 오븐에서 꺼내기 전 옆면의 색이 났는지 반드시 확인한다.
- 오븐에서 꺼낸 후 녹인 버터를 발라주면 더욱 좋다.

옥수수식빵(Corn Bread) 🕐 시험시간 **4시간**

요구사항

☒ **다음 요구사항대로 옥수수식빵을 제조하여 제출하시오.**

❶ 배합표의 각 재료를 계량하여 재료별로 진열하시오(11분).
❷ 반죽은 스트레이트법으로 제조하시오. (단, 유지는 클린업 단계에서 첨가하시오.)
❸ 반죽온도는 27℃를 표준으로 하시오.
❹ 표준분할무게는 180g으로 하고, 제시된 팬의 용량을 감안하여 결정하시오. (단, 분할무게×3을 1개의 식빵으로 함)
❺ 반죽은 전량을 사용하여 성형하시오.

배합표

재 료 명	비 율(%)	무 게(g)
강력분	80	1040
옥수수가루	20	260
물	60	780
생이스트	2.5	32.5
제빵개량제	1	13
소금	2	26
설탕	8	104
쇼트닝	7	91
분유	3	39
계란	5	65
활성글루텐	3	39
계	191.5	2489.5

지급재료목록

재 료 명	규 격	단 위	수 양	비 고
밀가루	강력분	g	1140	1인용
옥수수분말	제빵용(알파)	g	286	1인용
이스트	생이스트	g	36	1인용
제빵개량제	제빵용	g	15	1인용
소금	정제염	g	29	1인용
설탕	정백당	g	114	1인용
쇼트닝	제과(빵)용	g	100	1인용
탈지분유	제과(빵)용	g	43	1인용
계란	60g(껍질 포함)	개	2	1인용
활성글루텐	제빵용	g	43	1인용
식용유	대두유	ml	50	1인용
얼음	식용	g	200	1인용
위생지	식품용(8절지)	장	10	1인용
제품상자	제품포장용	개	1	5인 공용

1. 혼합순서

- 쇼트닝과 물, 계란을 제외한 전 재료를 믹서에 넣고 저속으로 가볍게 섞어 마른 재료가 고르게 섞이게 한다.
- 먼저 계란을 넣고 반죽온도를 맞추기 위하여 미리 조치한 물을 넣고 섞어 가루가 보이지 않게 저속으로 수화시킨다.
- 반죽이 처음 한 덩어리가 되는 클린업 상태에서 쇼트닝을 넣고 중속으로 반죽을 계속한다.
- 밀가루 이외의 재료가 들어가는 반죽은 글루텐의 힘이 밀가루만으로 반죽을 할 때와 비교하면 강하지 못하므로 반죽의 완료 시점을 잘 잡아야 한다.
- 최종단계의 중기까지만 반죽을 하여 약한 글루텐이 1, 2차 발효과정 중에도 충분한 힘이 작용할 수 있게 한다.

2. 반죽상태

- 일반 식빵보다 다소 된 반죽으로 글루텐 또한 약간 덜 잡아주는 것이 좋다.

3. 반죽온도

- 요구사항 27℃로 맞추기 위하여 물리적 조치를 취한다.

4. 1차 발효

- 발효실온도 : 27℃, 습도 : 80%, 시간 : 80분 정도
- 글루텐의 숙성이 잘 된 상태로 확인한다.

5. 분할

- 요구사항대로 180g짜리 12개로 분할한다.
- 정확하고 빠른 동작으로 작업을 한다.

6. 둥글리기

- 반죽을 매끈하게 둥글리기한다.
- 능숙한 동작으로 빠르게 완성한다.

7. 중간발효

- 성형이 용이하게 15분 정도 중간발효시킨다.
- 비닐 등을 덮어 마르지 않게 조치한다.

8. 성형

- 가스가 완전히 빠지게 밀대로 밀어서 접기를 하여 단단하게 말아서 이음매를 잘 봉해준다.
- 발효의 차이가 최소화될 수 있게 빠른 동작으로 성형을 한다.

9. 패닝

- 이음매를 바닥으로 가게 하여 배열 및 간격을 알맞게 한다.
- 3개를 한 조로 하여 팬에 넣고 살짝 눌러준다.

10. 2차 발효

- 발효실온도 : 35℃, 습도 : 85%, 시간 : 50분 정도
- 가스 포집력이 최대인 상태로 팬 위로 1~2cm 정도 올라온 상태가 적당하다.

11. 굽기

- 오븐온도 : 윗불 170℃, 아랫불 200℃
- 굽기 시간 : 40분 정도
- 전체가 잘 익고 껍질의 색이 황금갈색으로 알맞아야 한다.

12. 제품평가

- 부피, 균형, 껍질, 내상, 맛과 향 등을 평가한다.
- 상품적 가치가 없으면 0점 처리가 된다.

활성글루텐이란?

- 밀가루 속의 단백질인 글루텐을 뽑아서 건조시킨 글루텐이다.
- 밀가루에 다른 곡물가루를 첨가하면 전체적인 글루텐이 줄어드는데 이때 글루텐의 함량
  을 높여서 반죽의 탄력성을 보충하기 위해 사용하는 것이 활성글루텐이다.
- 제품의 부피, 기공, 조직, 저장성을 개선하는 데 있다.
- 보통 밀가루 양의 2~3%를 사용한다.

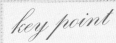

key point

- 반죽을 할 때 다른 가루가 들어가는 반죽은 빠른 속도로 반죽하지 않고 중속 이하의 속도로 하는
  것이 좋은데 그 이유는 다른 가루가 들어가는 반죽은 반죽의 최종단계에서 바로 렛다운인 글루
  텐이 찢어지는 단계로 넘어가기 쉽기 때문이다.
- 반죽을 할 때 물을 배합량 모두 넣으면 상당히 질다는 생각이 드는데 물을 거의 다 넣고 글루텐
  을 발전시키는 것이 중요하므로 물의 조절에 특히 유의한다.
- 1차 발효는 반죽상태나 온도에 따라 잘 조절을 하여야 하는 데 옥수수가루와 같이 점성이 있는
  가루를 사용한 반죽은 발효가 과다하면 작업 시 손에 달라붙는다.
- 다른 반죽에 비하여 많이 끈적거리는 편이므로 자칫하면 많은 덧가루를 사용하게 되는데 적당한
  덧가루를 사용하여 작업하여야 한다.
- 옥수수빵은 전체적으로 다른 빵에 비하여 점성이 강하므로 성형 공정을 할 때 특히 주의한다.
- 오븐 속에서의 팽창이 적으므로 2차 발효를 다른 식빵보다 조금 더하여 굽는다.

데니시페이스트리  시험시간 **4시간 30분**

요구사항

※ **다음 요구사항대로 데니시페이스트리를 제조하여 제출하시오.**

❶ 배합표의 각 재료를 계량하여 재료별로 진열하시오 (10분).
❷ 반죽을 스트레이트법으로 제조하시오.
❸ 반죽온도는 20℃를 표준으로 하시오.
❹ 모양은 달팽이형, 초생달형, 바람개비형 등 감독위원이 선정한 2가지를 만드시오.
❺ 접기와 밀어펴기는 3겹 접기 3회로 하시오.
❻ 반죽은 전량을 사용하여 성형하시오.

배합표

재 료 명	비율(%)	무게(g)
강력분	80	720
박력분	20	180
물	45	405
이스트	5	45
소금	2	18
설탕	15	135
마가린	10	90
분유	3	27
계란	15	135
계	195	1755
롤인유지	총 반죽의 30%	526.5

지급재료목록

재료명	규격	단위	수량	비고
밀가루	강력분	g	792	1인용
밀가루	박력분	g	200	1인용
이스트	생이스트	g	50	1인용
소금	정제염	g	20	1인용
설탕	정백당	g	150	1인용
마가린	제빵용	g	100	1인용
파이용 마가린	제과(빵)용	g	550	1인용
탈지분유	제과(빵)용	g	30	1인용
계란	60g(껍질 포함)	개	4	1인용
식용유	대두유	ml	50	1인용
위생지	식품용(8절지)	장	10	1인용
제품상자	제품포장용	개	1	5인 공용
얼음	식용	g	200	1인용 (겨울철 제외)

1. 혼합순서

- 롤인용 유지와 마가린, 물, 계란을 제외한 전 재료를 믹서에 넣고 저속으로 가볍게 섞어 마른 재료가 고르게 섞이게 한다.
- 먼저 계란을 넣고 반죽온도를 맞추기 위하여 미리 조치한 물을 넣고 섞어 가루가 보이지 않게 저속으로 수화시킨다.
- 반죽이 처음 한 덩어리가 되는 클린업 상태에서 마가린을 넣고 중속으로 반죽을 하여 발전단계까지 믹싱한다.

2. 반죽온도

- 요구사항 20℃가 되게 물리적인 조치를 취한다.

3. 반죽휴지와 밀어 펴기

- 반죽 후 마르지 않게 비닐에 싸서 냉장휴지를 30분 정도 시킨다.
- 직사각형이 되도록 밀어 펴서 알맞게 밀어 편 피복용 유지를 싼다.
- 직사각형이 되도록 밀어서 3겹 접기를 한다(1회).
- 다시 한 번 같은 작업을 반복한다(2회).
- 30분 정도 충분한 휴지 후 다시 밀어 3겹 접기를 한다(3회).
- 충분히 냉장 휴지를 시킨다.

4. 성형

- 냉장 휴지시킨 반죽을 두께 3mm 정도로 밀어서 모양을 내고 싶은 형에 맞추어 잘라서 성형작업을 한다.
- 달팽이형(1cm 내외 두께), 초생달형, 바람개비형 등으로 만든다.
- 지정된 모양의 연습을 충분히 하여 능숙하게 할 수 있게 한다.
- 파지가 많이 생기지 않도록 하고 날카로운 칼로 재단하여야 결이 살아난다.

5. 패닝

- 같은 모양의 제품은 같은 팬에 놓아서 구워야 고르게 익게 할 수 있다.
- 알맞게 기름칠을 하고 간격을 고르게 패닝한다.

6. 2차 발효

- 발효실온도 : 30℃, 습도 : 75%, 발효시간 : 30분 정도

7. 굽기

- 오븐온도 : 윗불 200℃, 아랫불 150℃
- 굽기 시간 : 15분 정도
- 전체가 잘 익고 껍질의 색이 알맞아야 한다.

8. 제품평가

• 부피, 균형, 껍질, 내상, 맛과 향 등을 평가한다.

• 상품적 가치가 없으면 0점 처리가 된다.

key point

• 반죽을 발전단계까지만 하는 이유는 여러 번 밀어 접기를 하는 과정이 반죽을 하는 과정과 같으므로 글루텐이 지나치게 형성되면 밀어 펴는 과정에서 작업이 힘들고 완제품의 껍질이 깨어지기 때문이다.

• 충전용 유지와 반죽과는 적당한 되기의 상태가 되었을 때 밀어 펴기도 가장 좋고 또한 완제품의 부피형성도 좋다.

• 굽기는 다른 빵에 비하여 고온에 단시간에 하여야 유지가 밖으로 새어 나오지 않고 부피감이 좋은 제품을 얻게 된다.

• 퍼프페이스트리는 이스트가 없어 발효하지 않고 바삭거리는 맛을 내는 반면 데니시페이스트리는 발효공정이 있으며 부드러운 맛을 내는 것이 다르다.

• 여러 가지 모양을 숙지하여 작업에 임하고 같은 팬에는 같은 모양의 제품을 패닝하여 굽는 것을 기본으로 한다.

• 충전물이 있을 경우 알맞게 넣어 만들면 더욱 맛있는 제품이 된다.

• 아래 그림과 같이 실제 사용에서 윗면에 과일 등을 올리고 퐁당이나 초콜릿 등으로도 장식하여 사용한다.

모카빵 시험시간 **4시간**

요구사항

※ **다음 요구사항대로 모카빵을 제조하여 제출하시오.**

❶ 배합표의 빵반죽재료를 계량하여 재료별로 진열하시오(11분).
❷ 반죽은 스트레이트법으로 제조하시오. (단, 유지는 클린업 단계에서 첨가하시오.)
❸ 반죽온도는 27℃를 표준으로 하시오.
❹ 반죽 1개의 분할무게는 250g, 1개당 비스킷은 100g씩으로 제조하시오.
❺ 제품의 형태는 타원형(럭비공모양)으로 제조하시오.
❻ 토핑용 비스킷은 주어진 배합표에 의거 직접 제조하시오.
❼ 반죽은 전량을 사용하여 성형하시오.

배합표

• 빵 반죽

재 료 명	비 율(%)	무 게(g)
강력분	100	1100
물	45	495
생이스트	5	55

제빵개량제	1	11
소금	2	22
설탕	15	165
버터	12	132
분유	3	33
계란	10	110
커피	1.5	16.5
건포도	15	165
계	209.5	2304.5

• 토핑용 비스킷 반죽

재 료	비 율(%)	무 게(g)
박력분	100	500
버터	20	100
설탕	40	200
계란	24	120
우유	12	60
베이킹파우더	1.5	7.5
소금	0.6	3
계	198.1	990.5

지급재료목록

재 료 명	규 격	단 위	수 양	비 고
밀가루	강력분	g	1210	1인용
밀가루	박력분	g	550	1인용
생이스트		g	66	1인용
소금	정제염	g	30	1인용
설탕	정백당	g	470	1인용
제빵개량제	제빵용	g	14	1인용
버터	무염	g	250	1인용
탈지분유	제과(빵)용	g	40	1인용
계란	60g(껍질 포함)	개	5	1인용
커피	분말	g	18	1인용
건포도	식용	g	180	1인용
베이킹파우더	제과(빵)용	g	13	1인용
우유	시유	ml	66	1인용
식용유	대두유	ml	50	1인용
위생지	식품용(8절지)	장	10	1인용
제품상자	제품포장용	개	1	5인 공용
얼음	식용	g	200	1인용 (겨울철 제외)

1. 혼합순서

- 사용할 물의 일부와 커피를 탄다.
- 버터, 물, 계란, 건포도를 제외한 전 재료를 믹서에 넣고 저속으로 가볍게 섞어 마른 재료가 고르게 섞이게 한다.
- 먼저 계란을 넣고 반죽온도를 맞추기 위하여 미리 조치한 물, 커피물을 넣고 섞어 가루가 보이지 않게 저속으로 수화시킨다.
- 반죽이 처음 한 덩어리가 되는 클린업 상태에서 버터를 넣고 중속으로 반죽을 계속한다.
- 최종단계에서 전처리한 건포도의 물기를 제거하여 넣고 으깨지지 않게 주의하여 고르게 혼합한다.

2. 반죽온도

- 요구사항 27℃가 되게 물리적 조치를 취한다.

3. 1차 발효

- 발효실온도 : 27℃, 습도 : 80%, 발효시간 : 45분 정도
- 발효는 시간보다 상태로 확인한다.

4. 토핑물 제조

- 유지와 설탕을 혼합한 후 계란을 조금씩 섞으면서 부드러운 크림을 만든다.
- 미지근한 우유에 커피를 녹인 후 섞는다.
- 박력분과 베이킹파우더를 체에 내려 가볍게 한 덩어리로 만든다.
- 휴지 후 밀어서 사용한다.

5. 분할

- 반죽을 250g짜리 9개로 분할한다.
- 정확하고 빠르게 작업을 한다.

6. 둥글리기

- 매끈하게 타원형으로 둥글리기한다.
- 능숙하고 숙련되게 한다.

7. 중간발효

- 성형하기 용이하게 15분 정도 중간발효시킨다.
- 비닐 등을 덮어 마르지 않게 조치한다.

8. 성형

- 밀대로 밀어 가스를 뺀 후 단단하게 타원형으로 이음매를 봉한다.
- 빠르고 숙련된 동작으로 한다.

9. 패닝과 토핑물 덮기

- 적당한 간격을 유지하여 이음매가 바닥으로 가게 하여 패닝한다.
- 토핑 100g을 0.4cm의 타원형으로 밀어 윗면에 덮는다.

10. 2차 발효

- 발효실온도 : 35℃, 습도 : 85%, 발효시간 : 35분
- 가스 포집력이 최대인 상태가 되어야 한다.

11. 굽기

- 오븐온도 : 윗불 180℃, 아랫불 150℃
- 굽기 시간 : 40분 정도
- 전체가 잘 익고 껍질의 색이 알맞아야 한다.

12. 제품평가

- 부피, 균형, 껍질, 내상, 맛과 향 등을 평가한다.
- 상품적 가치가 없으면 0점 처리가 된다.

key point

- 성형한 완제품은 틀을 사용하지 않고 철판에 바로 놓고 발효하여 굽는 경우 믹싱을 과도하게 하면 구워지면서 모양이 일그러질 수 있다.
- 토핑용 비스킷은 한 덩어리로 뭉쳐질 정도로만 아주 가볍게 밀가루를 섞어 휴지시켰다가 사용하여야 잘 갈라지는 모양이 된다.
- 건포도는 으깨어지지 않게 마지막에 넣어 가볍게 섞어주어야 한다.
- 토핑용 반죽에 커피가루를 넣어주면 겉껍질의 색이 고르게 나서 먹음직스런 빵이 된다.
- 토핑은 빵반죽을 충분히 감싸게 덮어주어야 반죽이 발효하면서 커지게 되어도 윗면에 토핑이 고르게 될 수 있으며 지나치게 두껍지 않게 밀어서 덮어야 한다.

버터롤  시험시간 **4시간**

요구사항

☒ **다음 요구사항대로 버터롤을 제조하여 제출하시오.**

❶ 배합표의 각 재료를 계량하여 재료별로 진열하시오(9분).
❷ 반죽은 스트레이트법으로 제조하시오. (단, 유지는 클린업 단계에 첨가하시오.)
❸ 반죽온도는 27℃를 표준으로 하시오.
❹ 반죽 1개의 분할무게는 40g으로 제조하시오.
❺ 제품의 형태는 번데기모양으로 제조하시오.
❻ 반죽은 전량을 사용하여 성형하시오.

배합표

재 료 명	비 율(%)	무 게(g)
강력분	100	1100
설탕	10	100
소금	2	22
버터	15	165
탈지분유	3	30
계란	8	88
이스트	4	44
제빵개량제	1	11
물	53	583
계	196	2156

지급재료목록

재 료 명	규 격	단 위	수 양	비 고
밀가루	강력분	g	1210	1인용
이스트	생이스트	g	50	1인용
소금	정제염	g	25	1인용
설탕	정백당	g	121	1인용
제빵개량제	제빵용	g	12	1인용
버터	무염	g	180	1인용
탈지분유	제과(빵)용	g	37	1인용
계란	60g(껍질 포함)	개	2	1인용
식용유	대두유	ml	50	1인용
위생지	식품용(8절지)	장	10	1인용
제품상자	제품포장용	개	1	5인 공용
얼음	식용	g	200	1인용 (겨울철 제외)

1. 혼합순서

- 버터, 계란, 물을 제외한 전 재료를 넣고 저속으로 재료를 고르게 섞는다.
- 계란, 물을 넣고 저속으로 수화시킨 후 중속으로 반죽을 한다.
- 클린업 단계에서 버터를 투입한다.
- 최종단계까지 중속으로 반죽하여 마무리한다.

2. 반죽상태

- 최종단계까지 반죽을 한다.
- 글루텐의 피막이 곱고 매끄러운 반죽이 되도록 한다.

3. 반죽온도

- 요구사항 27℃가 되게 물리적 조치를 취한다.

4. 1차 발효

- 발효실온도 : 27℃, 습도 : 80%, 발효시간 : 30분 정도
- 부피 3배, 손가락 시험, 섬유질 확인 등 시간보다는 상태로 확인한다.

5. 분할

- 요구사항 40g짜리 52개로 분할한다.
- 정확하고 빠른 동작으로 작업을 완료한다.

6. 둥글리기

- 매끈하게 원형으로 둥글리기한다.
- 숙련된 동작으로 한쪽을 가늘게 밀어서 차례로 정돈한다.

7. 중간발효

- 윗면이 마르지 않게 비닐 등으로 덮는다.
- 성형이 용이하게 15분 정도 중간발효시킨다.

8. 성형

- 올챙이처럼 한쪽은 가늘고 다른 쪽은 넓게 밀대로 밀어 긴 삼각형 모양으로 만들어서 말아 버터롤 모양을 낸다.

9. 패닝

- 단단하게 말아 성형한 반죽을 이음매가 바닥으로 가게 하여 배열 및 간격을 맞추어 놓는다.
- 봉합부분이 팬의 밑부분을 향하게 하여 패닝한다.

10. 2차 발효

- 발효실온도 : 35℃, 습도 : 85%, 발효시간 : 40분 정도
- 가스 포집력이 최대인 상태이다.

11. 굽기

- 오븐온도 : 윗불 200℃, 아랫불 150℃
- 굽기 시간 : 15분 정도
- 전체가 잘 익고 껍질의 색이 밝은 황금색으로 알맞아야 한다.
- 굽기 전 계란물을 칠하는 것은 감독관의 지시에 따른다.

12. 제품평가

- 부피, 균형, 껍질, 내상, 맛과 향 등을 평가한다.
- 상품적 가치가 없으면 0점 처리가 된다.

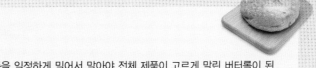

key point

- 반죽을 일정하게 밀어서 말아야 전체 제품이 고르게 말린 버터롤이 된다.
- 좌우 대칭이 잘 되게 말아야 균형 잡힌 모양의 버터롤을 만들 수 있다.
- 한쪽은 둥글고 한쪽은 뾰족하게 만든 후 긴 삼각형 모양으로 밀어서 균형을 잡아 말아준 뒤 마지막 끝부분은 손가락으로 약간 늘려주어 점착성을 갖게 한 후 붙여서 이음부분이 밑으로 가게 철판에 간격을 맞추어 패닝한다.
- 굽기 전 계란물칠을 하여 구우면 고운 색을 얻을 수 있다.
- 구운 후 버터를 녹여 윗면에 발라준다.

제과기능사 실기

찹쌀도넛  시험시간 **1시간 50분**

요구사항

☒ **다음 요구사항대로 찹쌀도넛을 제조하여 제출하시오.**

❶ 배합표의 각 재료를 계량하여 재료별로 진열하시오(8분).
❷ 반죽은 1단계법, 익반죽으로 제조하시오.
❸ 반죽 1개의 분할무게는 40g, 팥앙금 무게는 30g으로 제조하시오.
❹ 반죽은 전량을 사용하여 성형하시오.
❺ 기름에 튀겨낸 뒤 설탕을 묻히시오.

배합표

재 료 명	비율(%)	사용량(g)
찹쌀가루	85	510
중력분	15	90
설탕	15	90
소금	1	6
베이킹파우더	2	12
베이킹소다	0.5	3
쇼트닝	6	36
물	22~25	132~156
계	146.5~149.5	879~897
팥앙금	110	660
설탕	20	120

지급재료목록

재 료 명	규 격	단 위	수 양	비 고
찹쌀가루	찹쌀가루 (방앗간용 : 4시간 정도 침지하여 2번 롤링한 것)	g	600	1인용
밀가루	중력분	g	200	1인용
밀가루(덧가루용)	강력분	g	100	1인용
설탕	정백당	g	300	1인용
소금	정제염	g	10	1인용
쇼트닝	제과용	g	45	1인용
베이킹파우더	제과용	g	20	1인용
베이킹소다	제과용	g	5	1인용
통팥앙금		g	700	1인용
위생지	식품용(8절지)	장	10	1인용
식용유	대두유	ℓ	3	5인용
부탄가스	가정용(220g)	개	1	5인 공용
제품상자	제품포장용	개	1	5인 공용

1. 반죽 제조(익반죽)

- 찹쌀가루, 중력분, 베이킹소다, 베이킹파우더를 혼합하여 체에 내린다.
- 물을 제외한 모든 재료를 볼에 담고 살짝 섞어준다.
- 끓인 물을 넣고 치대어 고르게 호화시켜서 익빈죽을 한나.
- 전체를 둥글리기하여 약간의 휴지시간을 가진다.

2. 반죽상태

- 전 재료가 균일하게 혼합되고 적당한 되기가 되도록 한다.

3. 앙금 분할

- 앙금은 30g으로 분할하여 준비한다.

4. 반죽 분할

- 반죽은 40g씩 분할하여 둥글리기한다.
- 무게 편차가 나지 않게 정확하고 빠른 동작으로 분할하고 둥글리기한다.
- 비닐 등을 덮어 마르지 않게 조치하여 10분간 휴지시킨다.

5. 성형

- 앙금을 반죽의 가운데 오도록 조치하여 싸준다.
- 앙금이 새어 나오지 않게 마무리를 단단히 한다.
- 이음매를 밑으로 하여 판에 차례로 배열하여 마르지 않게 비닐 등을 덮어준다.

6. 튀기기

- 기름의 온도가 190℃가 되게 예열을 한다.
- 도넛을 넣어 떠오르면 약한 불로 줄여 서서히 굴리면서 갈색이 나도록 튀겨낸다.

7. 설탕 묻히기

- 튀긴 도넛을 기름이 안정되게 약간 식힌다.
- 설탕을 골고루 묻힌다.

8. 제품평가

- 부피, 균형, 껍질, 내상, 맛과 향 등을 평가한다.
- 상품적 가치가 없으면 0점 처리가 된다.

key point

- 익반죽은 물이 뜨거울 때 넣으면서 반죽을 해야 하며 그렇게 하면 풀어지지 않고 찰기가 더 있다.
- 반죽이 너무 되면 터질 수 있고 익반죽은 터짐을 어느 정도 방지하는 효과가 있다.
- 튀김 시 반죽에 도넛망을 이용하여 굴려가면서 튀겨야 고르게 튀겨진다.
- 기름의 온도가 190℃가 되면 불을 끄고 반죽을 기름 속에 넣고 반죽이 위로 떠오르면 다시 불을 켜주는 것이 좋다.
- 튀김온도가 너무 높으면 반죽을 튀기는 도중 터짐이 있을 수 있고 또한 껍질색이 너무 진해지거나 속이 익지 않을 수도 있다.
- 튀김온도가 낮으면 반죽 속으로 기름의 흡수가 증가되어 도넛이 눅눅해진다.
- 튀긴 도넛을 너무 식혀 설탕을 묻히면 잘 묻지 않으므로 어느 정도 열이 남아 있을 때 설탕을 묻힌다.

Memo

데블스푸드케이크  🕐 시험시간 **1시간 50분**

요구사항

※ **다음 요구사항대로 데블스푸드케이크를 제조하여 제출하시오.**

❶ 배합표의 각 재료를 계량하여 재료별로 진열하시오(11분).
❷ 반죽은 블렌딩법으로 제조하시오.
❸ 반죽온도는 23℃를 표준으로 하시오.
❹ 반죽의 비중을 측정하시오.
❺ 제시한 팬에 알맞도록 분할하시오.
❻ 반죽은 전량 사용하여 성형하시오.

배합표

재 료 명	비 율(%)	무 게(g)
박력분	100	600
설탕	110	660
쇼트닝	50	300
계란	55	330
분유	11.5	69
물	103.5	621
코코아	20	120
베이킹파우더	3	18
소금	2	12
유화제	3	18
바닐라향	0.5	3
계	458.5	2751

수험자 유의사항

❶ 시험시간은 재료계량시간이 포함된 시간입니다.

❷ 안전사고가 없도록 유의합니다.

❸ 의문사항이 있으면 감독위원에게 문의하고, 감독
위원의 지시에 따릅니다.

❹ 다음과 같은 경우에는 채점대상에서 제외됩니다.
가) 시험시간 내에 작품을 제출하지 못한 경우
나) 시험시간 내에 제출된 작품이라도 다음과
같은 경우

(1) 작품의 가치가 없을 정도로 타거나 익지
않은 경우

(2) 요구사항을 준수하지 않았을 경우

(3) 지급된 재료 이외의 재료를 사용한 경우

다) 시험 중 시설·장비의 조작 또는 재료의 취
급이 미숙하여 위해를 일으킬 것으로 감독
위원 전원이 합의하여 판단한 경우

지급재료목록

재 료 명	규 격	단 위	수 양	비 고
밀가루	박력분	g	660	1인용
설탕	정백당	g	722	1인용
쇼트닝	제과용	g	330	1인용
계란	60g(껍질 포함)	개	7	1인용
탈지분유	제과(빵)용	g	76	1인용
코코아	더치 코코아	g	132	1인용
베이킹파우더	제과(빵)용	g	20	1인용
소금	정제염	g	13	1인용
유화제	제과용	g	20	1인용
향	바닐라	g	4	1인용
식용유	대두유	ml	50	1인용
위생지	식품용(8절지)	장	10	1인용
제품상자	라면박스	개	1	5인 공용
얼음	식용	g	200	1인용 (겨울철 제외)

1. 반죽 제조(블렌딩법)

- 쇼트닝과 체에 내린 박력분을 혼합하여 버터를 사용하여 저속으로 반죽하여 콩알크기로 피복시킨다.
- 설탕, 코코아, 탈지분유, 소금, 베이킹파우더, 유화제를 넣고 불 2/3를 넣은 후 저속으로 반죽을 섞어준다.
- 계란을 조금씩 투여하여 저속으로 반죽하여 부드러운 크림을 만든 후 나머지 물로 되기를 조절한다.

2. 반죽상태

- 전 재료가 균일하게 혼합되고 적당한 되기가 되도록 한다.

3. 반죽온도

- 요구사항 23℃가 되게 물 온도를 감안하여 물리적 조치를 한다.

4. 반죽 비중

- 0.80±0.05
- 크림상태가 좋으면 비중이 낮아진다.

5. 패닝

- 종이를 깔아 미리 준비한 둥근 케이크팬에 70% 정도를 담는다.
- 작업은 능숙하게 하고 재료의 손실이 없게 한다.
- 반죽의 윗면을 평평하게 하고 큰 공기방울을 제거한다.

6. 굽기

- 오븐온도 : 윗불 160℃, 아랫불 160℃
- 굽기 시간 : 40분 정도
- 케이크의 속이 완전히 익고 껍질색이 짙은 갈색이 되도록 한다.

7. 제품평가

- 부피, 균형, 껍질, 내상, 맛과 향 등을 평가한다.
- 상품적 가치가 없으면 0점 처리가 된다.

key point

- 블렌딩법의 제품에서 처음 밀가루를 유지에 피복시킬 때에는 너무 오래 돌려 반죽이 뭉쳐지면 좋지 않고 작은 콩알처럼 뭉쳐질 때 다른 재료를 투입한다.
- 코코아의 색이 있어서 제품의 굽기에 주의해야 하는 데 윗면의 탄력검사를 하여 적당한 굽기가 되도록 한다.
- 물이 들어가고 수분의 흡수력이 뛰어난 코코아파우더가 들어가므로 반죽을 고르게 잘해야 층이 생기지 않는다.
- 너무 오래 구우면 속이 건조해지고 껍질이 벗겨지게 된다.
- 씹는 촉감이 부드럽고 코코아 케이크 특유의 맛과 향이 나야 하고 속이 끈적거리지 않아야 한다.

Memo

멥쌀스펀지케이크

🕐 시험시간 **1시간 50분**

요구사항

☒ 다음 요구사항대로 멥쌀스펀지케이크(공립법)를 제조하여 제출하시오.

❶ 배합표의 각 재료를 계량하여 재료별로 진열하시오(7분).
❷ 반죽은 공립법으로 제조하시오.
❸ 반죽온도는 25℃를 표준으로 제조하시오.
❹ 반죽의 비중을 측정하시오.
❺ 제시한 팬이 3호팬(21cm)이면 420g을, 2호(18cm)팬이면 300g을 분할하시오.
❻ 반죽은 전량을 사용하여 성형하시오.

배합표

재 료 명	비율(%)	사용량(g)
멥쌀가루	100	500
설탕	110	550
계란	160	800
소금	0.8	4
바닐라향	0.4	2
베이킹파우더	0.4	2
계	371.6	1858

수험자 유의사항

❶ 시험시간은 재료계량시간이 포함된 시간입니다.

❷ 안전사고가 없도록 유의합니다.

❸ 의문사항이 있으면 감독위원에게 문의하고, 감독위원의 지시에 따릅니다.

❹ 다음과 같은 경우에는 채점대상에서 제외됩니다.

　가) 시험시간 내에 작품을 제출하지 못한 경우

　나) 시험시간 내에 제출된 작품이라도 다음과 같은 경우

(1) 작품의 가치가 없을 정도로 타거나 익지 않은 경우

(2) 요구사항을 준수하지 않았을 경우

(3) 지급된 재료 이외의 재료를 사용한 경우

다) 시험 중 시설 · 장비의 조작 또는 재료의 취급이 미숙하여 위해를 일으킬 것으로 감독위원 전원이 합의하여 판단한 경우

지급재료목록

재 료 명	규 격	단 위	수 양	비 고
멥쌀가루	마트판매용 쌀가루	g	550	1인용
계란	60g(껍질 포함)	개	16	1인용
설탕	정백당	g	600	1인용
소금	정제염	g	5	1인용
향	바닐라	g	3	1인용
베이킹파우더	제과용	g	3	1인용
위생지	식품용(8절지)	장	3	1인용
제품상자	라면박스	개	1	5인 공용
얼음	식용	g	200	1인용 (겨울철 제외)

제조
과정

1. 반죽 제조(공립법)

- 계란을 볼에 넣고 중속으로 기포가 생기게 풀어준다.
- 40% 정도 휘핑이 되면 소금, 설탕을 넣고 고속으로 휘핑을 계속한다.
- 계란이 90% 정도 휘핑되었을 때 중속으로 하여 기포를 단단하게 하여준다.
- 쌀가루와 바닐라향, 베이킹파우더를 혼합하여 체에 내린 후 가볍게 섞어준다.

2. 반죽상태

- 전 재료가 균일하게 혼합되고 적당한 반죽이 되어야 한다.
- 쌀가루는 밀가루보다 무거우므로 특히 주의하여 오버 믹싱이 되지 않도록 한다.

3. 반죽온도

- 요구사항 25℃가 되게 계란의 거품을 올릴 때 계란이 너무 차가우면 볼에 더운 물을 담아 밑에 받쳐주는 등의 조치를 한다.

4. 반죽 비중

- 0.55±0.05
- 쌀가루는 밀가루에 비해 더욱 가볍게 섞어주어야 한다.

5. 패닝

- 주어진 팬의 아랫면과 옆면에 유산지를 깐다.
- 요구사항에 따라 제시한 팬이 3호 팬이면 420g, 2호 팬이면 300g을 분할한다.
- 가라앉기 쉬우므로 특히 주의한다.

6. 굽기

- 오븐온도 : 윗불 170℃, 아랫불 160℃
- 굽기 시간 : 40분 정도
- 케이크의 속이 완전히 익고 껍질색이 밝은 황금색이 되도록 한다.

7. 제품평가

- 부피, 균형, 껍질, 내상, 맛과 향 등을 평가한다.
- 상품적 가치가 없으면 0점 처리가 된다.

key point

- 계란의 거품은 고속일 때 큰 거품이 생기고 저속이면 작고 단단한 거품이 만들어지므로 처음에는 고속으로 휘핑하고 가루를 섞기 전에 저속으로 돌려 거품을 단단하게 만든 후 가루를 섞어준다.
- 쌀가루는 밀가루에 비하여 무거우므로 거품을 밀가루 스펀지에 비하여 더 단단하게 만든 후 가루를 섞어주는 것이 좋다.
- 비중은 한 번 높아지면 회복이 어려우므로 가루를 적당히 섞은 후 한 번 비중을 재어본 후 낮으면 조금 더 섞어주면 거품이 꺼지면서 비중이 높아지게 된다.
- 멥쌀가루의 수분함량에 따라 반죽의 되기가 달라지므로 항상 주의하여야 한다.
- 너무 오래 구우면 속이 건조해지고 속이 익지 않으면 냉각 중 제품이 주저앉는다.

Memo

옐로레이어케이크

시험시간 **1시간 50분**

요구사항

☒ **다음 요구사항대로 옐로레이어케이크를 제조하여 제출하시오.**

❶ 배합표의 각 재료를 계량하여 재료별로 진열하시오 (10분).
❷ 반죽은 크림법으로 제조하시오.
❸ 반죽온도는 23℃를 표준으로 하시오.
❹ 반죽의 비중을 측정하시오.
❺ 제시한 팬에 알맞도록 분할하시오.
❻ 반죽은 전량을 사용하여 성형하시오.

배합표

재 료 명	비 율(%)	무 게(g)
박력분	100	600
설탕	110	660
쇼트닝	50	300
계란	55	330
소금	2	12
유화제	3	18
베이킹파우더	3	18
분유	8	48
물	72	432
바닐라향	0.5	3
계	403.5	2421

지급재료목록

재료명	규격	단위	수양	비고
밀가루	박력분	g	660	1인용
설탕	정백당	g	726	1인용
쇼트닝	제과용	g	330	1인용
계란	60g(껍질 포함)	개	7	1인용
소금	정제염	g	13	1인용
유화제	제과용	g	20	1인용
베이킹파우더	제과(빵)용	g	20	1인용
탈지분유	제과(빵)용	g	53	1인용
향	바닐라	g	4	1인용
식용유	대두유	ml	50	1인용
위생지	식품용(8절지)	장	10	1인용
제품상자	라면박스	개	1	5인 공용
얼음	식용	g	200	1인용 (겨울철 제외)

제조
과정

1. 반죽 제조(크림법)

- 쇼트닝, 설탕, 소금, 유화제를 넣고 크림을 만든다.
- 계란을 조금씩 투여하며 크림을 부드럽게 만든다.
- 향을 넣고 골고루 혼합하면서 바닥을 자주 긁어준다.
- 충분한 거품이 되어 크림이 밝은 미색을 띠고 윤기가 나면 물을 조금씩 투입하면서 반죽을 한다.
- 박력분, 베이킹파우더, 바닐라향을 혼합하여 체에 내려 아주 가볍게 혼합한다.

2. 반죽상태

- 전 재료가 균일하게 혼합되고 적당한 되기가 되도록 한다.
- 밀가루를 넣은 후 오버 믹싱이 되지 않게 주의한다.

3. 반죽온도

- 요구사항 23℃가 되게 물 온도를 감안하여 물리적 조치를 한다.

4. 반죽 비중

- 0.80±0.05
- 크림의 상태가 반죽의 비중에 영향을 미친다.

5. 패닝

- 팬의 60% 정도, 3호 원형 4개분
- 반죽의 윗면을 평평하게 하고 큰 공기방울을 제거한다.

6. 굽기

- 오븐온도 : 윗불 170℃, 아랫불 160℃
- 굽기 시간 : 40분 정도
- 케이크의 속이 완전히 익고 껍질색은 황금갈색이 되도록 한다.

7. 제품평가

- 부피, 균형, 껍질, 내상, 맛과 향 등을 평가한다.
- 상품적 가치가 없으면 0점 처리가 된다.

key point

- 비중을 맞추는 작업이 너무나 중요한 제품인데 비중이 낮다는 의미는 반죽 속에 공기가 많이 들어 있다는 것이므로 물을 조금 넣거나 저어서 거품을 꺼뜨리면 되지만 비중이 높다는 의미는 이미 공기가 반죽 속에 남아 있지 않다는 것이므로 고칠 수 있는 방법이 없다.
- 씹는 촉감이 부드럽고 특유의 맛과 향이 나며 수분함량이 많은 케이크이다.

Memo

초코머핀(초코컵케이크) 시험시간 **1시간 50분**

요구사항

※ 다음 요구사항대로 초코머핀(초코컵케이크)을 제조
하여 제출하시오.

❶ 배합표의 각 재료를 계량하여 재료별로 진열하시오(11
분).
❷ 반죽은 크림법으로 제조하시오.
❸ 반죽온도는 24℃를 표준으로 제조하시오.
❹ 초콜릿칩은 제품의 내부에 골고루 분포되게 하시오.
❺ 반죽분할은 주어진 팬에 알맞은 양으로 반죽을 패닝
하시오.
❻ 반죽은 전량을 사용하여 분할하시오.

배합표

재 료 명	비율(%)	사용량(g)
박력분	100	500
설탕	60	300
버터	60	300
계란	60	300
소금	1	5
베이킹소다	0.4	2
베이킹파우더	1.6	8
코코아파우더	12	60
물	35	175
탈지분유	6	30
초코칩	36	180
계	372	1860

지급재료목록

재 료 명	규 격	단 위	수 양	비 고
밀가루	박력분	g	550	1인용
설탕	정백당	g	330	1인용
버터	제과용	g	330	1인용
계란	60g(껍질 포함)	개	7	1인용
소금	정제염	g	8	1인용
베이킹소다	제과용	g	3	1인용
베이킹파우더	제과용	g	10	1인용
코코아파우더	제과용	g	70	1인용
탈지분유	제과(빵)용	g	40	1인용
초코칩	제과용	g	200	1인용
머핀종이	식품용(머핀종이)	개	30	1인용
위생지	식품용(8절지)	장	4	1인용
제품상자	제품포장용	개	1	5인 공용
얼음	식용	g	200	1인용 (겨울철 제외)

1. 반죽 제조(크림법)

- 24℃ 정도의 버터를 믹싱볼에 넣고 크림화시킨다.
- 소금, 설탕을 넣고 크림화를 계속한다.
- 계란을 나누어 넣으면서 크림화를 계속한다.
- 버터의 온도가 낮으면 계란을 넣을 때 분리가 일어나기 쉬우므로 주의한다.
- 물을 주의하여 나누어 넣고 혼합하여 크림을 매끄럽고 분리가 되지 않게 한다.
- 박력분, 베이킹소다, 베이킹파우더, 탈지분유를 혼합하여 체에 내린 후 가볍게 섞어준다.
- 거의 섞여 갈 때쯤 초콜릿칩을 으깨지지 않게 가볍게 섞어준 후 반죽을 완료한다.

2. 반죽상태

- 전 재료가 균일하게 혼합되고 적당한 반죽이 되어야 한다.
- 매끈하며 윤기가 있는 반죽이 되어야 한다.

3. 반죽온도

- 요구사항 24℃가 되었을 때가 버터의 크림화가 가장 잘 일어났다고 할 수 있다.

4. 반죽 비중

- 0.75±0.05
- 마지막 가루는 아주 가볍게 섞어 비중을 재어본 후 비중이 낮을 때 더 섞어주는 것이 좋다.

5. 반죽 분할

- 구멍이 큰 짤주머니에 반죽을 담아서 준비된 머핀 종이컵에 담는다.
- 반죽은 80g씩 22개 정도 나오며 보통 머핀 종이컵의 80% 정도 되게 담는다.
- 미리 머핀컵을 철판 위에 깔고 반죽을 분할하거나 반죽을 분할하고 난 이후 철판 위에 간격을 맞추어 올린다.

6. 굽기

- 오븐온도 : 윗불 180℃, 아랫불 170℃
- 굽기 시간 : 25분 정도
- 케이크의 속이 완전히 익고 껍질색이 짙은 갈색이 되도록 한다.

7. 제품평가

- 부피, 균형, 껍질, 내상, 맛과 향 등을 평가한다.
- 상품적 가치가 없으면 0점 처리가 된다.

key point

- 버터의 온도가 22~24℃ 정도일 때 크림화가 가장 잘 되며 또한 계란을 넣었을 때 분리가 잘 일어나지 않는다.
- 유지가 수분을 최대로 함유할 수 있는 온도가 분리를 가장 적게 일으키는 온도이므로 유지를 계란과 함께 크림화시킬 때 가장 고려해야 할 사항은 유지의 온도이다.
- 초콜릿 제품은 구울 때 온도관리를 잘해야 지나친 색으로 탄 것처럼 보이는 것을 방지할 수 있다.
- 속이 익지 않으면 끈적거리거나 냉각하면 주저앉게 된다.

Memo

버터스펀지케이크(별립법) 시험시간 **1시간 50분**

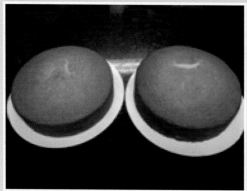

요구사항

※ **다음 요구사항대로 버터스펀지케이크(별립법)를 제조하여 제출하시오.**

❶ 배합표의 각 재료를 계량하여 재료별로 진열하시오(9분).
❷ 반죽은 별립법으로 제조하시오.
❸ 반죽온도는 23℃를 표준으로 하시오.
❹ 반죽의 비중을 측정하시오.
❺ 제시한 팬에 알맞도록 분할하시오.
❻ 반죽은 전량을 사용하여 성형하시오.

배합표

재 료	비 율(%)	무 게(g)
박력분	100	600
설탕ⓐ	60	360
설탕ⓑ	60	360
계란 노른자	50	300
계란 흰자	100	600
소금	1.5	9
베이킹파우더	1	6
바닐라향	0.5	3
용해버터	25	150
계	398	2388

지급재료목록

재 료 명	규 격	단 위	수 양	비 고
밀가루	박력분	g	660	1인용
설탕	정백당	g	792	1인용
계란	60g(껍질 포함)	개	19	1인용
소금	정제염	g	10	1인용
베이킹파우더	제과(빵)용	g	7	1인용
바닐라향	바닐라향(분말)	g	4	1인용
버터	제과용	g	165	1인용
식용유	대두유	ml	50	1인용
위생지	식품용(8절지)	장	10	1인용
제품상자	제품포장용	개	1	5인 공용
얼음	식용	g	200	1인용 (겨울철 제외)

제조 과정

1. 반죽 제조(별립법)

- 흰자에 노른자가 섞이지 않게 계란을 분리한다.
- 계란 노른자에 소금, 설탕ⓐ, 향을 넣고 크림을 만든다.
- 흰자와 설탕ⓑ로 90%의 머랭을 제조한다.
- 머랭의 1/3을 노른자 반죽에 섞은 후 마른 가루를 체에 내려 혼합한다.
- 버터를 가라앉지 않게 섞어 혼합한다.
- 나머지 머랭을 가볍게 혼합한다.

2. 반죽상태

- 전 재료가 균일하게 혼합되고 머랭 거품이 살아 있어야 한다.
- 밀가루를 넣은 후 오버 믹싱이 되지 않게 주의한다.
- 버터가 가라앉거나 몰려 있으면 안 된다.

3. 반죽온도

- 요구사항 23℃가 되게 물리적 조치를 한다.

4. 반죽 비중

- 0.55±0.05
- 머랭 만들기와 최종 반죽에 섞는 작업이 중요하다.

5. 패닝

- 팬의 60~70% 정도, 작업을 능숙하게 하고 재료의 손실이 없게 한다.
- 반죽의 윗면을 평평하게 하고 큰 공기방울을 제거한다.

6. 굽기

- 오븐온도 : 윗불 170℃, 아랫불 160℃
- 굽기 시간 : 40분 정도
- 케이크의 속이 완전히 익고 껍질색이 황금갈색이 되도록 한다.

7. 제품평가

- 부피, 균형, 껍질, 내상, 맛과 향 등을 평가한다.
- 상품적 가치가 없으면 0점 처리가 된다.

key point

- 흰자 거품은 노른자에 비하여 빨리 거품이 꺼질 수 있으므로 노른자의 거품을 먼저 내고 흰자의 거품은 나중에 올려 바로 섞도록 한다.
- 흰자 거품을 만들 때 기구에 기름기가 있으면 단단한 거품을 만들 수 없으므로 만들기 전에 볼과 거품기를 깨끗이 하여야 하며 계란을 분리할 때에도 흰자에 노른자가 들어가면 노른자의 지방 때문에 거품이 잘 오르지 못한다.
- 버터는 일부의 반죽과 섞어 혼합하면 잘 섞이며 그 이후에 남은 머랭을 넣고 최대한 거품을 살려 반죽을 완성해야 한다.
- 버터는 45℃ 전후로 하여 혼합하여야 한다.
- 타지 않아야 하며 윗면이 밝은 황색이며 옆과 밑에도 색이 적당해야 하며 덜 익어서 속이 끈적거리지 않아야 한다.

Memo

마카롱쿠키 시험시간 **2시간 10분**

요구사항

⊠ **다음 요구사항대로 마카롱쿠키를 제조하여 제출하시오.**

❶ 배합표의 각 재료를 계량하여 재료별로 진열하시오(5분).
❷ 반죽은 머랭을 만들어 수작업하시오.
❸ 반죽온도는 22℃를 표준으로 하시오.
❹ 원형모양깍지를 끼운 짤주머니를 사용하여 직경 3cm로 하시오.
❺ 반죽은 전량을 사용하여 성형하고, 팬 2개를 구워 제출하시오.

배합표

재 료 명	비 율(%)	무 게(g)
아몬드분말	100	200
분당	180	360
흰자	80	160
설탕	20	40
바닐라향	1	2
계	381	762

지급재료목록

재 료 명	규 격	단 위	수 양	비 고
아몬드분말	제과용	g	280	1인용
분당	제과(빵)용	g	500	1인용
설탕	정백당	g	55	1인용
향	바닐라향(분말)	g	3	1인용
계란	60g(껍질 포함)	개	7	1인용
위생지	식품용(8절지)	장	10	1인용
제품상자	제품포장용	개	1	5인 공용
얼음	식용	g	200	1인용 (겨울철 제외)

제조 과정

1. 반죽 제조(수작업)

- 볼에 흰자를 넣고 거품기로 60% 정도 휘핑한다.
- 설탕을 조금씩 넣으면서 거품을 젖은 피크상태까지 올린다.
- 젖은 피크상태란 머랭을 찍었을 때 끝이 약간 휘는 정도이다.
- 분당, 아몬드분말, 바닐라향을 함께 체질한 후 머랭을 나누어 넣으면서 머랭이 보이지 않을 정도로 가볍게 혼합한다.
- 짤주머니에서도 반죽이 섞이므로 80% 정도만 섞인 상태로 하고 반죽온도는 22℃로 맞춘다.

2. 반죽상태

- 전 재료가 머랭과 균일하게 혼합되어야 한다.
- 지나치지 않게 약간의 흐름성과 윤기가 반죽에 있어야 한다.

3. 성형

- 유산지나 실리콘페이퍼를 깐 팬에 원형 모양깍지를 사용하여 지름이 3㎝ 정도 되게 일정하게 짜준다.
- 굽기 전 실온에서 40분 정도 건조시킨다.

4. 굽기

- 오븐온도 : 윗불 160℃, 아랫불 150℃
- 굽기 시간 : 12분 정도
- 속이 부드럽게 익고 껍질색이 황색이 되도록 한다.

5. 제품평가

- 부피, 균형, 껍질, 내상, 맛과 향 등을 평가한다.
- 상품적 가치가 없으면 0점 처리가 된다

key point

- 너무 신선한 계란을 사용하지 않아야 표면의 터짐을 방지할 수 있다.
- 반죽을 알맞게 저어주어 적당한 흐름이 있게 해야 한다.
- 머랭의 제조 시 그릇이나 기구에 기름기가 없게 해야 하며 흰자를 분리할 때도 노른자가 들어가지 않아야 좋은 머랭을 얻을 수 있다.
- 구울 때는 윗불 200℃, 아랫불 150℃에서 2분 정도 굽다가 온도를 20℃ 정도 낮추어서 굽는 방법도 있다.
- 머랭과 가루 재료를 지나치게 섞지 않는데 그 이유는 짤 때 반죽이 다시 한 번 완전히 섞이기 때문이다.
- 굽기 전 표면을 건조시키면 매끄러운 표피와 광택을 얻을 수 있다.
- 낮은 온도에서 구워 속이 딱딱해지지 않아야 하고 스펀지처럼 부드러워야 한다.

Memo

_____

_____

_____

_____

_____

_____

젤리롤케이크 시험시간 1시간 30분

요구사항

☒ 다음 요구사항대로 젤리롤케이크를 제조하여 제출하시오.

❶ 배합표의 각 재료를 계량하여 재료별로 진열하시오(8분).
❷ 반죽은 공립법으로 제조하시오.
❸ 반죽온도는 23℃를 표준으로 하시오.
❹ 반죽의 비중을 측정하시오.
❺ 제시한 팬에 알맞도록 분할하시오.
❻ 반죽은 전량을 사용하여 성형하시오.
❼ 캐러멜색소를 이용하여 무늬를 완성하시오.

배합표

재 료 명	비 율(%)	무 게(g)
박력분	100	400
설탕	130	520
계란	170	680
소금	2	8
물엿	8	32
베이킹파우더	0.5	2
우유	20	80
바닐라향	1	4
계	431.5	1726
잼	50	200
캐러멜색소	0.5	2

지급재료목록

재 료 명	규 격	단 위	수 양	비 고
밀가루	박력분	g	440	1인용
설탕	정백당	g	572	1인용
계란	60g(껍질 포함)	개	15	1인용
소금	정제염	g	9	1인용
물엿	이온엿(제과용)	g	35	1인용
베이킹파우더	제과(빵)용	g	3	1인용
우유	시유	g	88	1인용
캐러멜색소	제과용	g	2	1인용
잼	과일잼류	g	220	1인용
향	바닐라향(분말)	g	5	1인용
식용유	대두유	ml	50	1인용
위생지	식품용(8절지)	장	10	1인용
짤주머니	14"(일회용)	장	1	1인용
제품상자	제품포장용	개	1	5인 공용
얼음	식용	g	200	1인용 (겨울철 제외)

제조
과정

1. 반죽 제조(공립법)

- 계란을 볼에 담아 거품기를 이용하여 거품을 40% 정도 올린다.
- 설탕, 소금, 물엿을 넣고 휘핑하여 반죽이 간격을 유지하며 천천히 떨어지는 상태로 만든다.
- 밀가루, 베이킹파우더를 섞어서 체에 내려 가볍게 혼합한 후 우유로 되기를 조절한다.

2. 반죽상태

- 전 재료가 균일하게 혼합되고 물엿이 밑바닥에 가라앉지 않게 한다.
- 적정한 공기를 함유하여 부피를 이루고 되기도 유지되어야 한다.

3. 반죽온도

- 요구사항 23℃ 전후로 물리적 조치를 취해서 온도를 맞춘다.

4. 반죽 비중

- 0.50 ±0.05
- 계란의 거품 올리기와 밀가루의 혼합이 비중에 중요한 영향을 준다.

5. 패닝

- 평철판에 유산지를 팬에 맞게 재단하여 깐다.
- 능숙한 솜씨로 반죽의 손실이 없이 패닝을 한다.
- 윗면을 고르게 하고 반죽 중의 큰 공기방울을 제거한다.

6. 무늬 넣기

- 노른자에 캐러멜색소를 약간 진하게 섞어서 반죽의 윗면에 짜고 무늬를 낸다.
- 무늬 반죽을 팬의 세로로 1/2 정도만 1.5cm 정도의 간격을 두고 짜준 후 젓가락 등을 이용하여 격자무늬로 엇갈리게 그어준다.

7. 굽기

- 오븐온도 : 윗불 200℃, 아랫불 160℃
- 굽기 시간 : 15분 정도
- 오래 굽지 않고 속까지 잘 익게 해야 한다.
- 껍질색이 황금갈색이고 무늬가 분명히 나타나야 한다.

8. 말기

- 반죽이 너무 식지 않았을 때 말아주어야 한다.
- 무늬가 겉면에 나타나도록 말아야 한다.

• 말기 작업을 능숙하게 하고 표피가 터지지 않고 주름이 없어야 한다.

9. 제품평가

• 부피, 균형, 껍질, 내상, 맛과 향 등을 평가한다.
• 상품적 가치가 없으면 0점 처리가 된다.

• 계란의 거품은 젓가락으로 찍어 떨어뜨렸을 때, 떨어지다 뚝뚝 끈기면서 일정한 간격으로 떨어질 때 밀가루를 혼합한다.
• 밀가루의 혼합은 한꺼번에 밀가루를 부으면 덩어리가 생기므로 조금씩 부으면서 섞어주면 고르게 잘 섞을 수 있으나 지나치게 혼합되지 않게 주의한다.
• 캐러멜과 계란의 노른자로 색을 낼 때는 너무 진하면 무거워서 캐러멜이 반죽의 속으로 가라앉아 좋지 않다.
• 무늬의 간격은 일정하고 좁게 하는 것이 모양이 좋다.
• 무늬 내기와 비중 측정 등을 미리 숙지하여 작업을 할 때 망설임이 없어야 한다.
• 무늬를 내고 난 이후에는 철판을 바닥에 치면 색소가 밑으로 가라앉아 좋지 않으므로 주의한다.
• 패닝 후 무늬내기 등을 빠르게 진행하지 않으면 기포가 표면에 많이 생기게 되어 구웠을 때 기포부분이 먼저 색을 내어 완제품에 검은 반점으로 나타나게 되므로 작업을 빨리 마무리하여 굽기를 한다.
• 물엿은 설탕으로만 했을 때보다 제품에 보습성을 더 주어 제품을 말 때 터지는 것을 방지해 준다.
• 완전히 식기 전에 말아야 터지지 않고 수분의 보습이 좋아 촉촉한 제품을 얻을 수 있다.
• 식용유를 칠한 유산지로 제품을 말아준 후 너무 오래 두면 제품의 겉면이 유산지에 붙을 수 있다.

소프트롤케이크

⏰ 시험시간 **1시간 50분**

요구사항

※ 다음 요구사항대로 소프트롤케이크를 제조하여 제출하시오.

❶ 배합표의 각 재료를 계량하여 재료별로 진열하시오 (10분).
❷ 반죽은 별립법으로 제조하시오.
❸ 반죽온도는 22℃를 표준으로 하시오.
❹ 반죽의 비중을 측정하시오.
❺ 제시한 팬에 알맞도록 분할하시오.
❻ 반죽은 전량을 사용하여 성형하시오.
❼ 캐러멜색소를 이용하여 무늬를 완성하시오.

배합표

재 료 명	비 율(%)	무 게(g)
박력분	100	250
설탕(노른자용)	70	175
물엿	10	25
소금	1	2.5
물	20	50
향	1	2.5
설탕(흰자용)	60	150
계란	280	700
베이킹파우더	1	2.5
식용유	50	125
계	583	1482.5
잼	80	200
캐러멜색소		2

지급재료목록

재 료 명	규 격	단 위	수 양	비 고
밀가루	박력분	g	275	1인용
설탕	정백당	g	358	1인용
물엿	이온엿(제과용)	g	28	1인용
소금	정제염	g	3	1인용
향	바닐라향(분말)	g	3	1인용
계란	60g(껍질 포함)	개	15	1인용
베이킹파우더	제과(빵)용	g	3	1인용
식용유	대두유	ml	188	1인용
캐러멜색소	제과용	g	2	1인용
잼	과일잼류	g	220	1인용
위생지	식품용(8절지)	장	10	1인용
짤주머니	14″(일회용)	장	1	1인용
제품상자	제품포장용	개	1	5인 공용
얼음	식용	g	200	1인용 (겨울철 제외)

1. 반죽 제조(별립법)

- 흰자에 노른자가 섞이지 않도록 주의하면서 흰자와 노른자를 능숙하게 분리한다.
- 노른자에 소금, 일부의 설탕을 섞어 거품을 내어 적정 점도가 유지되면 향과 물을 넣어 설탕이 완전히 용해되도록 반죽한다.
- 머랭은 흰자를 40% 정도 거품을 올리다가 설탕을 넣고 80%까지 거품을 올린다.
- 노른자 반죽에 머랭의 1/3을 넣고 밀가루를 체에 내려 넣은 후 나머지 머랭을 가볍게 혼합한다.
- 일부의 반죽에 식용유를 미리 섞은 후 다시 반죽에 섞어준다.
- 혼합이 지나쳐서 머랭의 거품이 죽지 않게 한다.

2. 반죽상태

- 각 재료의 혼합이 균일하고 머랭 거품을 살려야 하며 상당한 부피를 유지하는 것이 좋다.

3. 반죽온도

- 22℃ 전후, 반죽온도를 맞추기 위해 물리적 조치를 취해야 한다.

4. 반죽 비중

- 0.45±0.05
- 반죽과 머랭을 섞는 최종 반죽의 상태에 따라 비중이 틀려지므로 좀 덜 섞은 상태에서 비중을 측정하고 이후 조치를 취하는 것이 좋다.

5. 패닝

- 평철판에 적당하게 자른 유산지를 깐다.
- 능숙한 솜씨로 반죽의 손실이 없게 하여 패닝을 한다.
- 윗면을 고르게 하고 팬을 바닥에 한 번 쳐서 반죽 중의 큰 공기방울을 제거한다.

6. 무늬 넣기

- 노른자에 캐러멜색소를 섞어서 반죽의 윗면에 짜고 무늬를 낸다.
- 무늬 반죽을 팬의 세로로 1/2 정도만 1.5cm 정도의 간격을 두고 짜준 후 젓가락 등을 이용하여 격자무늬로 엇갈리게 그어준다.

7. 굽기

- 오븐온도 : 윗불 200℃, 아랫불 160℃

- 굽기 시간 : 15분 정도
- 구운 상태는 오래 굽지 않고 속까지 잘 익게 해야 하며 황금갈색이고 무늬가 분명히 나타나야 한다.

8. 말 기

- 반죽이 너무 식지 않았을 때 말아주어야 한다.
- 무늬가 겉면에 나타나도록 말아야 한다.
- 말기 작업을 능숙하게 하고 표피가 터지지 않고 주름이 없어야 한다.

9. 제품평가

- 부피, 균형, 껍질, 내상, 맛과 향 등을 평가한다.
- 상품적 가치가 없으면 0점 처리가 된다.

key point

- 소프트롤케이크는 머랭이 중요한데 흰자는 기름기가 있으면 잘 휘핑이 되지 않으므로 볼과 휘퍼 등 기구의 세척을 깨끗이 하고 흰자에는 노른자가 절대로 섞이지 않아야 한다.
- 물엿은 노른자에 사용하는 설탕 위에 계량하여 그릇에 묻지 않게 하면 다루기 쉽다.
- 머랭을 만들 때 흰자를 휘핑하지 않고 설탕을 투입하면 흰자가 공기를 머금으려 할 때 설탕의 입자가 공기방울을 터트려서 휘핑이 느려지고 잘 올라오지 않으므로 흰자만으로 40% 정도의 휘핑을 한 후 설탕을 투입하여 휘핑을 계속한다.
- 식용유는 일부의 반죽에 잘 혼합한 후 전체의 반죽에 섞으면 반죽의 혼합이 용이하다.
- 구워져 나온 시트를 말 때에는 처음 말리는 부분을 약간 접어서 단단하게 말아준 후 봉을 이용하여 눌리지 않게 봉을 살짝 들어 말아주고 마지막 부분에 약간 힘을 주어 단단하게 붙게 한다.
- 천을 바닥에 깔고 말아줄 때는 천을 물에 적셔 꼭 짜준 후 털어 펼쳐서 사용하면 부드럽게 말 수 있다.
- 말기 전 시트에 붙은 유산지가 잘 떨어지지 않으면 물을 뿌려 잠시 둔 후 떼어내면 쉽게 떼어진다.
- 잼은 지나치게 많이 바르면 미끄러져 잘 말리지 않고 너무 달거나 하여 식감도 좋지 않다.

버터스펀지케이크(공립법) 시험시간 **1시간 50분**

요구사항

☒ 다음 요구사항대로 버터스펀지케이크(공립법)를 제 조하여 제출하시오.

❶ 배합표의 각 재료를 계량하여 재료별로 진열하시오(6 분).
❷ 반죽은 공립법으로 제조하시오.
❸ 반죽온도는 25℃를 표준으로 하시오.
❹ 반죽의 비중을 측정하시오.
❺ 제시한 팬에 알맞도록 분할하시오.
❻ 반죽은 전량을 사용하여 성형하시오.

배합표

재 료 명	비 율(%)	무 게(g)
박력분	100	500
설탕	120	600
계란	180	900
소금	1	5
바닐라향	0.5	(2)
버터	20	100
계	421.5	2107

지급재료목록

재료명	규격	단위	수량	비고
밀가루	박력분	g	550	1인용
계란	60g(껍질 포함)	개	19	1인용
설탕	정백당	g	660	1인용
소금	정제염	g	6	1인용
버터	제과용	g	110	1인용
바닐라향	바닐라	g	3	1인용
식용유	대두유	ml	50	1인용
위생지	식품용(8절지)	장	10	1인용
제품상자	제품포장용	개	1	5인 공용
얼음	식용	g	200	1인용 (겨울철 제외)

1. 반죽 제조(공립법)

- 계란을 볼에 담아 거품기를 이용하여 40% 정도 거품을 올린 후 설탕, 소금, 유화제를 넣고 거품을 계속 올린다.
- 박력분, 향을 섞어 체에 내려 가볍게 혼합한다.
- 버터를 녹여서 식힌 후(45℃ 정도) 일부의 반죽과 먼저 섞은 후 반죽에 고루 혼합한다.
- 바닥에 가라앉지 않게 주의하여 빠르게 혼합한다.

2. 반죽상태

- 전 재료가 균일하게 혼합되고 적당한 되기가 되도록 한다.
- 밀가루를 넣은 후 오버 반죽이 되지 않게 주의한다.

3. 반죽온도

- 요구사항 25℃가 되게 물리적 조치를 한다.

4. 반죽 비중

- 0.55±0.05
- 계란 거품 올리기와 버터 혼합의 비중에 영향을 준다.

5. 패닝

- 믹싱시간을 이용하여 사전에 케이크팬(3호×4개)의 옆면과 바닥에 유산지를 깔아 준비한다.
- 팬의 60~70% 정도(520g) 패닝을 한다.
- 작업을 능숙하게 하고 재료의 손실이 없게 한다.
- 반죽의 윗면을 평평하게 하고 한 번 바닥에 내리쳐서 큰 공기방울을 없앤다.

6. 굽기

- 오븐온도 : 윗불 180℃, 아랫불 160℃
- 굽기 시간 : 35분 정도
- 오븐의 위치와 굽는 시간에 따라 세심한 주의를 기울인다.
- 속이 완전히 익고, 껍질색이 황금갈색이 되도록 한다.

7. 제품평가

- 부피, 균형, 껍질, 내상, 맛과 향 등을 평가한다.
- 상품적 가치가 없으면 0점 처리가 된다.

key point

- 계란이 차가울 때는 중탕으로 온도를 조금 올린 후 거품을 내야 좋은 거품을 만들 수 있고 거품을 찍어 떨어뜨리면 거의 흐르지 않을 때 밀가루를 혼합하면 된다.
- 밀가루의 혼합은 가볍게 하고 버터를 녹여 45℃ 정도로 너무 뜨겁지 않게 하여 버터가 밑으로 가라앉지 않게 넣으면서 빠르게 섞어주는 것이 버터스펀지케이크의 중요함이라 할 수 있다.
- 반죽의 일부에 버터를 섞어서 혼합하면 더욱 잘 섞인다.
- 버터가 너무 차가우면 반죽 속에서 버터가 굳어 분리를 일으킬 수 있으므로 40℃ 이하가 되면 안 된다.
- 오븐에 넣기 직전에 바닥에 쳐서 윗면에 생긴 기포를 제거한 후 굽는다.

Memo

마드레느  시험시간 **1시간 50분**

요구사항

※ **다음 요구사항대로 마드레느를 제조하여 제출하시오.**

❶ 배합표의 각 재료를 계량하여 재료별로 진열하시오(7분).
❷ 마드레느는 수작업으로 하시오.
❸ 버터를 녹여서 넣는 1단계법(변형) 반죽법을 사용하시오.
❹ 반죽온도는 24℃를 표준으로 하시오.
❺ 실온에서 휴지를 시키시오.
❻ 제시된 팬에 알맞은 반죽량을 넣으시오.
❼ 반죽은 전량을 사용하여 성형하시오.

배합표

재 료 명	비 율(%)	무 게(g)
박력분	100	400
설탕	100	400
계란	100	400
버터	100	400
베이킹파우더	2	8
레몬껍질	1	4
소금	0.5	2
계	403.5	1614

지급재료목록

재 료 명	규 격	단 위	수 양	비 고
밀가루	박력분	g	440	1인용
베이킹파우더	제과(빵)용	g	9	1인용
설탕	정백당	g	440	1인용
계란	60g(껍질 포함)	개	8	1인용
레몬껍질	생 레몬피	g	5	1인용
소금	정제염	g	3	1인용
버터	무염	g	440	1인용
식용유	대두유	ml	20	1인용
유산지	식품용(8절지)	장	2	1인용
제품상자	제품포장용	개	1	5인 공용
얼음	식용	g	200	1인용 (겨울철 제외)

1. 반죽 제조

- 박력분, 베이킹파우더를 체질한 후 설탕, 소금을 넣고 거품기로 고루 섞어준다.
- 계란을 조금씩 넣으면서 고르게 섞이준다.
- 중탕으로 용해하여 약 30℃ 정도의 버터와 잘게 다진 레몬껍질을 함께 넣고 고르게 혼합한다.
- 반죽이 완성되면 비닐을 덮어 실온에서 30분 정도 휴지시킨 후 사용한다.

2. 반죽상태

- 글루텐이 생기지 않게 오버 믹싱이 되지 않도록 한다.
- 전 재료의 혼합이 균일하고 적정 되기이면 좋다.

3. 반죽온도

- 요구사항인 24℃에 맞게 필요한 물리적인 조치를 취한다.

4. 성형하기

- 마드레느 전용 팬이나 타르트틀에 기름(버터)을 칠하여 밀가루를 살짝 뿌려 사용하거나 이형제를 사용하여 팬에 칠한 후 반죽을 짠다.
- 반죽은 틀의 80% 정도로 짜준다.

5. 굽기

- 오븐온도 : 윗불 180℃, 아랫불 160℃
- 굽기 시간 : 20분 정도
- 윗면이 매끈하고 팬의 굴곡이 살아 있어야 하고 밝은 황금갈색이 나야 한다.

6. 제품평가

- 부피, 균형, 껍질, 내상, 맛과 향 등을 평가한다.
- 상품적 가치가 없으면 0점 처리가 된다.

key point

- 건조 재료에 계란을 넣어 반죽할 때 덩어리가 생기지 않게 주의하여 조금씩 나누어서 넣으며 반죽을 하여야 한다.
- 반죽을 알맞게 저어주어 지나치게 거품이 일지 않게 반죽하는 것이 요령이다.
- 레몬껍질은 아주 잘게 썰거나 강판에 곱게 갈아 넣어 식감을 좋게 한다.
- 짤주머니에는 적당한 양을 담아 작업을 용이하게 한다.
- 여름철에는 냉장휴지를 시켜서 반죽을 짜야 버터가 약간 굳어 작업이 용이하다.
- 너무 많이 구울 염려가 있는 제품이니 조심하여 밝은 황금갈색이 되게 굽는다.
- 짤주머니에 마드레느 반죽을 담기 전에 짤주머니 속에 물을 적신 뒤 반죽을 담으면 반죽이 짤주머니 속에 덜 붙어 작업하기 좋다.

Memo

쇼트브레드쿠키  시험시간 **2시간**

요구사항

☒ 다음 요구사항대로 쇼트브레드쿠키를 제조하여 제
출하시오.

❶ 배합표의 각 재료를 계량하여 재료별로 진열하시오(9
분).
❷ 반죽은 크림법으로 제조하시오.
❸ 반죽온도는 20℃를 표준으로 하시오.
❹ 제시한 정형기를 사용하여 정형하시오.
❺ 반죽은 전량을 사용하여 성형하시오.
❻ 계란 노른자칠을 하여 무늬를 만드시오.

배합표

재 료 명	비 율(%)	무 게(g)
박력분	100	600
버터	33	198
쇼트닝	33	198
설탕	35	210
소금	1	6
물엿	5	30
전란	10	60
계란 노른자	10	60
바닐라향	0.5	3
계	227.5	1365

지급재료목록

재료명	규격	단위	수량	비고
밀가루	박력분	g	660	1인용
계란	60g(껍질 포함)	개	6	1인용
설탕	정백당	g	231	1인용
소금	정제염	g	7	1인용
쇼트닝	제과용	g	218	1인용
물엿	이온엿(제과용)	g	33	1인용
버터	제과용	g	218	1인용
향	바닐라향(분말)	g	4	1인용
식용유	대두유	ml	50	1인용
위생지	식품용(8절지)	장	10	1인용
제품상자	제품포장용	개	1	5인 공용
얼음	식용	g	200	1인용 (겨울철 제외)

제조
과정

1. 반죽 제조(크림법)

- 볼에 쇼트닝, 버터를 넣고 부드럽게 한 다음 설탕과 물엿, 소금을 넣고 반죽하여 크림을 만든다.
- 노른자와 계란을 소량씩 넣으면서 반죽하여 부드립고 매끈한 크림을 만든다.
- 박력분과 바닐라향을 섞어서 체에 내려 가볍게 혼합한다.
- 밀어 펴고 하는 작업이 있으므로 반죽을 90% 정도만 해준다.

2. 반죽상태

- 균일하게 반죽되고 밀어 펼 수 있게 상당히 된 반죽이 되어야 한다.
- 밀가루를 혼합할 때 오버 믹싱이 되지 않게 한다.

3. 반죽온도

- 요구사항 20℃가 되도록 물리적 조치를 취한다.

4. 휴지

- 냉장온도에서 30분 정도 마르지 않게 비닐로 싸서 휴지시킨다.
- 휴지하는 동안 반죽 속의 수분 이동이 충분히 이루어져야 밀어 펴기를 하기 좋다.

5. 밀어 펴기

- 0.8mm 정도의 두께로 밀어 편다.
- 균일한 두께 직각 모서리 등에 유의한다.

6. 성형

- 제시한 성형기로 파지가 최소가 되게 능숙하게 작업한다.
- 성형한 원래의 모양이 변형되지 않게 주의한다.

7. 윗면 계란 칠하기

- 붓을 이용하여 윗면에 계란 노른자의 물을 아주 조금만 타서 2회 정도 바른다.
- 약간 건조시킨 후 포크를 이용하여 무늬를 일정하게 낸다.

8. 패닝

- 철판에 기름칠은 얇게 한다.
- 붙지 않을 간격으로 나열시킨다.
- 같은 철판에 같은 모양, 크기의 쿠키를 놓는다.

9. 굽기

- 오븐온도 : 윗불 210℃, 아랫불 180℃
- 굽기 시간 : 12분 정도
- 제품이 완전히 익고 밝은 황색이 되도록 한다.

10. 제품평가

- 부피, 균형, 껍질, 내상, 맛과 향 등을 평가한다.
- 상품적 가치가 없으면 0점 처리가 된다.

key point

- 밀어 펴기 하는 쿠키반죽은 짜는 쿠키반죽에 비하여 크림화를 조금 덜 시켜도 된다.
- 여러 번 같은 반죽을 밀어 펴게 되면 반죽에 글루텐이 생겨 질겨지므로 최대한 자투리를 남기지 않는다.
- 계란물칠을 많이 하면 윗면이 물집처럼 부풀어오르고 너무 적게 칠하면 광택이 나지 않으므로 주의한다.
- 반죽의 무늬는 깔끔하게 끊기지 않게 처리한다.
- 식감이 부드럽고 표피와 더불어 바삭거리는 맛이 있어야 하며 유지 함량이 높은 쿠키이므로 사용한 유지의 맛과 향이 전체 쿠키의 맛과 어울려야 한다.

슈  시험시간 **2시간**

요구사항

☒ **다음 요구사항대로 슈를 제조하여 제출하시오.**

❶ 배합표의 껍질 재료를 계량하여 재료별로 진열하시오
  (5분).
❷ 껍질 반죽은 수작업으로 하시오.
❸ 반죽은 직경 3cm 전후의 원형으로 짜시오.
❹ 껍질에 알맞은 양의 크림을 넣어 제품을 완성하시오.
❺ 반죽은 전량을 사용하여 성형하시오.

배합표

재 료 명	비 율(%)	무 게(g)
물	125	325
버터	100	260
소금	1	(2)
박력분	100	260
계란	200	520
계	526	1367
충전용 크림	500	1300

지급재료목록

재 료 명	규 격	단 위	수 양	비 고
밀가루	중력분	g	286	1인용
버터	제과용	g	286	1인용
소금	정제염	g	3	1인용
계란	60g(껍질 포함)	개	11	1인용
커스터드크림	살균, 진공포장	g	1430	1인용 (커스터드파우더 지급 시 지급량 400g)
식용유	대두유	ml	50	1인용
유산지	식품용(8절지)	장	10	1인용
부탄가스	가정용(220g)	개	1	5인 공용
제품상자	제품포장용	개	1	5인 공용
얼음	식용	g	200	1인용 (겨울철 제외)

**제조
과정**

1. 반죽 제조(수작업)

- 물, 유지, 소금을 젓기 좋은 볼에 담아 끓인다.
- 물이 끓을 때 중력분을 체에 내려 덩어리지지 않게 넣고 충분히 호회시킨다.
- 반죽을 불에서 내려 밑면이 둥근 다른 볼에 담아 계란을 조금씩 투여하며 젓는다.
- 반죽에 끈기가 생기도록 매끄러운 상태가 될 때까지 계속해서 휘젓는다.
- 반죽이 마르지 않게 젖은 보자기를 씌워 놓는다.

2. 반죽상태

- 밀가루가 완전히 호화되어 반죽에 윤기가 살아 있어야 한다.
- 반죽이 분리되지 않고 끈기가 있어 찍어 떨어뜨렸을 때 무늬가 10초 정도 남아 있어야 한다.

3. 성형

- 철판에 기름을 아주 얇게 바른 후 밀가루를 흩뿌려준다.
- 원형 모양깍지를 짤주머니에 넣고 물을 한 번 담았다가 털어낸 후 반죽을 담는다.
- 직경 3cm의 크기로 균일한 모양이 될 수 있게 철판 위에 간격을 유지하고 짠다.

4. 물 분무

- 반죽 표면이 완전히 젖도록 물을 분무하거나 계란물칠을 한다.

5. 굽기

- 오븐온도 : 윗불 180℃, 아랫불 210℃
- 초기에는 밑불을 강하게 하고 윗불을 약하게 하여 반죽이 잘 부풀어오르게 한다.
- 팽창이 잘되고 표면이 거북이등처럼 되면서 색깔이 나면 밑불을 낮추고 윗불만으로 굽는데 이 단계까지는 절대로 오븐의 문을 열지 않는다.
- 완전히 익고 옆면도 황금갈색으로 되며 껍질은 거북이 등처럼 되고 속은 비어 있으면서 내부 껍질이 깨끗해야 좋은 슈 껍질이라 할 수 있다.

6. 크림 넣기

- 짤주머니에 담아 직접 넣거나 슈껍질의 일부를 잘라서 크림을 넣기도 한다.
- 크림을 넣는 양이 적당하고 솜씨가 능숙하여 깔끔하게 처리하여야 한다.

7. 제품평가

- 부피, 균형, 껍질, 내상, 맛과 향 등을 평가한다.
- 상품적 가치가 없으면 0점 처리가 된다.

key point

- 물이 버터와 함께 끓을 때 바로 밀가루를 넣고 잘 저어준다.
- 약한 불에서 오래 끓이면 글루텐이 변성하여 탄력이 없어져 질척한 반죽이 되어버린다.
- 가열이 불충분하면 녹말이 뭉쳐 탄력이 일정하게 되지 않는다.
- 강한 불에서 빠르게 밀가루를 호화시키는 것이 슈껍질을 좋게 만드는 가장 큰 요령이다.
- 호화의 상태는 반죽에 탄력이 최고에 달하고 윤기가 있게 한 덩어리로 찰기가 보일 때이다.
- 계란을 넣은 반죽은 광택이 나고 떨어뜨렸을 때 바닥에서 그대로 모양이 남는 정도가 좋다.
- 바삭바삭한 껍질에 대조적인 커스터드크림의 양이 적정해야 슈크림 특유의 맛과 향이 난다.

Memo

브라우니  시험시간 **1시간 50분**

요구사항

※ 다음 요구사항대로 브라우니를 제조하여 제출하시오.

❶ 배합표의 각 재료를 계량하여 재료별로 진열하시오(9분).
❷ 브라우니는 수작업으로 반죽하시오.
❸ 버터와 초콜릿을 함께 녹여서 넣는 1단계 변형반죽법으로 하시오.
❹ 반죽온도는 27℃를 표준으로 제조하시오.
❺ 반죽은 전량을 사용하여 성형하시오.
❻ 3호 원형팬 2개에 패닝하시오.
❼ 호두의 반은 반죽에 사용하고 나머지 반은 토핑하며, 반죽 속과 윗면에 골고루 분포되게 하시오(호두는 구워서 사용).

배합표

재 료 명	비율(%)	사용량(g)
중력분	100	300
계란	120	360
설탕	130	390
소금	2	6
버터	50	150
다크초콜릿(커버처)	150	450
코코아파우더	10	30
바닐라향	2	6
호두	50	150
계	614	1842

수험자 유의사항

❶ 시험시간은 재료계량시간이 포함된 시간입니다.

❷ 안전사고가 없도록 유의합니다.

❸ 의문사항이 있으면 감독위원에게 문의하고, 감독 위원의 지시에 따릅니다.

❹ 다음과 같은 경우에는 채점대상에서 제외됩니다.

   가) 시험시간 내에 작품을 제출하지 못한 경우

   나) 시험시간 내에 제출된 작품이라도 다음과 같은 경우

     (1) 작품의 가치가 없을 정도로 타거나 익지 않은 경우

     (2) 요구사항을 준수하지 않았을 경우

     (3) 지급된 재료 이외의 재료를 사용한 경우

   다) 시험 중 시설·장비의 조작 또는 재료의 취급이 미숙하여 위해를 일으킬 것으로 감독위원 전원이 합의하여 판단한 경우

지급재료목록

재 료 명	규 격	단 위	수 양	비 고
밀가루	중력분	g	330	1인용
계란	60g(껍질 포함)	개	7	1인용
설탕	정백당	g	400	1인용
소금	정제염	g	8	1인용
버터	무염	g	160	1인용
호두	제과용	g	160	1인용
코코아파우더	제과용	g	40	1인용
다크초콜릿	제과용	g	500	1인용
향	바닐라향(분말)	g	7	1인용
위생지	식품용(8절지)	장	6	1인용
부탄가스	가정용(220g)	개	1	5인 공용
제품상자	제품포장용	개	1	5인 공용
얼음	식용	g	200	1인용 (겨울철 제외)

1. 반죽 제조(수작업)

- 계란을 볼에 넣고 휘저어 거품을 하얗게 올린다.
- 소금, 설탕을 넣고 계속 휘핑하여 거품을 떨어뜨려 모양이 잠시 동안 남아 있을 때까지 거품을 올린다.
- 버터를 녹여 잘게 자른 초콜릿 속에 넣어 초콜릿을 녹여준다.
- 너무 뜨겁지 않게 완전히 녹인 초콜릿을 계란의 반죽 일부와 먼저 혼합한다.
- 다시 전체의 계란 반죽과 거품이 꺼지지 않게 주의하여 혼합한다.
- 중력분, 코코아파우더, 바닐라향을 혼합하여 체에 내린 후 거품이 꺼지지 않게 주의하여 가볍게 섞어준다.
- 미리 알맞게 잘라 구운 호두를 식혀서 1/2을 반죽에 섞어준다.

2. 반죽상태

- 전 재료가 균일하게 혼합되고 거품이 많이 꺼지지 않은 적당한 반죽이 되어야 한다.
- 매끈하며 윤기 있는 반죽이 되어야 한다.

3. 반죽온도

- 요구사항 27℃로 맞추려면 초콜릿을 지나치게 뜨겁게 하지 않아야 한다.

4. 반죽 비중

- 비중은 0.70±0.05 정도가 되게 한다.

5. 패닝

- 3호 원형팬에 유산지를 깔아 준비한다.
- 팬 2개에 900g 정도씩 나누어 패닝한다.
- 남은 호두를 윗면에 구르게 뿌려준다.

6. 굽기

- 오븐온도 : 윗불 170℃, 아랫불 160℃
- 굽기 시간 : 40분 정도
- 초콜릿이 많이 들어가서 구운 색으로 판단하기 어려우므로 굽기에 주의한다.

7. 제품평가

- 부피, 균형, 껍질, 내상, 맛과 향 등을 평가한다.
- 상품적 가치가 없으면 0점 처리가 된다.

key point

- 계란의 거품을 지나치게 많이 올리면 초콜릿이나 밀가루가 잘 섞이지 않아 오랫동안 저어야 하므로 거품이 꺼져 비중이 높아진다.
- 계란의 거품은 표면에 윤기가 있고 물기가 약간 보일 정도인 80% 거품이 알맞다.
- 계란의 거품을 많이 올리지 않고 반죽하는 방법도 있다.
- 일부의 계란 반죽과 초콜릿을 먼저 잘 섞은 후 다시 전체 계란 반죽과 섞어주면 고르고 빠르게 혼합하는 데 도움이 된다.
- 가루는 섞어서 체에 내려 미리 준비하였다가 초콜릿이 계란 반죽에 거의 다 섞여갈 때부터 가루를 넣고 섞어주면 반죽의 거품을 최대한 살릴 수 있다.
- 팬의 종이는 반죽 전에 미리 준비하여 두면 반죽이 끝난 후 시간을 절약할 수 있다.
- 패닝은 가운데가 약간 낮고 가장자리가 약간 높게 하여 구워지면서 전체적으로 평평하고 고르게 나온다.
- 거품이 지나치게 꺼지면 완제품의 속이 뭉쳐 끈적거림이 생긴다.

Memo

_____

_____

_____

_____

_____

_____

과일케이크 시험시간 **2시간 30분**

요구사항

☒ 다음 요구사항대로 과일케이크를 제조하여 제출하시오.

❶ 배합표의 각 재료를 계량하여 재료별로 진열하시오(13분).
❷ 반죽은 별립법으로 제조하시오.
❸ 반죽온도는 23℃를 표준으로 하시오.
❹ 제시한 팬에 알맞도록 분할하시오.
❺ 반죽은 전량을 사용하여 성형하시오.

배합표

재 료 명	비 율(%)	무 게 (g)
박력분	100	500
설탕	90	450
마가린	55	275
계란	100	500
우유	18	90
베이킹파우더	1	5
소금	1.5	(8)
건포도	15	75
체리	30	150
호두	20	100
오렌지필	13	65
럼주	16	80
향	0.4	2
계	459.9	2300

수험자 유의사항

❶ 시험시간은 재료계량시간이 포함된 시간입니다.

❷ 안전사고가 없도록 유의합니다.

❸ 의문사항이 있으면 감독위원에게 문의하고, 감독위원의 지시에 따릅니다.

❹ 다음과 같은 경우에는 채점대상에서 제외됩니다.
　가) 시험시간 내에 작품을 제출하지 못한 경우
　나) 시험시간 내에 제출된 작품이라도 다음과 같은 경우

　　(1) 작품의 가치가 없을 정도로 타거나 익지 않은 경우
　　(2) 요구사항을 준수하지 않았을 경우
　　(3) 지급된 재료 이외의 재료를 사용한 경우
　다) 시험 중 시설·장비의 조작 또는 재료의 취급이 미숙하여 위해를 일으킬 것으로 감독위원 전원이 합의하여 판단한 경우

지급재료목록

재 료 명	규 격	단 위	수 양	비 고
밀가루	박력분	g	550	1인용
설탕	정백당	g	495	1인용
마가린	제과용	g	303	1인용
계란	60g(껍질 포함)	개	11	1인용
우유	시유	ml	99	1인용
베이킹파우더	제과(빵)용	g	6	1인용
소금	정제염	g	9	1인용
건포도	제과제빵용	g	85	1인용
체리(병)	제과용	g	170	1인용
호두분태	깐 것	g	110	1인용
오렌지필	제과용	g	75	1인용
럼주	캡틴큐 또는 나폴레옹	ml	88	1인용
향	바닐라향(분말)	g	3	1인용
식용유	대두유	ml	50	1인용
위생지	식품용(8절지)	장	10	1인용
제품상자	제품포장용	개	1	5인 공용
얼음	식용	g	200	1인용 (겨울철 제외)

1. 반죽 제조(크림법, 별립법)

- 건포도를 술에 버무려 밀폐시켜 전처리하여 둔다.
- 흰자와 노른자를 분리할 때는 흰자에 노른자가 들어가지 않게 주의한다.
- 마가린에 설탕의 1/3과 소금을 넣고 크림을 만든다.
- 노른자를 조금씩 넣고 크림을 만든다.
- 흰자와 나머지 설탕으로 85%의 머랭을 만들어 1/3을 섞는다.
- 박력분과 베이킹파우더, 바닐라향을 섞어서 체에 내려 가볍게 혼합한다.
- 전처리한 과일을 넣고 혼합한다.
- 나머지 머랭을 넣고 부드러운 반죽으로 만든다.

2. 반죽상태

- 전 재료가 균일하게 혼합되고 적당한 되기가 되도록 한다.
- 밀가루를 넣은 후 오버 믹싱이 되지 않게 주의한다.

3. 반죽온도

- 요구사항 23℃가 되게 물리적 조치를 한다.

4. 패닝

- 팬의 80% 정도, 작업을 능숙하게 하고 재료의 손실이 없게 한다.
- 반죽의 윗면을 가장자리가 올라가게 하고 중앙을 낮게 하여 매끈하게 고른다.

5. 굽기

- 오븐온도 : 아랫불 180℃, 윗불 180~190℃
- 굽기 시간 : 30~40분 정도
- 오븐의 위치와 굽는 시간에 따라 세심한 주의를 기울이고 속이 완전히 익고 껍질색이 갈색이 되도록 한다.

6. 제품평가

- 부피, 균형, 껍질, 내상, 맛과 향 등을 평가한다.
- 상품적 가치가 없으면 0점 처리가 된다.

key point

- 과일의 전처리는 제품 속 수분의 이동을 막는다.
- 과일을 반죽에 넣을 때는 결합력을 높이기 위하여 전처리한 과일의 수분을 약간 제거한 후 적은 양의 밀가루에 묻혀 반죽에 혼합한다.
- 호두 등의 넛류는 볶아서 사용하면 고소한 맛을 더한다.
- 지나친 크림화와 높은 반죽온도는 과일을 섞었을 때 가라앉게 할 수 있으므로 알맞은 크림화와 적정 반죽온도에 주의한다.

Memo

파운드케이크 🕐 시험시간 **2시간 30분**

요구사항

🔲 **다음 요구사항대로 파운드케이크를 제조하여 제출 하시오.**

❶ 배합표의 각 재료를 계량하여 재료별로 진열하시오(11 분).
❷ 반죽은 크림법으로 제조하시오.
❸ 반죽온도는 23℃를 표준으로 하시오.
❹ 반죽의 비중을 측정하시오.
❺ 윗면을 터뜨리는 제품을 만드시오.
❻ 계란물을 제조하여 윗면에 칠하시오.
❼ 반죽은 전량을 사용하여 성형하시오.

배합표

재 료 명	비율(%)	무게(g)
박력분	100	800
설탕	80	640
버터	60	480
쇼트닝	20	160
소금	1	8
유화제	2	16
물	20	160
탈지분유	2	16
바닐라향	0.5	4
베이킹파우더	2	16
계란	80	640
계	367.5	2940
계란물	6	48

수험자 유의사항

❶ 시험시간은 재료계량시간이 포함된 시간입니다.

❷ 안전사고가 없도록 유의합니다.

❸ 의문사항이 있으면 감독위원에게 문의하고, 감독위원의 지시에 따릅니다.

❹ 다음과 같은 경우에는 채점대상에서 제외됩니다.

가) 시험시간 내에 작품을 제출하지 못한 경우

나) 시험시간 내에 제출된 작품이라도 다음과 같은 경우

(1) 작품의 가치가 없을 정도로 타거나 익지 않은 경우

(2) 요구사항을 준수하지 않았을 경우

(3) 지급된 재료 이외의 재료를 사용한 경우

다) 시험 중 시설·장비의 조작 또는 재료의 취급이 미숙하여 위해를 일으킬 것으로 감독위원 전원이 합의하여 판단한 경우

지급재료목록

재료명	규격	단위	수양	비고
밀가루	박력분	g	880	1인용
설탕	정백당	g	700	1인용
버터	제과용	g	528	1인용
쇼트닝	제과용	g	176	1인용
유화제	제과용	g	18	1인용
소금	정제염	g	9	1인용
탈지분유	제과(빵)용	g	18	1인용
향	바닐라	g	5	1인용
베이킹파우더	제과(빵)용	g	18	1인용
계란	60g(껍질 포함)	개	15	계란물 제조 포함
식용유	대두유	ml	50	1인용
위생지	식품용(8절지)	장	10	1인용
제품상자	제품포장용	개	1	5인 공용
얼음	식용	g	200	1인용 (겨울철 제외)

1. 반죽 제조(크림법)

- 쇼트닝, 버터, 설탕, 소금, 유화제를 넣고 크림을 만든다.
- 믹싱을 진행하면서 가끔씩 바닥을 긁어준다.
- 계란을 조금씩 투여하여 크림이 밝은 미색을 띠고 윤기가 나게 만든다.
- 물은 반죽온도와 비슷하게 하여 튀지 않게 조금씩 혼합한다.
- 박력분, 베이킹파우더, 바닐라향, 분유 등을 섞은 후 체에 내려 가볍게 혼합하여 반죽을 완료한다.

2. 반죽상태

- 전 재료가 균일하게 혼합되고 적당한 되기가 되도록 한다.
- 밀가루를 넣은 후 오버 믹싱이 되지 않게 주의한다.

3. 반죽온도

- 요구사항 23℃가 되게 물 온도를 감안하여 물리적 조치를 한다.

4. 반죽 비중

- 0.75±0.05
- 크림상태가 좋으면 비중이 낮아진다.

5. 패닝

- 믹싱 시간을 이용하여 사전에 팬을 준비하는데 기름칠을 골고루 하거나 유산지를 깐다.
- 팬의 70% 정도 패닝을 하는 데 재료의 손실이 없게 하며 반죽의 양 옆면이 올라가게 하고 중앙을 낮게 하여 매끈하게 고른다.

6. 굽기

- 오븐온도 : 윗불 190℃, 아랫불 160℃
- 굽기 시간 : 40분 정도
- 속이 완전히 익고, 껍질색이 황금갈색이 되도록 한다.

7. 윗면 터뜨리기

- 처음에 강한 불로 굽다가 윗면이 약한 갈색으로 되었을 때 기름 묻힌 주걱이나 칼 등으로 중앙을 1cm 깊이로 터뜨린다.

8. 노른자 칠하기

- 노른자에 설탕을 20% 정도 녹인 후 구워 나온 제품에 고루 칠하여 광택을 낸다.

9. 제품평가

- 넘치거나 팬 밑으로 내려가지 않게 하며 상품의 가치가 없다고 판단되면 영점 처리 된다.
- 찌그러짐이 없고 대칭이 되어야 하는 데 가운데가 다소 높고 가장자리가 다소 낮게 나온다.
- 두껍지 않고 부드러우며 어디든 타지 않아야 하며 윗면이 먹음직스러운 색이 며 옆과 밑에도 색이 적당해야 한다.
- 씹는 촉감이 부드럽고 파운드케이크의 특유의 맛과 향이 나야 하며 속이 끈적 거리지 않고 탄 냄새, 생재료의 맛이 없어야 한다.

key point

- 버터, 설탕, 계란, 밀가루를 1파운드(454g)로 배합하여 1파운드 무게의 제품을 만들었다 해서 파운드케이크라 불린다.
- 물이나 밀가루를 배합할 때는 주의하여 과도한 믹싱이 되지 않게 해야 비중이 높아지지 않는다.
- 반죽을 패닝한 상태에서 버터 묻힌 스패튤러를 이용하여 윗면을 찍어주면 기름 들어간 부분이 터지게 할 수도 있다.
- 처음에 윗불을 세게 하여 갈색이 나면 가운데를 칼로 잘라 벌려 기름을 넣은 후 윗면에 평철판을 뒤집어 덮어 과도한 색이 나지 않게 하여준다.
- 광택제는 오븐에서 제품이 나오자마자 발라주는데 터진 부위에 더 많이 발라준다.
- 광택제는 거품이 생기지 않게 해주고 지나친 광택제는 제품 속으로 스며들어 좋지 않으므로 주의한다.
- 기공과 조직이 균일하고 알맞아야 하며 밝은 황색으로 부드러워야 하고 익지 않은 부위가 있으면 찌그러진다.

다쿠와즈

🕐 시험시간 **1시간 50분**

요구사항

☒ **다음 요구사항대로 다쿠와즈를 제조하여 제출하시오.**

❶ 배합표의 각 재료를 계량하여 재료별로 진열하시오(5분).
❷ 머랭을 사용하는 반죽을 만드시오.
❸ 표피가 갈라지는 다쿠와즈를 만드시오.
❹ 다쿠와즈 2개를 크림으로 샌드하여 1조의 제품으로 완성하시오.
❺ 반죽은 전량을 사용하여 성형하시오.

배합표

재 료 명	비 율(%)	무 게(g)
계란 흰자	100	330
아몬드분말	60	198
분당	50	165
설탕	30	99
박력분	16	52.8
계	256	844.8
샌드용 크림	66	217.8

수험자 유의사항

❶ 시험시간은 재료계량시간이 포함된 시간입니다.

❷ 안전사고가 없도록 유의합니다.

❸ 의문사항이 있으면 감독위원에게 문의하고, 감독위원의 지시에 따릅니다.

❹ 다음과 같은 경우에는 채점대상에서 제외됩니다.

  가) 시험시간 내에 작품을 제출하지 못한 경우

  나) 시험시간 내에 제출된 작품이라도 다음과 같은 경우

(1) 작품의 가치가 없을 정도로 타거나 익지 않은 경우

(2) 요구사항을 준수하지 않았을 경우

(3) 지급된 재료 이외의 재료를 사용한 경우

다) 시험 중 시설·장비의 조작 또는 재료의 취급이 미숙하여 위해를 일으킬 것으로 감독위원 전원이 합의하여 판단한 경우

지급재료목록

재 료 명	규 격	단 위	수 양	비 고
밀가루	박력분	g	61	1인용
계란	60g(껍질 포함)	개	10	1인용
설탕	정백당	g	110	1인용
아몬드분말	제과용	g	220	1인용
분당	제과제빵용 (전분 5% 정도 포함)	g	350	1인용
버터크림	가당샌드용	g	240	1인용
식용유	대두유	ml	20	1인용
위생지	식품용(8절지)	장	10	1인용
부탄가스	가정용(220g)	개	1	5인 공용
제품상자	라면박스	개	1	5인 공용
얼음	식용	g	200	1인용 (겨울철 제외)

**제조
과정**

1. 반죽 제조
- 볼에 흰자를 넣고 거품기로 40% 정도 휘핑한다.
- 설탕을 조금씩 넣으면서 거품을 단단하게 올린다.
- 뷰당, 아몬드분말, 박력분을 체질한 후 머랭 1/3을 먼저 나무주걱을 이용하여 혼합한다.
- 나머지 머랭을 보이지 않을 정도로 가볍게 혼합한다.

2. 반죽상태
- 전 재료가 머랭과 균일하게 혼합되어야 한다.
- 반죽이 완료되면 흐름이 없어야 한다.

3. 성형
- 평철판 위에 실리콘 페이퍼를 깔고 다쿠와즈 틀을 올린다.
- 짤주머니에 반죽을 담아 다쿠와즈 틀에 채우고 윗면을 평평하게 해준다.
- 다쿠와즈 틀을 사용하지 않을 경우 기름칠한 팬에 원형 모양깍지를 사용하여 타원형 모양으로 고르게 짠다.
- 틀을 제거한 후 윗면에 분당을 고르게 뿌려준다.

4. 굽기
- 오븐온도 : 윗불 180℃, 아랫불 150℃
- 굽기 시간 : 15분 정도
- 윗면에 알맞은 균열이 있어 보기가 좋아야 하며 밝은 빛의 갈색이 나야 한다.

5. 샌드하기
- 구워진 다쿠와즈를 2개씩 짝하여 한쪽 면에 주어진 버터크림을 짜서 크림이 밖으로 나오지 않게 하여 붙인다.

6. 제품평가
- 부피, 균형, 껍질, 내상, 맛과 향 등을 평가한다.
- 상품적 가치가 없으면 0점 처리가 된다.

key point

- 머랭을 제조할 때는 최상의 젖은 피크 상태라야 한다.
- 건조 재료를 혼합할 때 지나치면 반죽이 묽어지고 비중이 높아져 제품이 가라앉고 딱딱한 제품이 되기 쉽다.
- 낮은 온도에서 너무 오래 구우면 딱딱해지고 높은 온도에서 구우면 지나치게 건조하고 바스러지는 제품이 될 수 있다.
- 프랑스 닥스 지방의 이름을 따서 다쿠와즈라 이름 붙여졌다.

Memo

타르트  시험시간 **2시간 20분**

요구사항

※ **다음 요구사항대로 타르트를 제조하여 제출하시오.**

❶ 배합표의 각 재료를 계량하여 재료별로 진열하시오(5
분). (토핑 등의 재료는 휴지시간을 활용하시오.)
❷ 반죽은 크림법으로 제조하시오.
❸ 반죽온도는 20℃를 표준으로 하시오.
❹ 반죽은 냉장고에서 20~30분 정도 휴지를 주시오.
❺ 반죽은 두께 3mm 정도 밀어 펴서 팬에 맞게 성형하시오.
❻ 아몬드크림을 제조해서 팬(∅10~12cm) 용적의 60~
70% 정도 충전하시오.
❼ 아몬드슬라이스를 윗면에 고르게 장식하시오.
❽ 8개를 성형하시오.
❾ 광택제로 제품을 완성하시오.

반죽 배합표

재 료 명	비율(%)	사용량(g)
박력분	100	400
계란	25	100
설탕	26	104
버터	40	160
소금	0.5	2
계	191.5	766

충전물 배합표

재 료 명	비율(%)	사용량(g)
아몬드분말	100	250
설탕	90	225
버터	100	250
계란	65	162.5
브랜디	12	30
계	367	917.5

광택제 및 토핑

재 료 명	비율(%)	사용량(g)
살구잼	100	150
물	40	60
계	140	210
아몬드슬라이스	66.6	100

지급재료목록

재 료 명	규 격	단 위	수 양	비 고
밀가루	박력분	g	500	1인용
계 란	60g(껍질 포함)	개	7	1인용
설 탕	정백당	g	350	1인용
소 금	정제염	g	5	1인용
버 터	제과용	g	450	1인용
아몬드분말	제과용	g	300	1인용
브랜디	제과용(500g)	g	35	1인용
아몬드슬라이스	제과용(1kg)	g	110	1인용
살구잼(에프리코팅 혼당)	플라스틱통(5kg)	g	160	1인용
짤주머니	1회용(중, 100개)	1팩	1	50명용
부탄가스	가정용(220g)	개	1	5인용
위생지	식품용(8절지)	장	10	1인용
제품상자	라면박스	개	1	5인 공용
얼음	식용	g	200	1인용 (겨울철 제외)

1. 반죽 제조

- 볼에 버터를 넣고 부드럽게 풀어준다.
- 설탕과 소금을 넣고 계속하여 부드럽게 풀어준다.
- 계란을 조금씩 나누어 넣으면서 크림을 만든다.
- 체에 내린 박력분을 넣고 주걱으로 가볍게 섞어준다.
- 비닐에 옮겨 눌러 한 덩어리로 만든다.
- 비닐에 싸서 충분한 수화가 이루어지게 냉장고에서 20~30분 정도 휴지시킨다.

2. 충전물 반죽 제조

- 볼에 24℃ 정도의 버터를 넣고 부드럽게 풀어준다.
- 설탕을 넣고 휘핑하여 부드러운 크림상태를 만든다.
- 계란을 조금씩 나누어 넣으면서 분리가 일어나지 않게 부드럽고 윤기 있는 크림을 만든다.
- 체에 내린 아몬드분말을 넣고 가볍게 섞어준다.
- 브랜디를 혼합하여 반죽을 완성한다.
- 매끈하며 윤기가 있는 반죽이 되어야 한다.

3. 충전물 반죽온도

- 요구사항 20℃로 맞추어야 한다.

4. 충전물 반죽 비중

- 비중은 0.60±0.05 정도가 되게 한다.

5. 만들기

- 휴지가 끝난 반죽을 3mm 두께로 밀어 펴서 지름 10~12cm의 타르트 틀에 깐다.
- 반죽을 팬의 크기에 맞게 넣어 구석자리를 손으로 눌러 공기를 빼준다.
- 밀대로 윗면을 눌러 깨끗이 잘라준다.
- 포크로 피케 해준다.
- 충전물을 짤주머니에 넣어 가장자리부터 돌려가면서 틀의 80% 정도를 짜준다.
- 윗면을 고르게 하여 준 후 아몬드슬라이스로 보기 좋게 장식한다.

6. 굽기

- 오븐온도 : 윗불 190℃, 아랫불 180℃

- 굽기 시간 : 25분 정도
- 완제품이 지나치게 꺼지지 않고 윗면의 색이 갈색으로 보기 좋아야 한다.

7. 광택제 만들기와 칠하기

- 굽는 동안 살구잼에 물을 넣고 끓여서 걸러준다.
- 소량이므로 주의하여 끓인다.
- 구워 나온 제품의 윗면에 붓을 이용하여 발라준다.

8. 제품평가

- 부피, 균형, 껍질, 내상, 맛과 향 등을 평가한다.
- 상품적 가치가 없으면 0점 처리가 된다.

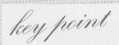

- 타르트 반죽을 제조할 때 지나친 버터의 크림화는 타르트 껍질을 푸석하고 바스러지게 하여 좋지 않다.
- 필링의 반죽을 윤기 있고 매끈하게 하려면 버터의 온도를 잘 조절하여 크림이 분리되지 않게 하여야 한다.
- 패닝은 필링을 짜서 넣고 가장자리가 가운데보다 약간 높게 하여주면 구워져 나왔을 때 전체적으로 평평한 타르트가 된다.
- 윗면의 색에 유의하여 먹음직스러운 황금갈색이 나야 한다.

사과파이  시험시간 **2시간 30분**

요구사항

※ **다음 요구사항대로 사과파이를 제조하여 제출하시오.**

❶ 껍질 재료를 계량하여 재료별로 진열하시오(6분).
❷ 껍질에 결이 있는 제품으로 제조하시오.
❸ 충전물은 개인별로 각자 제조하시오.
❹ 제시한 팬에 맞도록 윗껍질이 있는 파이로 만드시오.
❺ 반죽은 전량을 사용하여 성형하시오.

배합표

• 파이껍질

재 료 명	비 율(%)	무 게(g)
중력분	100	400
설탕	3	12
소금	2	6
쇼트닝	55	220
분유	2	8
냉수	35	140
계	196.5	786

• 충전물

재 료 명	비 율(%)	무 게(g)
사과	100	900
설탕	18	162
소금	0.5	4.5
계핏가루	1	9
옥수수전분	8	72
물	50	450
버터	2	18
계	179.5	1615.5

지급재료목록

재 료 명	규 격	단 위	수 양	비 고
밀가루	중력분	g	440	1인용
설탕	정백당	g	191	1인용
소금	정제염	g	11	1인용
쇼트닝	제과제빵용	g	242	1인용
탈지분유	제과제빵용	g	9	1인용
계란	60g(껍질 포함)	개	2	1인용
사과	250g 정도	개	5	1인용
계핏가루		g	10	1인용
옥수수전분		g	80	1인용
버터	제과용	g	20	1인용
식용유	대두유	ml	50	1인용
위생지	식품용(8절지)	장	10	1인용
부탄가스	가정용(220g)	개	1	5인 공용
제품상자	제품포장용	개	1	5인 공용
얼음	식용	g	200	1인용 (겨울철 제외)

1. 반죽 제조

- 밀가루와 분유를 체에 내려놓고 소금, 설탕을 섞은 후 그 위에 유지를 얹어 콩알만한 크기로 자르면서 섞는다.
- 찬물을 넣고 고루 섞는다.
- 유지의 알갱이가 그대로 살아 있게 너무 비비지 않고 반죽을 한다.
- 냉장고에서 20~30분간 휴지시켰다가 사용한다.

2. 반죽상태

- 균일하게 혼합되고 수화가 되어야 한다.
- 유지는 콩알크기 그대로 남아 있어야 한다.
- 글루텐이 생기지 않게 가볍게 혼합한다.

3. 반죽의 휴지

- 냉장온도에서 손가락으로 눌러도 그대로 있을 정도까지(약 20~30분) 휴지시켰다가 사용한다.

4. 충전물 만들기

- 사과를 알맞게 작은 육면체 형태로 자른 후 색이 변하지 않게 설탕물에 담근다.
- 사과를 건져 팬에 옮겨 버터와 남은 설탕을 뿌려 오븐에서 살짝 구워낸다.
- 사과 담근 물의 일부를 덜어 전분과 계핏가루를 타서 남은 물이 끓으면 넣고 저어가면서 끈기 있게 만든다.
- 버터와 설탕을 넣어 익힌 사과를 넣고 버무린다.
- 파이껍질에 담기 전에 식힌다.

5. 성형

- 휴지된 반죽을 파이팬에 맞게 알맞은 두께로 밀어서 팬에 깐다.
- 사과 충전물을 평평하고 고르게 팬에 담는다.
- 윗껍질을 밀어서 구멍을 낸 후 사이에 잘 붙게 물을 묻혀서 덮고 가장자리는 모양을 잡아준다.
- 윗면에 계란 노른자를 풀어서 발라 껍질색을 좋게 한다.

6. 굽기

- 오븐온도 : 윗불 180℃, 아랫불 180℃
- 굽기 시간 : 20분 정도
- 껍질이 완전히 익고 충전물이 넘치지 않게 하고 껍질이 황금갈색으로 색이 고르게 나야 한다.

7. 제품평가

- 부피, 균형, 껍질, 내상, 맛과 향 등을 평가한다.
- 상품적 가치가 없으면 0점 처리가 된다.

key point

- 파이 반죽은 최대한 가볍게 혼합하고 유지의 덩어리를 살려야 바삭바삭한 식감을 살릴 수 있다.
- 파이 반죽은 짧은 결 퍼프페이스트리이다.
- 바닥의 파이껍질은 젖은 사과필링을 올려야 하므로 약간 두껍지만 윗면의 파이껍질이 두꺼우면 투박해 보여 좋지 않다.
- 파이껍질 반죽은 냉장고에서 휴지단계를 거쳐 유지가 어느 정도 굳어 있을 때 밀어 펴기를 하여야 유지가 그대로 반죽 속에 남아 있는 상태로 밀리고 구웠을 때 바삭거림이 살아 있다.

Memo

퍼프페이스트리 🕐 시험시간 **3시간 30분**

요구사항

☒ **다음 요구사항대로 퍼프페이스트리를 제조하여 제출하시오.**

❶ 배합표의 각 재료를 계량하여 재료별로 진열하시오(6분).
❷ 반죽은 스트레이트법으로 제조하시오.
❸ 반죽온도는 20℃를 표준으로 하시오.
❹ 접기와 밀어 펴기는 3겹 접기 4회로 하시오.
❺ 정형은 감독위원의 지시에 따라 하고 평철판을 이용하여 굽기를 하시오.
❻ 반죽은 전량을 사용하여 성형하시오.

배합표

재 료 명	비 율(%)	무 게(g)
강력분	100	800
계란	15	120
마가린	10	80
소금	1	8
찬물	50	400
계	266	2128
충전용 마가린	90	720

지급재료목록

재 료 명	규 격	단 위	수 양	비 고
밀가루	강력분	g	880	1인용
계란	60g(껍질 포함)	개	3	1인용
파이용 마가린	제과(빵)용	g	800	1인용
소금	정제염	g	10	1인용
식용유	대두유	ml	50	1인용
위생지	식품용(8절지)	장	10	1인용
제품상자	라면박스	개	1	5인 공용
얼음	식용	g	200	1인용 (겨울철 제외)

1. 반죽 제조

- 강력분, 소금, 계란, 찬물을 넣고 반죽한다.
- 클린업 단계에서 반죽용 마가린을 넣고 최종단계 초기까지 반죽한다.

2. 반죽상태

- 발전단계와 최종단계의 중간단계까지 반죽하면 알맞다.
- 약간의 탄력성이 있고 생기가 있는 반죽이 좋다.

3. 반죽온도

- 20℃
- 휴지시킬 반죽이므로 냉수를 사용하여 반죽한다.

4. 밀어 펴기

- 충전용 유지를 감안하여 유지 크기의 1.5배를 밀어 편다.
- 두께를 균일하게 하고 모서리를 직각으로 만드는 작업을 능숙하게 한다.

5. 충전용 유지피복

- 밀어 편 반죽의 2/3에 충전용 유지를 올려놓는다.
- 이때 유지의 두께도 균일해야 한다.
- 유지가 없는 쪽의 반죽을 속으로 집어넣고 3겹으로 접는다.
- 접히는 부분의 반죽에 묻은 과도한 덧가루는 솔 등으로 털어준다.

6. 휴지

- 20~30분 정도 마르지 않게 하여 냉장 휴지시킨다.

7. 3겹 접기와 휴지

- 본래 크기의 직사각형으로 밀어 펴서 3겹 접기를 한다.
- 접는 부분의 과도한 밀가루는 털어주고 두께, 모서리의 처리를 능숙하게 직각이 되게 처리한다.
- 같은 방법으로 휴지와 3겹 접기를 4회 반복 실시한다.

8. 성형

- 만들고자 하는 제품의 모양과 크기에 알맞은 두께로 밀어 펴는 작업을 능숙하게 한다.
- 두께가 균일하고 모서리는 직각이 되도록 한다.
- 제품에 따라 Mould, Cutter, 칼등을 이용하여 정형한다.
- 절단면이 깨끗하고 균형 있는 모양이어야 한다.

- 파지가 적도록 하고 과도한 덧가루는 털어낸다.

9. 굽기

- 오븐온도 : 윗불 180℃, 아랫불 160℃
- 굽기 시간 : 15~20분 정도
- 파이의 결이 살아 있고 유지가 세지 않으며 껍질이 황금갈색으로 밝아야 한다.

10. 제품평가

- 부피, 균형, 껍질, 내상, 맛과 향 등을 평가한다.
- 상품적 가치가 없으면 0점 처리가 된다.

key point

- 여러 번 밀어 펴고 접기 과정에서 글루텐이 형성되므로 반죽을 조금 적게 한다.
- 반죽되기와 충전용 유지의 말랑한 정도가 같아야 쉽게 밀어 펼 수 있다.
- 성형의 방법도 미리 숙지한다.
- 절단면이 붙어 팽창이 적은 부분이 있거나 과도한 덧가루 때문에 결 팽창이 균일하지 않아도 감점의 요인이다.

시퐁케이크 🕐 시험시간 **1시간 30분**

요구사항

☒ **다음 요구사항대로 시퐁케이크(시퐁법)를 제조하여 제출하시오.**

❶ 배합표의 각 재료를 계량하여 재료별로 진열하시오 (10분).
❷ 반죽은 시퐁법으로 제조하고 비중을 측정하시오.
❸ 반죽온도는 23℃를 표준으로 하시오.
❹ 비중을 측정하시오.
❺ 시퐁팬을 사용하여 반죽을 분할하고 굽기하시오.
❻ 반죽은 전량 사용하여 성형하시오.

배합표

재 료 명	비율(%)	무게(g)
박력분	100	400
설탕ⓐ	65	260
설탕ⓑ	65	260
계란 노른자	50	200
계란 흰자	100	400
소금	1.5	6
주석산	0.5	2
베이킹파우더	2.5	10
식용유	40	160
물	30	120
계	455	1818

수험자 유의사항

❶ 시험시간은 재료계량시간이 포함된 시간입니다.

❷ 안전사고가 없도록 유의합니다.

❸ 의문사항이 있으면 감독위원에게 문의하고, 감독위원의 지시에 따릅니다.

❹ 다음과 같은 경우에는 채점대상에서 제외됩니다.
   가) 시험시간 내에 작품을 제출하지 못한 경우
   나) 시험시간 내에 제출된 작품이라도 다음과 같은 경우

   (1) 작품의 가치가 없을 정도로 타거나 익지 않은 경우
   (2) 요구사항을 준수하지 않았을 경우
   (3) 지급된 재료 이외의 재료를 사용한 경우
   다) 시험 중 시설·장비의 조작 또는 재료의 취급이 미숙하여 위해를 일으킬 것으로 감독위원 전원이 합의하여 판단한 경우

지급재료목록

재 료 명	규 격	단 위	수 양	비 고
밀가루	박력분	g	500	1인용
설탕	정백당	g	600	1인용
계란	60g(껍질 포함)	개	16	1인용
베이킹파우더	제과(빵)용	g	14	1인용
주석산크림	제과용	g	3	1인용
소금	정제염	g	8	1인용
식용유	대두유	ml	270	1인용
위생지	식품용(8절지)	장	10	1인용
제품상자	제품보관용	개	1	5인 공용
얼음	식용	g	200	1인용 (겨울철 제외)

1. 반죽 제조(시퐁법, 별립법)

- 흰자에 노른자, 계란 껍질 등이 섞이지 않도록 능숙하게 분리한다.
- 흰자를 40% 정도 거품을 올린 다음 설탕ⓐ를 넣고 90%까지 거품을 올려 머랭을 만들어 준비한다.
- 박력분, 베이킹파우더, 바닐라향을 섞어 체에 내린 다음 설탕ⓑ와 소금을 섞어 준비한다.
- 노른자에 부드럽게 풀어준 후 식용유를 넣고 섞은 다음 적정 점도가 유지되면 물을 조금씩 넣어 혼합한다.
- 노른자 반죽에 준비해 둔 박력분을 저으면서 덩어리지지 않게 혼합한다.
- 머랭을 본반죽에 2~3차 나누어 투입하여 고르게 혼합한다.

2. 반죽상태

- 오버 반죽이 되면 거품이 없어지고 글루텐이 생겨 좋지 않으며 머랭의 거품이 살짝 보이는 정도의 반죽이 좋다.

3. 반죽온도

- 요구사항 23℃가 되도록 물리적 조치를 취해도 좋다.

4. 반죽 비중

- 0.45±0.05
- 머랭을 넣으면서 많이 저을수록 반죽의 비중이 높아진다.

5. 패닝

- 시퐁팬은 물칠이나 팬 기름(밀가루 : 쇼트닝=1 : 1)을 칠한다.
- 70~80%의 패닝을 능숙하게 한다.
- 표면을 고르게 하고 반죽의 손실이 없게 한다.

6. 굽기

- 오븐온도 : 윗불 160℃, 아랫불 160℃
- 굽기 시간 : 25분 정도
- 밝은 황색으로 탄력성이 좋아야 한다.

7. 팬에서 빼기

- 오븐에서 꺼낸 후 5~10분간 두었다가 뺀다.
- 팬이 빨리 식고 식으면서도 수분의 손실을 적게 하기 위하여 젖은 행주를 덮거나 물을 뿌려 팬을 식히기도 한다.
- 밑면이 깨끗하게 빠지도록 조치한다.

8. 제품평가

- 부피, 균형, 껍질, 내상, 맛과 향 등을 평가한다.
- 상품적 가치가 없으면 0점 처리가 된다.

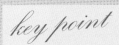

- 시퐁은 비단이란 뜻의 불어로 부드럽기가 '비단 같다'고 해서 붙여진 이름이므로 부드럽게 제조하여야 한다.
- 짤주머니를 이용하여 패닝을 할 때는 짤주머니의 앞부분을 가급적 크게 하여 반죽이 힘을 적게 받도록 한다.
- 별립법의 다른 케이크와 시퐁케이크의 다른 점은 계란 노른자의 거품을 올리지 않고 반죽을 한다는 것이다.
- 시퐁팬에 물칠을 할 때는 스프레이로 물을 뿌린 후 뒤집어 두면 일정한 양의 물칠을 할 수가 있다.

밤과자 🕐 시험시간 **3시간**

요구사항

※ **다음 요구사항대로 밤과자를 제조하여 제출하시오.**

❶ 배합표의 각 재료를 계량하여 재료별로 진열하시오
   (10분)
❷ 반죽은 중탕하여 냉각시킨 후 반죽온도는 20℃를 표
   준으로 하시오.
❸ 반죽 분할은 20g씩 하고, 앙금은 45g으로 충전하시
   오.
❹ 제품 성형은 밤모양으로 하고 윗면은 계란 노른자와
   캐러멜색소를 이용하여 광택제를 칠하시오.
❺ 반죽은 전량을 사용하여 성형하시오.

배합표

재 료 명	비 율(%)	무 게(g)
박력분	100	300
계란	45	135
설탕	60	180
물엿	6	18
연유	6	18
베이킹파우더	2	6
버터	5	15
소금	1	3
계	225	675
흰앙금	525	1575
참깨	13	39

지급재료목록

재 료 명	규 격	단 위	수 양	비 고
밀가루	박력분	g	330	1인용
설탕	정백당	g	198	1인용
계란	60g(껍질 포함)	개	5	1인용 (광택제 포함)
물엿	이온엿(제과용)	g	20	1인용
연유	가당	g	20	1인용
버터	무염	g	17	1인용
베이킹파우더	제과(빵)용	g	17	1인용
흰앙금	가당연유	g	1800	1인용
캐러멜색소	제과용	g	12	1인용
깨	흰깨	g	60	1인용
소금	정제염	g	5	1인용
식용유	대두유	ml	50	1인용
위생지	식품용(8절지)	장	10	1인용
부탄가스	가정용(220g)	개	1	1인용
제품상자	제품포장용	개	1	5인 공용
얼음	식용	g	200	1인용 (겨울철 제외)

1. 반죽 제조

- 그릇에 계란을 넣고 거품이 일지 않게 고루 푼다.
- 설탕, 소금, 물엿, 연유, 버터를 넣고 설탕입자와 버터가 완전히 녹을 때까지 중탕해서 천천히 저어준다.
- 다 녹으면 20℃까지 식혀준다.
- 박력분과 베이킹파우더를 혼합하여 체에 내려 가볍게 섞어준다.
- 반죽을 작업대에 올리고 한 덩어리로 만든다.

2. 반죽상태

- 균일하게 혼합되고 수화가 잘 되어야 한다.
- 글루텐이 생기지 않게 반죽을 한다.
- 설탕입자가 잡히지 않고 매끈한 반죽이 되어야 한다.

3. 반죽온도

- 20℃ 정도
- 중탕한 계란을 충분히 식힌 후 가루를 혼합하여야 한다.

4. 중간 휴지

- 실온에서 건조되지 않게 면포나 비닐 등으로 덮어서 20분 정도 휴지시킨다.

5. 성형

- 반죽을 작업대 위에서 손으로 20g씩 분할한다.
- 흰앙금 45g을 이용하여 한쪽으로 치우치지 않게 앙금싸기를 한다.
- 앙금을 싼 둥근 모양을 밤모양이 되게 손으로 성형한다.
- 성형한 밤모양의 넓은 부분에 물을 약간 묻혀 볶은 깨를 묻힌다.

6. 패닝

- 기름칠한 철판에 간격이 고르게 패닝한다.
- 윗면을 평평하게 마무리한 후 물을 전체적으로 뿌려준다.
- 물기가 약간 마른 후 캐러멜색소와 계란의 노른자를 진한 갈색으로 혼합하여 붓으로 밤모양이 되게 정성스럽게 발라준다.
- 색상이 얼룩지지 않게 고르게 칠한다.

7. 굽기

- 오븐온도 : 윗불 180℃, 아랫불 160℃
- 굽기 시간 : 15분 정도
- 고르게 색깔이 나고 너무 진하지 않고 광택이 나야 한다.

8. 제품평가

- 부피, 균형, 껍질, 내상, 맛과 향 등을 평가한다.
- 상품적 가치가 없으면 0점 처리가 된다.

key point

- 앙금의 양은 제품의 모양을 잡아주므로 양이 적으면 밤모양이 잘 나오지 않으며 가운데가 잘 싸져야 한다.
- 중탕으로 재료를 녹일 때는 50℃ 정도의 적당한 온도에서 녹여야 반죽의 되기를 잘 맞출 수 있다.
- 밤모양으로 능숙하고 균일하고 균형 있게 만들 수 있도록 충분한 연습을 한다.

Memo

마데라(컵)케이크

 시험시간 **2시간**

요구사항

※ **다음 요구사항대로 마데라(컵)케이크를 제조하여 제출하시오.**

❶ 배합표의 각 재료를 계량하여 재료별로 진열하시오(9분).
❷ 반죽은 크림법으로 제조하시오.
❸ 반죽온도는 24℃를 표준으로 하시오.
❹ 반죽분할은 주어진 팬에 알맞은 양을 패닝하시오.
❺ 적포도주 퐁당을 1회 바르시오.
❻ 반죽은 전량을 사용하여 성형하시오.

배합표

재 료 명	비 율(%)	무 게(g)
박력분	100	400
설탕	80	320
소금	1	4
계란	85	340
건포도	25	100
버터	85	340
베이킹파우더	2.5	10
적포도주	30	120
호두	10	40
계	418.5	1674
분당	20	80
적포도주	5	20

수험자 유의사항

❶ 시험시간은 재료계량시간이 포함된 시간입니다.

❷ 안전사고가 없도록 유의합니다.

❸ 의문사항이 있으면 감독위원에게 문의하고, 감독위원의 지시에 따릅니다.

❹ 다음과 같은 경우에는 채점대상에서 제외됩니다.

　가) 시험시간 내에 작품을 제출하지 못한 경우

　나) 시험시간 내에 제출된 작품이라도 다음과 같은 경우

(1) 작품의 가치가 없을 정도로 타거나 익지 않은 경우

(2) 요구사항을 준수하지 않았을 경우

(3) 지급된 재료 이외의 재료를 사용한 경우

다) 시험 중 시설·장비의 조작 또는 재료의 취급이 미숙하여 위해를 일으킬 것으로 감독위원 전원이 합의하여 판단한 경우

지급재료목록

재 료 명	규 격	단 위	수 양	비 고
밀가루	박력분	g	440	1인용
버터	제과용	g	374	1인용
설탕	정백당	g	353	1인용
소금	정제염	g	5	1인용
계란	60g(껍질 포함)	개	7	1인용
건포도	제과용	g	110	1인용
호두	제과용	g	44	1인용
베이킹파우더	제과(빵)용	g	11	1인용
적포도주		ml	162	1인용
분당	제과용	g	100	1인용
유산지 컵	제과(빵)류	개	40	1인용
위생지	식품용(8절지)	장	10	1인용
제품상자	제품포장용	개	1	5인 공용
얼음	식용	g	200	1인용 (겨울철 제외)

1. 반죽 제조

- 볼에 23℃ 정도의 버터를 넣고 부드럽게 풀어준다.
- 소금, 설탕을 넣고 크림화를 계속한다.
- 계란을 조금씩 넣으면서 크림화를 계속하여 부드러운 크림을 만든다.
- 전처리한 건포도와 호두에 소량의 밀가루를 묻혀 버무린 후 크림반죽 속에 넣어 가볍게 섞어준다.
- 밀가루와 베이킹파우더를 체에 내려 섞으면서 동시에 붉은 포도주도 함께 넣어 가볍게 섞어준다.

2. 패닝

- 종이컵을 끼워 준비한 머핀 틀에 짤주머니를 이용하여 반죽을 틀 속에 짜넣는다.
- 반죽은 틀의 80% 정도로 짜준다.

3. 굽기

- 오븐온도 : 윗불 180℃, 아랫불 160℃
- 굽기 시간 : 20분 정도
- 윗면에 터짐이 알맞고 혼당이 보기 좋아야 하고 황금갈색이 나야 한다.

4. 포도주시럽 칠하기

- 토핑용 포도주와 분당을 혼합하여 약간 되직하게 준비한다.
- 굽기가 거의 끝나갈 무렵 제품의 윗면에 바른 후 다시 오븐에 넣어 약 1분 정도 건조되는 상태까지 두었다가 꺼낸다.

5. 제품평가

- 부피, 균형, 껍질, 내상, 맛과 향 등을 평가한다.
- 상품적 가치가 없으면 0점 처리가 된다.

key point

- 지중해 연안의 마데이라 섬에서 나는 적포도주의 케이크이므로 포도주의 향을 잘 살려준다.
- 설탕은 완전히 용해되도록 반죽을 하여야 한다.
- 마무리 재료를 바른 후 오븐에서 색이 지나치지 않게 주의한다.
- 포도주시럽은 95% 정도의 굽기 후 윗면에 발라서 다시 오븐에 넣어 포도주의 수분을 날려주는 정도가 되면 제품이 완성된다.
- 짤주머니에 끈적한 반죽을 담을 때는 짤주머니에 미리 물로 한 번 헹군 후에 반죽을 넣어 사용하면 반죽이 쉽게 짜진다.

Memo

버터쿠키  시험시간 **2시간**

요구사항

※ **다음 요구사항대로 버터쿠키를 제조하여 제출하시오.**

❶ 배합표의 각 재료를 계량하여 재료별로 진열하시오(6
  분).
❷ 반죽은 크림법으로 수작업하시오.
❸ 반죽온도는 22℃를 표준으로 하시오.
❹ 별모양깍지를 끼운 짤주머니를 사용하여 감독위원이
  요구하는 2가지 이상의 모양짜기를 하시오.
❺ 반죽은 전량을 사용하여 성형하시오.

배합표

재 료 명	비 율(%)	무 게(g)
박력분	100	400
버터	70	280
설탕	50	200
계란	30	120
소금	1	4
바닐라향	0.5	2
계	251.5	1006

지급재료목록

재 료 명	규 격	단 위	수 양	비 고
밀가루	박력분	g	440	1인용
설탕	정백당	g	220	1인용
버터	제과용	g	310	1인용
소금	정제염	g	5	1인용
향	바닐라	g	3	1인용
계란	60g(껍질 포함)	개	3	1인용
위생지	식품용(8절지)	장	10	1인용
부탄가스	220g(가정용)	개	1	5인 공용
제품상자	제품포장용	개	1	5인 공용
얼음	식용	g	200	1인용 (겨울철 제외)

1. 반죽 제조(크림법 손반죽)

- 용기에 버터를 넣고 유연하게 만든다.
- 설탕, 소금을 넣고 크림을 만든다.
- 계란을 조금씩 넣으면서 부드러운 크림을 만든다.
- 박력분, 바닐라향을 체에 내려 넣고 가볍게 혼합한다.

2. 반죽상태

- 균일하게 혼합되고 적정한 되기가 되어야 한다.
- 밀가루의 혼합 시 오버 믹싱이 되지 않게 한다.
- 크림이 분리되면 밀가루의 혼합시간이 길어진다.

3. 반죽온도

- 요구사항 22℃
- 유지와 계란을 조절하거나 물리적인 힘을 가한다.

4. 성형과 패닝

- 직경에 대한 두께가 알맞고 같은 철판에서는 모양과 크기가 같아야 한다.
- 균일한 모양으로 보기도 좋아야 한다.
- 짤주머니에 별모양깍지를 끼우고 쿠키 반죽을 넣는다.
- 철판 위에 간격을 맞추어서 반죽의 손실을 최소로 하여 짠다.

5. 굽기

- 오븐온도 : 윗불 180℃, 아랫불 150℃
- 굽기 시간 : 10분 정도
- 너무 오래 구워 타거나 건조한 쿠키가 되지 않게 하고 황금갈색이 되도록 한다.

6. 제품평가

- 부피, 균형, 껍질, 내상, 맛과 향 등을 평가한다.
- 상품적 가치가 없으면 0점 처리가 된다.

key point

- 계란의 수분과 버터의 유지성분이 분리되지 않게 주의하여 크림화한다.
- 설탕의 용해가 지나치게 덜 되면 반죽 속에서 설탕이 녹아 제품의 퍼짐이 많아지고 형태가 나빠진다.
- 밀가루를 혼합할 때 글루텐이 생기지 않도록 주의하여야 하는 데 이유는 짤 때 용이하게 하고 제품의 부드러움에 영향을 주기 때문이다.
- 같은 모양, 같은 크기의 쿠키를 같은 철판에 짜주어야 하는 데 이것은 굽기를 할 때 같이 익게 하기 위함이다.
- 짠 반죽은 무늬가 선명하게 유지되게 하기 위하여 약간 드라이시킨 후 굽는다.
- 오븐온도가 낮으면 제품의 결이 퍼지므로 오븐의 온도에 주의한다.
- 아랫불이 너무 높으면 색이 좋지 않다.

Memo

실무제빵실습

양파포카치아 Oignon Focaccia(불)

배합표

• 1차 반죽 배합표

재 료	비 율(%)	무 게(g)
강력분	100	225
설탕	7	15
물	80	180
생이스트	18	40
합계		460

• 2차 반죽 배합표

재 료	비 율(%)	무 게(g)
강력분	100	950
글루텐	0.5	5
제빵개량제	2	20
우유	52	500
설탕	8	85
소금	3	30

올리브오일	21	200
1차 반죽		460
합계		2250
바질, 로즈마리	(윗면 토핑)	약간

• 양파조림 배합표

재 료	비 율(%)	무 게(g)
양파	100	300
올리브오일	5	15
황설탕	2.5	7.5
발사믹식초	20	60
적포도주	3.5	10.5
월계수잎	0.2	0.6
소금	0.5	1.5
합계		498.6

**제조
과정**

1. 1차 반죽 제조

- 강력분, 설탕, 이스트를 섞은 후 물을 넣어 발전단계 초기까지 반죽을 한다.
- 반죽을 하여 실온에서 24시간 정도 발효시키거나 온도 27℃, 습도 80%의 발효실에서 1시간 이상 발효시킨다.

2. 2차 반죽 제조

- 2차 본반죽의 재료를 1차 스펀지 반죽과 함께 최종단계까지 반죽하여 글루텐의 발전을 최상으로 만든다.

3. 1차 발효

- 발효실온도 30℃, 습도 80%, 발효시간 60분 정도
- 충분한 발효가 되게 한다.

4. 양파조림 만들기

- 양파를 깨끗이 씻은 후 적당한 크기로 채 썰기를 한다.
- 올리브오일을 두른 팬에 양파를 올려 볶다가 나머지 재료를 넣고 약한 불 위에서 수분이 증발할 때까지 볶아 식혀서 준비한다.

5. 성형

- 발효된 반죽을 두께 0.5cm 정도로 밀어서 반을 잘라 시트팬 위에 올려 피케한다.
- 올리브오일을 듬뿍 바르고 윗면에 준비된 양파조림을 고르게 펴 올린다.
- 윗면에 남은 반죽을 같은 두께로 밀어 펴서 올리고 피케 처리한다.
- 다시 윗면에 올리브오일을 충분하게 바르고 바질이나 로즈마리를 골고루 뿌린다.

6. 2차 발효

- 발효실온도 35℃, 습도 85%, 발효시간 60분 정도
- 가스 포집력이 최대인 상태이다.

7. 굽기

- 오븐온도 : 윗불 200℃, 아랫불 180℃
- 굽기 시간 : 25분 정도
- 전체가 잘 익고 껍질의 색이 황금갈색으로 알맞아야 한다.

key point

- 큰 시트팬에 같이 구워 적당한 크기로 잘라서 사용해도 좋고 처음부터 적당한 크기로 반죽을 만들어 두 장을 겹쳐서 모양을 잡을 수도 있다.
- 스펀지 반죽을 충분히 발효하여 제조하여야 부드럽고 향이 좋은 빵을 얻을 수 있다.
- 양파조림은 적당하게 하여 색과 향을 살리는 것이 좋다.

굽는 크로켓 Baked Croquette(영)

배합표

• 반죽 배합표

재 료	비 율(%)	무 게(g)
강력분	85	850
옥수수분말	15	150
글루텐	1	10
설탕	10	100
소금	2	20
제빵개량제	1	10
이스트	4	40
계란	20	200
우유	30	300
생크림	20	200
버터	15	150
계	203	2030

• 충전물 배합표

재 료	비 율(%)	무 게(g)
부추	12	150
두부	46	600
햄	12	150
피지치즈	9	120
계란(삶아 준비)	16	200
소금	1.5	20
후추	0.5	6
마요네즈	3	50
계	100	1275
식용유	토핑용	150
빵가루	토핑용	250

1. 반죽 제조

- 버터, 우유, 생크림, 계란을 제외한 건재료를 넣고 저속으로 골고루 섞어준다.
- 계란을 넣고 우유와 생크림을 넣으면서 저속으로 섞어 밀가루를 수화시킨다.
- 수화가 되면 버터를 나누어 넣고 최종단계의 90%까지 반죽을 한다.

2. 반죽상태

- 옥수수가루가 들어간 반죽이므로 최종단계보다는 약간 반죽을 덜해준다.
- 반죽이 지나치게 되면 속재료를 싸기가 좋지 않으므로 반죽의 되기를 잘 조절한다.

3. 반죽온도

- 반죽온도는 27℃가 되도록 한다.

4. 1차 발효

- 발효실온도 27℃, 습도 80%, 발효시간 40분 정도
- 충분한 발효가 되게 한다.

5. 충전물 만들기

- 잘게 자른 부추에 으깬 두부와 잘게 자른 햄, 피자치즈를 섞어준다.
- 계란을 삶아 으깨어 넣고 소금, 후추로 간을 맞춘다.
- 마요네즈를 조금만 섞어준다.

6. 분할

- 50g짜리 40개로 분할한다.
- 분할은 정확하고 능숙한 동작으로 한다.

7. 둥글리기

- 표면이 매끈하게 둥글리기하여 순서대로 정돈한다.
- 숙련되고 빠른 동작이 필요하다.

8. 중간발효

- 성형하기 좋게 15분 정도 중간발효시킨다.
- 비닐 등으로 덮어 마르지 않게 조치한다.

9. 성형

- 분할하여 발효된 반죽을 눌러 최대한 크게 만든다.
- 앙금을 싸듯이 충전물을 30g 정도씩 가운데 넣고 새지 않게 잘 봉한다.
- 둥근 모양이나 약간 길쭉한 모양을 하여 살짝 눌러 약간 납작하게 만든다.

10. 빵가루 묻히기

- 표면에 식용유를 발라준 후 빵가루를 충분히 묻힌다.

11. 패닝

- 철판에 알맞은 간격으로 패닝한 후 모양을 잡아 살짝 눌러준다.
- 포크나 칼로 가운데 살짝 구멍을 낸다.

12. 2차 발효

- 발효실온도 35℃, 습도 85%, 발효시간 50분 정도
- 가스 포집력이 최대인 상태이다.

13. 굽기

- 오븐온도 : 윗불 200℃, 아랫불 180℃
- 굽기 시간 : 15분 정도
- 전체가 잘 익고 껍질의 색이 황금갈색으로 알맞아야 한다.

key point

- 부추는 무침용으로 가늘고 강한 줄기를 사용한다.
- 충전물의 간은 빵과 함께 먹는다는 점을 생각하여 필요에 따라 가감한다.
- 컨벡션 오븐을 사용하여 180℃로 오븐온도를 맞추어 15분간 구워내면 열이 고르게 전달되어 데크 오븐에서보다 튀김과 비슷한 빵을 얻을 수 있다.

구운 마늘빵 Cuit Ail Pain(불)

배합표

• 1차 반죽 배합표

재 료	비 율(%)	무 게(g)
강력분	100	250
설탕	6	15
물	74	185
생이스트	18	45
합계	198	495

설탕	8	40
소금	4	20
올리브오일	20	100
1차 반죽		495
합계		1427.5

• 2차 반죽 배합표

재 료	비 율(%)	무 게(g)
강력분	100	500
글루텐	0.5	2.5
제빵개량제	2	10
우유	52	260

• 토핑재료 배합표

재 료	무 게(g)
마늘	250
올리브오일	150
파머산 치즈	약간
바질	약간

1. 마늘 전처리

- 깐 마늘 300g을 2등분으로 쪼개어 올리브오일 200g과 섞어서 마늘이 익을 때까지 오븐에서 구워서 올리브오일에 재운 채로 식힌다.

2. 1차 반죽 제조

- 1차 반죽 배합표의 전 재료를 모두 넣고 발전단계 후기까지 반죽을 하여 스펀지 반죽을 한다.
- 습도 80%, 온도 27℃에서 1시간 스펀지 발효를 한다.

3. 2차 반죽 제조

- 1차 반죽하여 발효시킨 1차 반죽과 2차 반죽재료를 믹싱한다.
- 저속으로 재료를 섞은 후 중속으로 반죽을 하여 최종단계에서 반죽을 완성시킨다.

4. 반죽상태

- 매끈하고 윤기가 있는 글루텐이 최상인 반죽이다.

5. 반죽온도

- 27℃가 되게 물리적인 조치를 한다.

6. 1차 발효

- 발효실온도 30℃, 습도 80%, 발효시간 60분 정도
- 충분한 발효가 되게 한다.

7. 성형

- 반죽의 공기를 빼고 밀어 펴기를 하여 두께 1cm로 만든다.
- 철판에 패닝하여 피케한다.
- 윗면에 올리브오일에 전처리한 마늘을 고른 간격으로 펴 올린다.
- 그 위에 올리브오일의 1/2을 펴 바른다.
- 파마산 치즈와 바질을 적당량 뿌려준다.

8. 2차 발효

- 발효실온도 27℃, 습도 80%, 발효시간 40분 정도
- 2차 발효 후 반죽과 팬 사이의 공기를 피케하여 제거하고 2차 발효로 위로 떠오른 마늘을 반죽 속으로 약간 들어가게 꼭꼭 눌러준다.

9. 굽기

- 오븐온도 : 윗불 210℃, 아랫불 190℃
- 굽기 시간 : 10분 정도
- 윗면의 파마산 치즈가 색이 나고 전체적으로 갈색이 나야 한다.

10. 굽기 후 처리

- 구워진 마늘 포카치아 위에 남은 올리브오일을 바른다.
- 적당한 크기로 잘라 포장을 하거나 사용한다.

key point

- 마늘은 적당한 두께로 잘라 올리브유에 볶아주는 것이 좋다.
- 마늘을 올리브유에 볶아 24시간 이상 올리브유와 함께 휴지시켜 두면 올리브유에 마늘의 향이 충분히 스며들어 좋은 향의 제품을 만들 수 있다.
- 윗면에 마늘을 촘촘히 올려야 모양도 있고 빵과 함께 먹을 때 그 맛이 살아난다.

치즈타피오카빵 Cheese Tapioka Bread(영)

배합표

재 료	비 율(%)	무 게(g)
강력분	17	85
깨찰빵용 타피오카분	83	415
소금	1.5	7.5
버터	21	105
롤치즈	20	100

재 료	비 율(%)	무 게(g)
파머산 치즈	3	15
물	22	110
계란	30	150(3개)
계	299.5	1497.5

제조 과정

1. 반죽 제조

- 강력분과 대두분, 소금을 저속으로 잘 섞는다.
- 계란과 물을 넣고 수화시키고 버터를 나누어 넣고 중속으로 6분 정도 반죽을 한다.
- 롤치즈와 파머산 치즈를 섞어 반죽을 마무리한다.

2. 반죽상태

- 타피오카분말이 들어간 반죽이므로 약간 탄력 있고 매끈하게 해준다.
- 반죽이 지나치게 되면 끈적거려 분할과 둥글리기가 좋지 않으므로 적당하게 한다.

3. 반죽온도

- 반죽온도는 20℃가 되도록 한다.

4. 냉장 휴지

- 냉장고에서 30분 정도 휴지시킨다.
- 효모가 들어가지 않는 빵으로 발효의 시간이 필요하지 않다.

5. 분할

- 25g짜리 58개로 분할한다.
- 분할은 정확하고 능숙한 동작으로 한다.

6. 성형

- 표면을 매끈하게 둥글리기하여 순서대로 정돈한다.

- 숙련되고 빠른 동작이 필요하다.

7. 패닝

- 분할하여 둥글리기하여 바로 철판에 패닝한다.
- 간격을 알맞게 하여 열이 고르게 전달되도록 한다.

8. 굽기

- 오븐온도 : 윗불 180℃, 아랫불 160℃
- 굽기 시간 : 15분 정도
- 굽기 전 스팀을 주어 굽는다.
- 전체가 잘 익고 껍질의 색이 고르게 나와야 한다.

key point

- 반죽이 되면 완제품의 모양이 터지고 좋지 않으므로 약간 진 듯하게 반죽을 하여야 모양이 잘 나온다.
- 반죽에 검은깨를 넣어 반죽하면 깨찰빵의 모양이 된다.
- 타피오카는 열대작물인 카사바의 뿌리에서 채취한 식용 녹말인데 카사바의 뿌리는 생것의 경우 20~30%의 녹말을 함유하고 있으므로 이것을 짓이겨 녹말을 물로 씻어내 침전시킨 후 건조시켜서 만든다.
- 타피오카전분은 알코올 발효 원료로 사용되기도 하고 최근에는 생과일주스에 타피오카 필(Tapioca peal)을 섞어서 만든 버블티(Bubble tea)도 매우 인기가 좋다. 타피오카 필의 쫀득하고 찰진 맛이 매력적이어서 요리에도 이용되고 있다.

슈톨렌 Stollen(독)

배합표

• 1차 반죽 배합표

재 료	비 율(%)	무 게(g)
강력분	100	500
설탕	10	50
계란	60	300(6개)
생이스트	8	40
우유	20	100
계	198	990

재 료	비 율(%)	무 게(g)
메이스	0.4	2
레몬필, 주스	(3)	1개
건포도	40	200
아몬드슬라이스	10	50
과일믹스	40	200
1차 반죽	(198)	990
계	544.8	2724

• 2차 반죽 배합표

재 료	비 율(%)	무 게(g)
강력분	100	500
설탕	40	200
우유	40	200
소금	3	15
버터	70	350
너트메그	0.4	2

• 시럽 배합표

재 료	비 율(%)	무 게(g)
오렌지	(10)	2개
설탕	20	200
오렌지주스(원액)	10	100
계피 막대	5	50
물	100	1000
계	145	1450

1. 1차 반죽 제조
- 모든 재료를 넣고 80% 반죽을 하여 1시간 발효시킨다.

2. 2차 반죽 제조
- 강력분, 설탕, 소금을 넣고 저속으로 골고루 섞어준다.
- 우유, 레몬주스, 1차 반죽을 넣고 저속으로 섞어 밀가루를 수화시킨다.
- 수화가 되면 버터를 나누어 넣고 중속으로 90%까지 반죽을 한다.
- 건과일을 넣고 과일이 으깨지거나 물이 많이 배지 않게 가볍게 혼합하여 반죽을 완료한다.

3. 반죽상태
- 과일이 많이 들어가는 반죽이므로 최종 단계보다는 약간 반죽을 덜해준다.

4. 반죽온도
- 반죽온도는 27℃가 되도록 한다.

5. 1차 발효
- 발효실온도 27℃, 습도 80%, 발효시간 40분 정도
- 충분한 발효가 되게 한다.

6. 분할
- 300g짜리 9개로 분할한다.
- 분할은 정확하고 능숙한 동작으로 한다.

7. 둥글리기
- 표면을 매끈하게 둥글리기하여 순서대로 정돈한다.
- 숙련되고 빠른 동작이 필요하다.

8. 중간발효
- 성형하기 좋게 15분 정도 중간발효시킨다.
- 비닐 등으로 덮어 마르지 않게 조치한다.

9. 성형
- 둥글게 밀어 펴기하여 아기 보자기처럼 삼등분으로 접는다.
- 1/3 지점을 밀대로 눌러서 한쪽은 약간 더 볼록 올라오게 하여 아기 예수가 보자기에 싸여진 모습을 만든다.

10. 패닝
- 철판에 알맞은 간격으로 패닝한 후 모양을 잡아 살짝 눌러준다.

11. 2차 발효
- 발효실온도 35℃, 습도 85%, 발효시간 40분 정도
- 가스 포집력이 최대인 상태이다.

12. 굽기
- 오븐온도 : 윗불 180℃, 아랫불 160℃
- 굽기 시간 : 40분 정도
- 전체가 잘 익고 껍질의 색이 짙은 갈색으로 알맞아야 한다.

13. 시럽 만들기와 적시기
- 모든 재료를 끓여 준비한다.
- 뜨거운 상태에서 빵을 적셔 낸다.
- 버터를 녹여 칠하고 윗면에 슈거파우더를 뿌려 크리스마스 장식을 하여 포장한다.

key point

- 수도승의 어깨에 걸친 가사 모습이라고도 하고 아기 예수의 강보(襁褓)라고도 하는 이 슈톨렌은 독일 정통 크리스마스 빵이다.
- 보존성이 좋아 2~3개월 보관도 가능하며 시럽에 튀겨서 먹으면 더욱 좋다.
- 크리스마스 빵이기에 포장을 할 때는 끈을 십자 모양으로 묶었다고 한다.
- 시럽은 재료를 같이 넣고 충분히 끓여서 뜨거울 때 빵을 적셔 호화시킨다.

파네토네 Panettone(영, 이)

배합표

● 1차 반죽 배합표

재 료	비 율(%)	무 게(g)
강력분	100	500
설탕	10	50
계란	40	200(4개)
생이스트	10	50
우유	34	170
제빵개량제	2	10
계	196	980

● 2차 반죽 배합표

재 료	비 율(%)	무 게(g)
강력분	100	500
우유	50	250
설탕	50	250
소금	3.2	16
버터	40	200
꿀	4	20
건포도	40	200
호두	8	40
체리, 레몬, 오렌지 필	36	180
1차 반죽	(196)	980
계	527.2	2636
아몬드슬라이스	10	50

1. 1차 반죽 제조
- 모든 재료를 넣고 80% 반죽을 하여 1시간 이상 실온 발효시킨다.
- 원래는 자연 효모를 넣고 오랫동안 여러 과정을 거쳐 발효시켜 발효종을 만들어 사용한다.

2. 2차 반죽 제조
- 강력분, 설탕, 소금을 넣고 저속으로 골고루 섞어준다.
- 우유, 꿀, 1차 반죽을 넣고 저속으로 섞어 밀가루를 수화시킨다.
- 수화가 되면 버터를 나누어 넣고 중속으로 90%까지 반죽을 한다.
- 건과일을 넣고 과일이 으깨지거나 물이 많이 배지 않게 가볍게 혼합하여 반죽을 완료한다.

3. 반죽상태
- 과일이 많이 들어가는 반죽이므로 최종 단계보다는 약간 반죽을 덜해준다.

4. 반죽온도
- 반죽온도는 27℃가 되도록 한다.

5. 1차 발효
- 발효실온도 27℃, 습도 80%, 발효시간 60분 정도
- 충분한 발효가 되게 한다.

6. 분할
- 350g짜리 7개로 분할한다.
- 분할은 정확하고 능숙한 동작으로 한다.

7. 둥글리기
- 표면을 매끈하게 둥글리기하여 순서대로 정돈한다.
- 숙련되고 빠른 동작이 필요하다.

8. 중간발효
- 성형하기 좋게 15분 정도 중간발효시킨다.
- 비닐 등으로 덮어 마르지 않게 조치한다.

9. 성형
- 공기가 빠지게 단단하게 둥글리기하여 파네토네 종이 틀에 담아 윗면에 아몬드슬라이스와 과일 필 등을 약간 올린다.

10. 패닝
- 철판에 알맞은 간격으로 패닝한다.

11. 2차 발효
- 발효실온도 35℃, 습도 85%, 발효시간 120분 정도
- 가스 포집력이 최대인 상태이다.

12. 굽기
- 오븐온도 : 윗불 190℃, 아랫불 160℃
- 굽기 시간 : 25분 정도
- 전체가 잘 익고 껍질의 색이 황금갈색으로 알맞아야 한다.

13. 버터 바르기
- 구워져 나온 파네토네 윗면에 버터를 바른다.

key point
- 발효종 빵의 원조라 할 수 있는 빵으로 오랫동안 발효시켜 독특한 향이 나는 것이 특징이다.
- 2차 발효 후 윗면을 십자로 칼집 내고 버터를 발라 모양을 내어 구울 수도 있다.
- 아몬드와 호두는 살짝 볶아 다져서 사용하고 건포도와 건과일은 술에 담가 전처리 후 사용한다.
- 오랫동안 저장하면서 먹을 수 있는 이탈리아(밀라노 지방)의 대표적인 크리스마스 빵이다.

초콜릿브레드 Chocolate Bread(영)

배합표

● 반죽 배합표

재 료	비 율(%)	무 게(g)
강력분	100	1000
설탕	12	120
코코아파우더	2.5	25
이스트	3	30
소금	2	20
계란	25	250
물	35	350

재 료	비 율(%)	무 게(g)
버터	3	30
다크초콜릿(녹인 것)	20	200
합계	202.5	2025
우박설탕		100
초콜릿 버터크림		필요에 따라
계피향 시럽		크림을 넣을 때
슈거파우더		필요에 따라

제조과정

1. 반죽 제조

- 버터, 계란, 초콜릿, 물을 제외한 건재료를 넣고 저속으로 골고루 섞어준다.
- 계란과 물을 넣고 저속으로 섞어 밀가루를 수화시킨다.
- 수화가 되면 버터를 넣고 섞은 후 중속으로 최종단계 중기까지 반죽을 한다.
- 중탕으로 녹여 뜨겁지 않은 초콜릿을 섞어 반죽을 마무리한다.

2. 반죽상태

- 초콜릿이 들어간 반죽이므로 최종단계보다는 약간 반죽을 덜해준다.
- 반죽이 지나치게 되면 부피에 영향이 작아지며 반죽의 되기 또한 잘 조절한다.

3. 반죽온도

- 반죽온도는 26℃가 되도록 한다.

4. 1차 발효

- 발효실온도 27℃, 습도 80%, 발효시

간 60분 정도
- 충분한 발효가 되게 한다.

5. 분할

- 120g짜리 14개로 분할한다.
- 분할은 정확하고 능숙한 동작으로 한다.

6. 둥글리기

- 표면을 매끈하게 둥글리기하여 순서대로 정돈한다.
- 숙련되고 빠른 동작이 필요하다.

7. 중간발효

- 성형하기 좋게 20분 정도 중간발효시킨다.
- 비닐 등으로 덮어 마르지 않게 조치한다.

8. 성형

- 가볍게 눌러 펴서 반죽 속의 공기를 빼

준 후 틀의 길이만큼 막대형으로 말아
준다.
- 이때 같은 크기의 힘으로 말아주어야
  균형 잡힌 모양의 빵을 만들 수 있다.

9. 패닝

- 2개를 한 조로 하여 파운드 종이컵에
  넣는다.
- 패닝한 후 모양을 잡아 약간 납작하게
  살짝 눌러준다.

10. 2차 발효

- 발효실온도 35℃, 습도 85%, 발효시간
  30분 정도
- 가스 포집력이 최대인 상태이다.

11. 토핑하기

- 윗면에 엷게 물을 칠한 후 우박설탕을
  적당량 뿌린다.

12. 굽기

- 오븐온도 : 윗불 180℃, 아랫불 190℃
- 굽기 시간 : 25분 정도
- 전체가 잘 익고 껍질이 초콜릿색으로
  선명하고 알맞아야 한다.

key point

- 초콜릿이 들어가는 반죽이므로 반죽을 할 때 지나치지 않아야 발효를 하면서 충분한 공기를 포집할 수 있는 능력이 생긴다.
- 코코아가루가 들어갔으므로 충분한 흡수가 이루어지게 하기 위하여 처음 반죽을 빠르게 하지 않고 충분한 흡수가 이루어지도록 저속으로 한 후 중속으로 조절한다.

- 반죽에 초콜릿을 섞을 때는 중탕으로 초콜릿을 녹인 후 굳지 않을 정도로 28℃ 정도가 되게 하여 혼합하여야 한다.
- 필요에 따라 구워져 나온 빵의 가운데를 갈라 시럽을 뿌리고 초콜릿 버터크림을 샌드하여 윗면에 슈거파우더를 살짝 뿌려 마무리한다.
- 다른 반죽에 비하여 발효가 빠를 수 있으므로 발효에 관심을 가진다.
- 구울 때는 초콜릿 색이 진하므로 윗면이 타지 않게 주의한다.

사과빵 Apple Bun(영)

배합표

● 빵 반죽 배합표

재 료	비 율(%)	무 게(g)
강력분	100	500
설탕	20	100
소금	2	10
버터	10	50
생이스트	7	35
제빵개량제	0.5	2.5
계란	30	150(3개)
우유	35	175
계	204.5	1022.5

건포도	5	60
전분	3	36
버터	5	60
설탕	10	120
계	124	1488

● 속 필링 배합표

재 료	비 율(%)	무 게(g)
사과	100	1200(3개)
계피	1	12

● 토핑 배합표

재 료	비 율(%)	무 게(g)
박력분	100	100
설탕	60	60
버터	100	100
계란	50	50(1개)
베이킹파우더	1	1
초콜릿 시가렛		25개

1. 반죽 제조
- 버터, 계란, 우유를 제외한 건재료를 넣고 저속으로 가볍게 섞어준다.
- 계란, 우유를 넣고 저속으로 반죽하여 밀가루를 수화시킨다.
- 수화하여 클린업 상태가 되면 버터를 넣고 중속으로 반죽한다.
- 최종단계에서 반죽을 완료한다.

2. 반죽상태
- 매끈하고 윤기가 있는 글루텐이 최상인 반죽이다.

3. 반죽온도
- 27℃. 계란과 우유만 들어가는 반죽이므로 반죽온도에 주의한다.

4. 1차 발효
- 발효실온도 : 27℃, 습도 : 80%, 발효시간 : 40분 정도
- 1차 발효는 항상 시간보다는 발효상태로 판단한다.

5. 사과 필링 만들기
- 사과를 적당한 크기로 자른 다음 설탕을 뿌려 오븐에서 살짝 익힌다.
- 버터를 녹여 넣고 기타 다른 재료를 버무린다.

6. 토핑 만들기
- 버터에 설탕을 넣고 부드럽게 풀어준다.
- 계란을 1개씩 넣고 계속 풀어준다.
- 박력분과 베이킹파우더를 섞어 체질한 후 부드럽게 섞어준다.
- 지나친 섞임이 되지 않게 한다.

7. 분할
- 40g씩 25개로 분할한다.

- 손으로 분할하여 감을 익히는 것이 중요하다.

8. 둥글리기
- 표면이 매끈하게 둥글리기한다.

9. 중간발효
- 성형하기 좋게 15분 정도 중간발효시킨다.
- 비닐 등을 덮어 반죽이 마르지 않게 조치한다.

10. 성형
- 반죽에 사과 필링을 50g씩 팥앙금을 싸듯이 싼다.
- 벌어지지 않게 마무리를 단단하게 하여 표면을 매끈하게 한다.

11. 패닝
- 50mm 베이킹 컵에 마무리한 부분이 밑으로 가게 하여 넣는다.
- 적당한 간격으로 컵을 철판에 담는다.

12. 토핑 짜기
- 베이킹 컵에 담긴 반죽 위에 지나치지 않게 고르게 토핑을 짜준다.
- 가운데 초콜릿 스틱을 꽂아 사과를 표현한다.

13. 2차 발효
- 온도 30℃, 습도 85%에서 30분간 2차 발효시킨다.
- 충분히 발효하여 준다.

14. 굽기
- 오븐온도 : 윗불 180℃, 아랫불 200℃
- 굽기 시간 : 15분 정도
- 전체가 잘 익고 껍질의 색이 알맞아야 한다.

key point

- 속 필링에 전분을 넣어 섞을 때는 덩어리지지 않게 한다.
- 토핑 반죽을 지나치게 많이 짜면 발효되면서 흘러내려 모양이 좋지 않을 수 있으므로 적당하게 고르게 짜주는 것이 좋다.
- 속 필링이 많이 들어 있어 아랫불을 약간 높게 하여 구워야 밑면도 색이 알맞게 난다.

적고구마로티번 Violet Sweet Potato Rotti Bun(영)

배합표

● 반죽 배합표

재 료	비 율(%)	무 게(g)
강력분	100	1000
버터	12	120
설탕	15	150
소금	1.5	15
이스트	4	40
제빵개량제	1	10
계란	25	250(5개)
적고구마 시럽	7	70
적고구마 분말	7	70
물	35	350
계	207.5	2075

● 속 필링 배합표

재 료	비 율(%)	무 게(g)
버터	100	300
크리미비트	20	60
우유	60	180
소금	2	6
설탕	25	75
생크림	25	75
계	232	696

● 토핑 배합표

재 료	비 율(%)	무 게(g)
버터	100	200
설탕	100	200
계란	50	100(2개)
박력분	100	200
커피분말	1	2
계	351	702

1. 반죽 제조

- 버터, 계란, 적고구마 시럽, 물을 제외한 건재료를 넣고 저속으로 가볍게 섞어준다.
- 계란, 적고구마 시럽, 물을 넣고 저속으로 반죽하여 밀가루를 수화시킨다.
- 수화하여 클린업 상태가 되면 버터를 넣고 중속으로 반죽한다.
- 최종단계에서 반죽을 완료한다.

2. 반죽상태

- 매끈하고 윤기 있는 글루텐이 최상인 반죽이다.
- 적고구마의 고운 색이 아름다운 반죽이다.

3. 반죽온도

- 27℃. 물의 온도를 조절하여 반죽온도를 맞춘다.

4. 1차 발효

- 발효실온도 : 30℃, 습도 : 80%, 발효시간 : 40분 정도
- 1차 발효는 항상 시간보다는 발효상태로 판단한다.

5. 속 필링 만들기

- 우유에 크리미비트를 혼합하여 부드럽게 바닐라크림을 만든다.
- 버터를 녹이지 않고 부드럽게 고체상태로 풀어서 섞고 소금, 설탕, 생크림을 혼합하여 짤주머니에 담아 13개로 짜서 냉동고에 굳혀 놓는다.

6. 토핑 만들기

- 버터를 크림화하면서 설탕을 넣고 부드럽게 풀어준다.
- 계란을 넣고 크림화를 조금 더 한다.
- 커피를 탄 박력분을 가볍게 혼합한다.
- 지나치게 혼합하지 않는다.

7. 분할

- 150g씩 13개로 분할한다.

8. 둥글리기

- 표면이 매끈하게 둥글리기한다.

9. 중간발효

- 성형하기 좋게 20분 정도 중간발효시킨다.
- 비닐 등을 덮어 반죽이 마르지 않게 조치한다.

10. 성형

- 반죽에 속 필링을 50g씩 팥앙금을 싸듯이 싼다.
- 벌어지지 않게 마무리를 단단하게 하여 표면을 매끈하게 한다.
- 냉동시킨 속 필링을 반죽 속에서 가운데 위치하게 하여야 한다.

11. 패닝

- 마무리한 부분이 밑으로 가게 하여 철판에 간격을 고르게 하여 놓는다.

12. 2차 발효

- 온도 35℃, 습도 85%에서 40분 정도
- 충분히 발효하여 준다.

13. 토핑 짜기

- 지름 5mm 정도의 팁을 끼운 짤주머니에 반죽을 담는다.
- 모양 잡은 반죽 위에 지나치지 않고 고르게 달팽이모양으로 가운데부터 토핑을 짜 준다.
- 토핑 반죽은 구워지면서 흘러내리므로 가장자리로 너무 많이 짜지 않는다.

14. 굽기

- 오븐온도 : 윗불 180℃, 아랫불 160℃
- 굽기 시간 : 20분 정도
- 토핑 반죽의 흘러내림이 알맞아야 한다.
- 전체가 잘 익고 껍질의 커피 갈색이 알맞아야 한다.

key point

- 속 필링은 거품이 지나치게 들어가지 않고 가볍게 섞어주는 것이 좋다.
- 속 필링은 반죽 속에 넣을 때 반죽이 찢어지지 않게 하기 위하여 뾰족한 면을 둥글게 하여 굳히는 것이 싸기에 좋다.
- 2차 발효 후 토핑은 적당하게 짜서 흘러내림이 지나치지 않게 한다.
- 토핑을 짤 때에는 발효된 반죽에 무리가 가지 않게 주의하여 작업을 한다.
- 속 필링이 한쪽으로 치우치거나 마무리를 단단하게 하지 않으면 오븐 속에서 반죽이 터질 수 있다.

크라클랭 Craquelin(불)

배합표

● 반죽 배합표

재 료	비 율(%)	무 게(g)
강력분	100	800
설탕	15	120
소금	2	16
생이스트	4	32
우유	24	192
계란	40	320(6개)
버터	50	400
계	235	1880

● 크라클랭 충전물 배합표

재 료	무 게(g)	비 고
각설탕	70개	
레몬필	4개분	
바닐라파우더	7	

● 계란 토핑 배합표

재 료	비 율(%)	무 게(g)
계란(전란)	100	100
계란 노른자	30	30(2개분)
우유	10	10
소금	2	2
계	142	142
설탕		70

1. 반죽 제조

- 버터, 계란, 우유를 제외한 건재료를 넣고 저속으로 가볍게 섞어준다.
- 우유와 2/3의 계란을 넣어 혼합한다.
- 어느 정도 섞이면 찬 버터를 잘게 하여 삼등분으로 나누어 넣으면서 시간을 두고 섞는다.
- 중속으로 믹싱을 계속하여 최종단계까지 반죽을 하여 손으로 글루텐을 늘였을 때 찢어지지 않고 풍선껌처럼 잘 늘어날 때까지 반죽을 한다.
- 남은 계란을 넣고 가볍게 섞어준다.

2. 반죽상태

- 매끈하고 윤기가 있는 글루텐이 최상인 반죽이다.
- 탄력성과 신장성이 최대인 반죽이다.

3. 반죽온도

- 26℃가 넘지 않게 반죽을 한다.
- 버터가 많이 들어가는 반죽이므로 반죽온도에 주의한다.
- 반죽을 철판에 펴서 랩으로 싸서 냉장고에 보관하여 12시간 안에 사용 가능하며 더 오래 두고 사용하려면 냉동 보관하여 사용도 가능하다.

4. 1차 발효

- 발효실온도 : 27℃, 습도 : 70%, 발효시간 : 40분 정도
- 1차 발효는 항상 시간보다는 발효상태로 판단한다.

5. 크라클랭 충전물 만들기

- 큐브 설탕을 레몬필과 바닐라파우더를 섞어 향이 배게 하여 놓는다.
- 설탕이 녹아 큐브모양이 변하지 않게 한다.

6. 토핑 만들기

- 전란과 노른자를 혼합한다.
- 우유와 소금을 섞어 녹여서 계란과 섞는다.
- 체에 내려 알끈 등을 제거한 후 사용한다.

7. 분할

- 40g씩 35개, 30g씩 26개로 분할한다.
- 손으로 분할하여 감을 익히는 것이 중요하다.
- 손에 오래 있으면 버터가 새어 나오므로 빠른 동작으로 작업을 하여야 한다.

8. 둥글기

- 표면이 매끈하게 둥글기한다.
- 무게가 다르므로 분리하여 정돈한다.

9. 중간발효

- 성형하기 좋게 15분 정도 중간발효시킨다.
- 비닐 등을 덮어 반죽이 마르지 않게 조치한다.

10. 성형

- 40g짜리 반죽을 둥글기하여 냉장 휴지시킨다.
- 30g짜리 반죽을 7~8cm 정도의 원형으로 밀어서 냉장고에 휴지시킨다.
- 40g짜리 반죽을 냉장고에서 꺼내 준비된 설탕 큐브 3개씩을 넣고 싼다.
- 밀어 펴서 준비한 30g짜리 반죽을 냉장고에서 꺼내어 계란 토핑을 바르고 준비된 40g짜리 반죽을 싼다.

11. 패닝

- 작은 파네토네 종이컵에 마무리한 부분이 밑으로 가게 하여 넣는다.
- 적당한 간격으로 컵을 철판에 담는다.

12. 토핑 바르기

- 베이킹 컵에 담긴 반죽 위에 지나치지 않고 고르게 계란 토핑을 바른다.

13. 2차 발효

- 실온인 21℃ 정도에서 건습으로 3시간 정도 2차 발효시킨다.
- 발효실에서 발효할 때는 온도 27℃, 습도 70%에서 90분간 2차 발효시킨다.
- 컵 위로 올라올 때까지 충분히 발효하여 준다.

14. 굽기

- 오븐온도 : 윗불 185℃, 아랫불 170℃
- 굽기 시간 : 12분 정도
- 전체가 잘 익고 껍질의 색이 알맞아야 한다.
- 구워져 나온 크라클랭에 계란물을 다시 바르고 준비한 설탕을 윗면에 뿌린다.

key point

- Craquelin is a type of Belgian brioche that is filled with citrus marinated sugar cubes. The craquelin dough will have a brioche dough overlayment to prevent sugar protrusion. (위키 백과)

- 크라클랭(Craquelin)은 (바삭바삭 소리가 나는) 딱딱한 비스킷이라고 불어 사전에 나와 있는데 반죽 속에 넣은 레몬마리네이드한 큐브 설탕이 녹아 반죽 속에서 바삭거리는 데서 따온 이름인 듯하다.

- 버터가 많이 들어가는 브리오슈 타입의 반죽을 할 때에는 계란이나 우유 등을 차갑게 하여 반죽의 온도 27℃가 절대 넘지 않게 하여야 하는 데 넘으면 버터가 녹아 반죽에 스며들고 결국은 반죽 밖으로 스며 나오게 되며 또한 반죽과 버터가 분리현상을 일으킨다.

- 브리오슈 만드는 작업장 또한 온도에 민감하므로 오븐이나 스토브에서 멀리하고 작업을 하면서 도우를 냉장 보관하면서 사용한다.

- 브리오슈 반죽은 윈도 테스트를 하여 어느 반죽보다 얇게 잘 펴져야 충분한 글루텐이 잡힌 잘 된 반죽이라 할 수 있다.

- 굽기 전 반죽의 윗면을 가위로 십자로 모양을 내어 굽기도 한다.

- 레몬제스트 대신 오렌지나 귤 등의 과일 제스트를 이용하기도 한다.

- 술을 설탕 큐브에 혼합하여 사용하기도 하고 흑설탕 큐브를 대신 사용하기도 한다.

이탈리안빵 Italien Pain(불)

배합표

재 료	비 율(%)	무 게(g)
강력분	70	700
박력분	30	300
설탕	6	80
소금	2	20
물	50	500
레몬절임 (Citron Confit)	5	50
버터	30	300
르방(Levain)	12	120
생이스트	2.8	28
계	207.8	2078
Egg(Y)	10	100
Salt	1	10

제조 과정

1. 반죽 제조

- 밀가루, 설탕, 이스트, 르방을 저속으로 가볍게 섞어준다.
- 물을 넣어 저속으로 수화시킨다.
- 클린업 단계에서 버터의 절반을 쪼개서 조금씩 섞어준다.
- 소금을 섞어준다.
- 나머지 버터를 마저 넣고 중속으로 반죽한다.
- 마지막 단계에서 레몬절임을 잘게 다져 섞어준다.

2. 반죽상태

- 매끈하고 윤기가 있는 글루텐이 최상인 반죽이다.
- 보통의 반죽에 비하여 된 반죽이다.

3. 반죽온도

- 24℃
- 냉장으로 굳혀 밀어 펴서 사용하는 반

죽이므로 반죽온도에 주의한다.

4. 냉장 발효
- 비닐로 공기가 들어가지 않게 싸서 냉장고에서 24시간 이상 휴지시킨다.

5. 성형
- 하루 동안 냉장 휴지된 반죽을 꺼내 두께 0.9cm로 사각이 되게 밀어서 냉동고에서 굳힌다.
- 단단한 반죽을 꺼내 세로 8cm×가로 2cm의 크기로 예리한 칼로 단면을 깨끗이 자른다.
- 칼로 자른 면을 그대로 하여 냉장 휴지시킨다.

6. 계란물칠하기와 냉장 휴지
- 냉장고에서 꺼내 준비한 계란물칠을 한다.
- 냉장고에서 보관하였다가 꺼내 2번째 계란물칠을 한다.

- 다시 냉장고에서 충분한 휴지를 시킨다.

7. 패닝
- 냉장고에서 꺼내 간격을 유지하여 실팻을 깐 철판에 패닝한다.

8. 2차 발효
- 온도 30℃, 습도 80%에서 35분간 2차 발효시킨다.

9. 굽기
- 발효실에서 꺼내 5분 정도 말린 후 데크 오븐이나 컨벡션 오븐에서 굽는다.
- 데크 오븐온도 : 윗불 210℃, 아랫불 170℃
- 굽기 시간 : 14분 정도
- 온도 175℃ 컨벡션 오븐에서 9~10분간 굽는다.
- 전체가 잘 익고 껍질의 색이 알맞아야 한다.

key point
- 반죽이 지나치게 되면 완제품의 모양이 터지고 좋지 않으므로 적당하게 된 반죽을 하여야 모양이 잘 나온다.
- 반죽을 필요한 크기로 자를 때 아주 예리한 칼로 한꺼번에 잘라야 면이 깨끗하고 구워졌을 때 모양이 살아난다.
- 계란물을 한꺼번에 많이 칠하여 자른 면으로 스며 들면 모양이 깨끗하지 않으므로 붓에 조금씩만 묻혀서 두 번에 걸쳐 칠하여 적당한 칠함이 되도록 하여야 한다.
- 계란 칠한 흔적이 나지 않게 붓을 주의하여 칠해야 한다.

치즈브레드 Cheese Bread(영)

배합표

● 반죽 배합표

재 료	비 율(%)	무 게(g)
강력분	100	1000
설탕	25	250
소금	1	10
계란	25	250
버터	10	100
이스트	6	60
우유	40	400
계	207	2070
크림치즈		2000

● 토핑(녹차 소보로) 배합표

재 료	비 율(%)	무 게(g)
중력분	40	400
녹차가루	3	30
설탕	20	200
버터	20	200
땅콩버터	6	60
계란	5	50
물엿	4	40
분유	1.2	12
베이킹파우더	0.6	6
소금	0.2	2
계	100	1000

1. 반죽 제조
- 계란, 버터, 우유를 제외한 전 재료를 볼에 담아 저속으로 가볍게 섞어준다.
- 계란과 우유를 넣고 저속으로 반죽을 수화시킨다.
- 클린업 단계에서 버터를 넣고 중속으로 반죽을 계속하여 최종단계까지 반죽을 한다.

2. 반죽상태
- 표면이 매끈하고 탄력성이 최대인 상태이다.

3. 반죽온도
- 반죽온도는 27℃가 되게 필요한 조치를 취한다.

4. 1차 발효
- 발효실온도 : 27℃, 습도 : 75%에서 60분 정도
- 충분히 1차 발효시켜 반죽의 부피가 3배 정도 되게 한다.

5. 토핑 반죽 제조
- 버터와 땅콩버터를 가볍게 풀어준다.
- 설탕과 물엿, 소금을 넣고 크림화시킨다.
- 계란을 나누어 넣고 부드럽게 풀어준다.
- 중력분, 녹차가루, 분유, 베이킹파우더를 고르게 섞어서 체에 내려 가볍게 혼합한다.
- 손으로 비벼서 파실한 상태로 만들어 소보로를 완성하여 냉장 휴지시킨다.

6. 분할
- 50g으로 40개로 분할한다.

7. 둥글리기
- 표면이 매끈하게 둥글리기한다.
- 차례로 정돈한다.

8. 중간발효
- 성형하기 좋게 15분 정도 중간발효시킨다.
- 비닐 등으로 덮어 마르지 않게 조치한다.

9. 성형
- 중간발효시킨 반죽에 크림치즈를 25g 정도씩 넣어 터지지 않게 마무리한다.
- 크림치즈가 새지 않게 마무리를 잘 한다.

10. 패닝
- 지름 18cm×3cm의 원형 종이틀에 4개씩 넣어 패닝한다.
- 틀에 균형 있게 넣고 가볍게 눌러준다.

11. 토핑
- 패닝한 빵 반죽 윗면에 계란물이 흐르지 않게 칠한다.
- 냉장고에서 휴지시킨 소보로 반죽을 꺼내서 약간의 알갱이 상태가 되게 잘 만진 후 윗면에 고르게 뿌려준다.

12. 2차 발효
- 발효실온도 : 30℃, 습도 : 80%에서 40분 정도
- 발효시켜 틀 높이보다 약간 높을 때까지 발효시킨다.

13. 굽기
- 오븐온도 : 윗불 180℃, 아랫불 190℃
- 굽기 시간 : 15분 정도 굽는다.
- 옆면의 색이 나고 윗면이 황금갈색이어야 한다.

key point

- 발효 시 마르지 않게 조치를 한다.
- 크림치즈를 쌀 때 반죽 가장자리까지 치즈가 묻으면 봉합이 어려워지므로 치즈는 가운데 잘 넣어 터짐이 없게 마무리한다.
- 패닝을 균형 있게 하고 윗면에 계란물을 지나치지 않게 발라준 후 소보로 토핑을 한다.
- 오븐의 온도 차가 있어 앞과 뒤쪽의 색깔 차이가 많을 때는 굽는 도중 팬의 앞과 뒤를 바꾸어준다.

저배합브레드 Lean Bread(영)

배합표

• 1차 반죽 배합표

재 료	비 율(%)	무 게(g)
강력분	100	300
생이스트	2	6
제빵개량제	0.5	1.5
물	100	300
계	202.5	607.5

• 2차 반죽 배합표

재 료	비 율(%)	무 게(g)
스펀지반죽	100	600
강력분	100	600
물	52	312
생이스트	1	6
소금	3	18
계	256	1536

제조과정

1. 1차 반죽 제조(스펀지)
- 모든 재료를 넣고 가볍게 섞어서 21℃가 되게 맞춘다.
- 손으로 반죽을 섞어주어도 된다.
- 실온에서 적어도 4시간 이상 발효시킨다.
- 가장 이상적인 발효는 12~18시간이다.

2. 2차 반죽 제조(본반죽)
- 소금을 제외한 재료를 넣고 저속으로 3~4분간 믹싱한다.
- 마르지 않게 조치하여 15분 정도 휴지시킨다.
- 소금을 넣고 4~5분간 저속으로 반죽한다.
- 반죽의 양에 따라 반죽시간을 늘려서 최종단계까지 하여 글루텐의 발전을 최대로 만든다.

3. 반죽상태
- 반죽의 신장성과 탄력성이 최대인 상태이다.

- 매끈하고 윤기 있는 반죽상태이다.

4. 반죽온도
- 물의 온도를 21℃ 정도로 하여 반죽온도가 25℃가 넘지 않게 조치한다.

5. 1차 발효
- 실온의 나무판 위에서 최소 4시간 이상 발효시킨다.
- 온도 27℃, 습도 80%의 적절한 발효실에서 1시간 이상 발효시킨다.

6. 펀치
- 펀치를 하여 새로운 공기로 바꾼 후 다시 45분 정도 1차 발효를 더 시킨다.

7. 분할, 둥글리기
- 370g짜리 4개로 분할한다.
- 껍질이 매끄럽게 둥글리기를 하여 약간 길게 하여 정돈한다.

8. 중간발효
- 성형을 하기 좋게 중간발효를 15분 정도 시킨다.
- 비닐 등을 덮어 마르지 않게 조치한다.

9. 성형
- 공기를 빼고 바게트는 40cm, 에피는 길이 55cm 정도가 되게 단단하게 말아서 양끝을 약간 뾰족하게 오블롱(Oblong)모양으로 잡아준다.
- 밀가루를 알맞게 편 보자기 위에 올려 예리한 가위를 이용하여 6군데를 엇비슷하게 자른다.

10. 패닝
- 정통 에피 모양으로 펴서 준다.
- 적당한 밀가루가 묻게 하여 엇비슷하게 만들어 패닝한다.

11. 2차 발효
- 발효실온도 : 30℃, 습도 : 85%에서 80분 정도

12. 굽기 전 스팀주기
- 굽기 전에 반드시 스팀을 주어 굽는다.
- 스팀 오븐이 준비되지 않았으면 미리 물을 뿌려서 굽는다.

13. 굽기
- 오븐온도 : 윗불 230℃, 아랫불 200℃
- 굽기 시간 : 20분 정도 구운 후 5분 정도 건조시켜서 꺼낸다.
- 고르게 익어 겉껍질은 바삭바삭하고 속은 부드러우며 껍질색은 밝은 황색이어야 한다.

key point
- 본반죽에서 소금을 넣기 전에 잠시 휴식을 가지면 전분과 글루텐, 물 사이의 신장성이 증가되어 반죽이 보다 빠르게 발전되어 반죽시간을 15% 정도 줄일 수 있다.
- 아울러 후염법인 이 방법으로 제조하면 빵의 부피, 속결, 구조를 좋게 한다.
- 지나치게 반죽을 오래하면 반죽을 산화시켜 빵의 속색이 좋지 않다.
- 린브레드(Lean bread)란 저배합빵을 말하며 에피(Epi), 치아바타(Ciabatta), 브르통(Breton) 브레드 등이 있다.
- 설탕, 유지, 계란이 많이 들어가는 빵은 리치 브레드(Rich bread), 즉 고배합빵이라고 하며 린(Lean) 브레드와 반대이다.
- 에피(Epi)는 불어로 이삭을 말하며 빵의 모양에서 비롯된 이름이다.

나뭇잎빵 Leaves of Tree(영)

배합표

• 반죽 배합표

재 료	비 율(%)	무 게(g)
강력분	100	1000
제빵개량제	1	10
설탕	25	250
소금	1.6	16
이스트	3.5	35
우유	37	370
계란	35	350
버터	10	100
합계	213.1	2131
슈거파우더		필요에 따라

• 속 필링 배합표

재 료	비 율(%)	무 게(g)
통팥앙금	100	1000
케이크 크림	40	400
아몬드파우더	20	200
크랜베리	10	100
호두	10	100
계핏가루	1	10
계란 흰자	14	140
설탕	15	150
물	5	50
럼	3	30
합계	218	2180

• 소보로 배합표

재 료	비 율(%)	무 게(g)
버터	(41.7)	125
땅콩버터	25	75
설탕	60	180
계란	(16.7)	50
베이킹파우더	(1.6)	5
분유	(8.3)	25
옥수수가루	40	120
박력분	60	180
합계	(253.3)	760

제조 과정

1. 반죽 제조

- 우유, 계란, 버터를 제외한 건재료를 넣고 저속으로 가볍게 섞어준다.
- 우유와 계란을 넣고 저속으로 수화시키고 중속으로 반죽을 한다.
- 클린업 단계에서 버터를 넣고 중속으로 반죽을 계속한다.
- 최종단계까지 반죽을 완성한다.

2. 반죽상태

- 윤기와 탄력성 있는 반죽이어야 한다.

3. 반죽온도

- 반죽온도를 27℃로 맞춘다.

4. 1차 발효

- 발효온도 : 27℃, 습도 80%, 50분 정도 발효시킨다.

5. 속 필링 만들기

- 계란 흰자를 휘핑하면서 설탕에 물을 넣어 115℃까지 끓여 넣어 이탈리안 크림을 만든다.
- 앙금을 믹서에 넣고 풀어주면서 다른

모든 재료들을 부드럽게 혼합하여 마
무리한다.

6. 소보로 만들기

- 버터와 땅콩버터를 볼에 담아 부드럽 게 풀어준다.
- 설탕을 넣고 적당한 크림을 만든다.
- 계란을 넣고 휘저어 크림을 만든다.
- 베이킹파우더, 분유, 옥수수가루, 박력 분을 혼합하여 체에 내려 섞어준다.
- 손으로 비벼서 파실파실한 소보로 상 태를 만든다.

7. 분할, 둥글리기

- 150g짜리 14개로 분할한다.
- 매끈하게 둥글리기를 하여 차례로 정 돈한다.

8. 중간발효

- 성형하기 좋게 중간발효를 15분 정도 한다.
- 비닐 등으로 덮어 반죽이 마르지 않게 조치한다.

9. 성형

- 중간발효시킨 반죽에 150g 정도의 속 필링을 넣고 앙금빵 싸듯이 싼다.
- 모양을 약간 길쭉하고 납작하게 눌러 서 나뭇잎모양을 만든다.

10. 패닝

- 기름칠한 철판에 간격을 고르게 하여 패닝한다.
- 칼집을 내어 나뭇잎 무늬를 만들어 속 필링이 살짝 보이게 한다.
- 윗면에 계란물을 바른다.
- 가운데 부분으로 소보로 반죽을 뿌려 준다.

11. 2차 발효

- 발효실온도 : 32℃, 습도 80%에서 50 분 정도

12. 굽기

- 오븐온도 : 윗불 200℃, 아랫불 170℃
- 굽기 시간 : 15분 정도
- 색깔이 고르고 윤기가 있으며 짙은 갈 색을 띠어야 한다.

- 우유와 계란으로 하는 반죽이므로 반죽의 되기와 온도에 관심을 기울여 적당한 되기와 반죽온도가 되게 한다.
- 반죽이 질면 나뭇잎모양을 내기가 곤란하므로 단과자빵 보다는 약간 된 듯한 반죽이 되게 한다.
- 속 필링의 재료 중 케이크 가루는 너무 건조한 것을 혼합 하지 않고 크랜베리는 전처리하여 수분이 충분히 함유되 게 넣는 것이 좋다.
- 소보로 반죽은 필요에 따라 약간의 물엿을 첨가하여 사용 하여도 좋은데 물엿은 수분의 함유율을 높여준다.

론도브레드 Rondo Bread(영)

배합표

● 반죽 배합표

재 료	비 율(%)	무 게(g)
강력분	70	700
박력분	30	300
설탕	35	350
생이스트	3	30
소금	2	20
제빵개량제	2	20

재 료	비 율(%)	무 게(g)
분유	3	30
물	60	600
버터	3	30
호두	15	150
건포도	20	200
계	243	2430

제조 과정

1. 반죽 제조

- 버터, 물, 호두, 건포도를 제외한 전 재료를 넣고 저속으로 가볍게 섞어준 다.
- 물을 넣고 수화되면 중속으로 반죽한 다.
- 클린업 단계에서 버터를 투입하여 중 속으로 반죽하여 최종단계에서 반죽을 완료한다.
- 반죽 마지막 단계에서 호두와 건포도 를 넣고 가볍게 섞어준다.

2. 반죽상태

- 글루텐의 발전을 최대로 하여 반죽의 신장성과 탄력성을 최고로 만든다.
- 매끈하고 윤기 있는 반죽상태이다.

3. 반죽온도

- 반죽온도가 27℃가 되게 조치한다.

4. 1차 발효

- 발효실온도 20℃, 습도 80%의 적절한 발효실에서 1시간 이상 발효시킨다.

5. 분할, 둥글리기

- 450g짜리 5개로 분할한다.
- 껍질이 매끄럽게 둥글리기하여 약간 길게 정돈한다.

6. 중간발효

- 성형하기 좋게 20분 정도 중간발효시킨다.
- 비닐 등을 덮어 마르지 않게 조치한다.

7. 성형

- 공기를 빼고 긴 바게트형으로 단단하게 말아준다.

8. 패닝

- 바게트 틀이 열을 고르게 받을 수 있게 하여 패닝한다.
- 적당한 밀가루를 묻혀 패닝하기도 한다.

9. 2차 발효

- 발효실온도 : 35℃, 습도 : 85%에서 40분 정도

10. 칼집내기

- 표면에 칼집을 4~5개 정도 비스듬히 내어준다.

11. 굽기 전 스팀주기

- 굽기 전에 반드시 스팀을 주어 굽는다.
- 스팀 오븐이 준비되지 않으면 미리 물을 뿌려서 굽는다.

12. 굽기

- 오븐온도 : 윗불 200℃, 아랫불 180℃
- 굽기 시간 : 35분 정도 구운 후 5분 정도 건조시켜서 꺼낸다.
- 고르게 익어 겉껍질은 바삭바삭하고 속은 부드러워야 하고 색이 고르게 나야 한다.

key point

- 론도는 프랑스 클래식의 빠른 춤곡(회선곡 : 回旋曲)에서 유래된 이름이다.
- 론도는 호두의 고소함과 건포도의 달콤함이 만나 우리 입맛에도 맞다.

치아바타 Ciabatta(영,이)

배합표

● 1차 반죽 배합표

재 료	비 율(%)	무 게(g)
강력분	100	300
물	60	180
인스턴트 이스트	0.8	2.4
계	200.8	482.4

● 2차 반죽 배합표

재 료	비 율(%)	무 게(g)
1차 반죽	48	480
강력분	100	1000
물(26℃)	68	680
인스턴트 이스트	0.7	7
몰트(malt)	1	10
소금	2	20
계	219.7	2197

제조 과정

1. 1차 반죽 제조(스펀지)

- 물에 인스턴트 이스트를 반죽 10분 전에 타서 준비한다.
- 모든 재료를 넣고 가볍게 섞어서 21℃가 되게 맞춘다.
- 손으로 반죽을 섞어주어도 된다.
- 실온에서 적어도 4시간 이상 발효시킨다.
- 가장 이상적인 발효는 18시간이다.

2. 2차 반죽 제조(본반죽)

- 물에 인스턴트 이스트를 반죽 10분 전에 타서 준비한다.
- 소금을 제외한 재료를 넣고 저속으로 믹싱한다.
- 마르지 않게 조치하여 15분 정도 휴지시킨다.
- 소금을 넣고 저속으로 반죽한다.
- 반죽의 양에 따라 반죽시간을 늘려서 최종단계까지 하여 글루텐의 발전을

최대로 만든다.

3. 반죽상태

- 반죽의 신장성과 탄력성이 최대인 상태이다.
- 매끈하고 윤기가 있는 반죽상태이다.

4. 반죽온도

- 반죽온도는 23℃가 되게 조치한다.

5. 1차 발효

- 실온의 나무판 위에서 최소 4시간 이상 발효시킨다.
- 온도 27℃, 습도 80%의 적절한 발효실에서 1시간 이상 발효시킨다.

6. 분할, 둥글리기

- 300g짜리 7개로 분할한다.
- 껍질이 매끄럽게 둥글리기를 하여 약간 길게 하여 정돈한다.

7. 중간발효

- 성형을 하기 좋게 중간발효를 15분 정도 시킨다.
- 비닐 등을 덮어 마르지 않게 조치한다.

8. 성형

- 공기를 빼고 길고 약간 납작하게 눌러 물칠한 후 밀가루나 세몰리나(semolina)를 묻혀 패닝한다.

9. 패닝

- 정통 치아바타는 슬리퍼의 모양으로 펴서 준다.
- 밀가루가 적당히 묻게 하여 간격을 고르게 하여 패닝한다.

10. 2차 발효

- 발효실온도 : 30℃, 습도 : 85%에서 60분 정도

11. 굽기 전 스팀주기

- 굽기 전에 반드시 스팀을 주어 굽는다.
- 스팀 오븐이 준비되지 않으면 미리 물을 뿌려서 굽는다.

12. 굽기

- 오븐온도 : 윗불 200℃, 아랫불 190℃
- 굽기 시간 : 25분 정도 구운 후 5분 정도 건조시켜서 꺼낸다.
- 고르게 익어 겉껍질은 바삭바삭하고 속은 부드러워야 한다.

key point

- 팬을 사용하지 않고 오븐 바닥의 돌판 위에서 직접 구우면 옆면이 둥글고 빵의 껍질이 좋다.
- 치아바타는 이탈리아어로 슬리퍼라는 뜻으로 모양은 약간 납작하면서 타원형으로 만들어 붙여진 이름이다.
- 세몰리나(semolina)는 이탈리아에서 많이 생산되는 듀럼(Durum)밀에서 가공한 입도가 거친 노란색을 많이 띤 밀가루로 단백질 함량이 높다.

베이컨양파번 Bacon & Onion Bun(영)

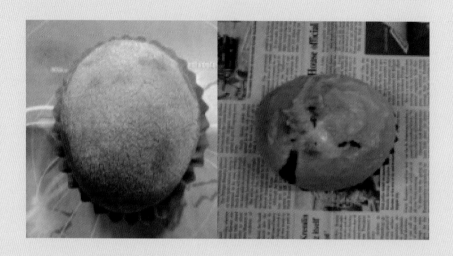

배합표

• 반죽 배합표

재 료	비 율(%)	무 게(g)
강력분	100	1000
디어바게트(독)	10	100
설탕	1.8	18
이스트	4	40
물	64	640
합계	179.8	1798
50mm 베이킹 컵		30개

• 토핑 배합표

재 료	비 율(%)	무 게(g)
쌀가루	(42.1)	150
중력분	(8.4)	30
생이스트	(0.9)	3
설탕	(0.9)	3
버터	(12.6)	45
물	(35.1)	125
합계	100	356

• 속 필링 배합표

재 료	비 율(%)	무 게(g)
양파	(44.4)	600
베이컨	(44.4)	600
피자치즈	(11.2)	150
합계	100	1350

1. 반죽 제조
- 디어바게트를 포함한 모든 재료를 넣고 섞어서 최종단계 중기까지 반죽을 한다.

2. 반죽상태
- 반죽의 신장성과 탄력성이 적당한 상태이다.
- 매끈하고 윤기 있는 반죽상태이다.

3. 반죽온도
- 조금 오래 발효시키는 반죽이므로 반죽온도가 25℃가 넘지 않게 조치한다.

4. 1차 발효
- 온도 27℃, 습도 80%의 적절한 발효실에서 1시간 이상 발효시킨다.
- 30분 발효 후 펀치를 하여 새로운 공기로 바꾼 후 다시 45분 정도 1차 발효를 더 시킨다.

5. 속 필링 제조
- 베이컨을 작게 잘라 팬에 굽는다.
- 살짝 익힌 베이컨의 기름기를 제거하고 깍둑썰기한 양파를 넣고 적당하게 볶는다.
- 식힌 후 피자치즈를 섞는다.

6. 토핑제조
- 모든 재료를 덩어리지지 않게 섞은 후 1시간 정도 발효시킨다.

7. 분할, 둥글리기
- 60g짜리 29개로 분할한다.
- 껍질이 매끄럽게 둥글리기를 하여 정돈한다.

8. 중간발효
- 성형하기 좋게 15분 정도 중간발효시킨다.
- 비닐 등을 덮어 마르지 않게 조치한다.

9. 성형
- 공기를 빼고 반죽을 둥글게 늘인다.
- 속 필링을 45g 정도씩 싸서 마무리부분을 잘 붙인다.
- 은박 50mm 베이킹 컵에 담는다.

10. 패닝
- 철판에 적당한 간격으로 패닝을 한다.

11. 2차 발효
- 발효실온도 : 30℃, 습도 : 85%에서 30분 정도

12. 토핑하기
- 발효시킨 토핑 반죽을 스푼이나 짤주머니를 이용하여 번의 윗면에 토핑한다.

13. 굽기
- 오븐온도 : 윗불 210℃, 아랫불 200℃
- 굽기 시간 : 20분 정도
- 고르게 익어 겉껍질은 바삭바삭하고 속은 부드러워야 한다.

key point

- 알레스구테 디어바게트(Allesgute Diabagutte)는 독일에서 생산된 바게트용 천연 제빵개량제로 소금과 기존의 제빵개량제를 대신하여 밀가루양의 10% 범위로 사용 가능한 제품이다.
- 속 필링의 베이컨을 익혀 기름기를 적당히 제거하여 사용하여야 한다.
- 토핑 반죽에서 보통의 멥쌀가루를 사용할 때는 중력분을 같이 쓰고 제과용 쌀가루를 쓰면 중력분을 사용할 필요가 없으며 이스트는 드라이 이스트를 쓰면 풍미가 더 어울린다.
- 조금 작게 만들어 고급 레스토랑에서 사용하기에 좋다.

밤빵 Chestnut Bread(영)

배합표

재 료	비 율(%)	무 게(g)
강력분	90	900
박력분	10	100
분유	7.5	75
소금	1.5	15
생이스트	3.5	35
설탕	13	130
제빵개량제	0.5	5

재 료	비 율(%)	무 게(g)
버터	3.5	35
계란	15	150
물	36	360
합계	180.5	1805
충전용 버터(마가린)		450
밤(캔)		600
바닐라크림		200

제조 과정

1. 반죽 제조

- 버터, 계란, 물을 제외한 건재료를 볼에 넣고 저속으로 가볍게 섞는다.
- 계란, 물을 넣고 저속으로 수화시킨다.
- 클린업 단계에서 버터를 넣고 발전단계 중기까지 중속으로 반죽을 한다.

2. 반죽상태

- 밀어 펴는 과정이 많이 있으므로 반죽을 지나치게 하여 글루텐이 잡히게 되면 밀어 펴기가 힘들다.
- 밀어 펴는 과정에서 글루텐이 발전되게 하여야 한다.

3. 반죽온도

- 24℃ 이하로 맞춘다.

4. 1차 냉장 휴지

- 반죽을 비닐에 싸서 냉장온도에서 30분간 휴지시킨다.

5. 충전용 유지 밀어 펴기

- 반죽의 휴지시간에 충전용 유지를 직사각형으로 밀어 펴서 준비한다.
- 휴지된 반죽은 충전용 유지를 쌀 수 있을 정도로 밀어 편다.

6. 충전용 유지 싸기

- 반죽을 밀어 펴서 충전용 유지를 가운데 넣고 반죽을 감싼다.
- 감싸진 반죽을 직사각형으로 밀어 펴기하여 3절 접기를 한다.
- 반죽을 90도로 돌려 직사각형으로 밀어 펴기하여 3절 접기를 하여 3회 반복 실시한다.
- 밀어 펴기 사이 냉장 휴지를 30분 정도 시키면서 반죽과 밀어 펴지는 속 유지의 되기를 맞춘다.

7. 성형

- 두께 2~3mm 정도로 길이를 60cm 정도로 밀어 펴기하여 직사각형 모양을 만든다.
- 바닐라크림을 바른다.
- 잘게 자른 밤을 고르게 편다.
- 반죽을 살짝 당겨가며 동동 말아준다.
- 4등분으로 자른다.
- 자른 반죽을 가로로 길게 반을 자른다.
- 꽈배기처럼 꼬아서 파운드 종이 틀에 담는다.

8. 계란물칠하기

- 표면에 50%의 계란 노른자 물이 흐르지 않게 칠한다.
- 결에 따라 살짝 칠한다.

9. 2차 발효

- 발효실온도 32℃, 습도 80% 정도에서 40분간 발효시킨다.

10. 굽기

- 오븐온도 : 윗불 180℃, 아랫불 200℃
- 굽기 시간 : 20분 정도

key point

- 반죽을 지나치게 하면 반죽에 글루텐이 강해져서 밀어 펴기가 쉽지 않으므로 발전단계 중기까지만 한다.
- 냉장 휴지의 이유는 반죽의 수화를 돕고 밀어 펴기 좋게 하기 위함이다.
- 충전물 유지를 넣고 밀어 펼 때 반죽이 찢어지면 제품을 구울 때 유지가 새어 나와 맛이 좋지 않게 된다.
- 계란물을 칠한 후 윗면에 아몬드 등을 뿌려 굽기도 한다.

아스파라거스번 Asparagus Bun(영)

배합표

● 빵 반죽

재 료	비 율(%)	무 게(g)
강력분	100	1000
설탕	6	60
제빵개량제	0.5	5
소금	2	20
올리브오일	4	40
이스트	3.5	35
물	58	580
튀긴 양파	12	120
다진 햄	15	150
계	201	2010

● 속 충전물반죽

재 료	비 율(%)	무 게(g)
마요네즈	6.9	100
카레	1.4	20
아스파라거스	41.5	600
베이컨	41.5	600
롤치즈	9.7	140
계	100	1450

● 토핑 배합표

재 료	비 율(%)	무 게(g)
마요네즈	25	50
케첩	75	150
계	100	200

제조 과정

1. 반죽 제조

- 다진 양파, 다진 햄, 올리브오일, 물을 제외한 모든 재료를 볼에 넣고 가볍게 섞어 준다.
- 물을 넣고 저속으로 반죽을 수화시킨다.
- 반죽이 한 덩어리로 뭉쳐져 클린업 상태가 되면 올리브오일을 넣고 중속으로 반죽을 계속한다.
- 글루텐이 최상의 상태가 된 최종단계에서 다진 양파와 다진 햄을 넣고 가볍게 섞어 준 후 반죽을 마무리한다.

2. 반죽상태

- 반죽이 매끈하고 신장성과 탄력성이 최대인 상태이다.
- 양파와 햄을 넣고 오래 섞지 않는다.

3. 반죽온도 27℃

4. 1차 발효

- 발효실온도 27℃, 습도 80%, 발효시간 60분 정도

5. 속 충전용 제조

- 아스파라거스는 뜨거운 물에 살짝 데쳐 3.5cm 정도의 크기로 잘라 준비한다.
- 베이컨은 잘라 살짝 볶아서 아스파라거스와 함께 버무린다.

- 카레를 약간 된 듯하게 타서 마요네즈와 함께 섞어 따로 준비한다.
- 롤치즈를 따로 준비한다.

6. 토핑 제조
- 마요네즈와 케첩을 섞어서 윗면에 사용한다.
- 피자치즈는 윗면에 뿌려준다.

7. 성형
- 중간발효시킨 반죽의 공기를 빼고 전체를 밀어 펴기한다.
- 카레와 마요네즈 섞은 것을 윗면에 발라준다.
- 윗면에 버무려 놓은 베이컨, 아스파라거스를 고르게 편다.
- 롤치즈를 고르게 뿌리고 전체를 말아준다.
- 마무리 이음새 부분이 잘 결합되게 붙여준다.
- 예리한 칼로 70g 정도의 크기로 잘라준다.

8. 패닝
- 45mm 베이킹용 종이컵이나 철판에 간격을 맞추어 놓고 살짝 눌러준다.
- 표면에 계란물이 흐르지 않게 칠한다.

9. 2차 발효
- 발효실온도 30℃, 습도 85% 정도에서 40분간 발효시킨다.

10. 토핑하기
- 피자치즈를 고르게 뿌린다.
- 윗면에 마요네즈, 케첩의 토핑물을 짜준다.

11. 굽기
- 오븐온도 : 윗불 210℃, 아랫불 150℃
- 굽기 시간 : 15분 정도

key point
- 튀긴 양파가 없을 때는 반죽에 들어가는 생양파는 햄과 함께 잘게 다져 살짝 볶은 후에 넣으면 좋다.
- 충전물을 만들어 준비할 때 아스파라거스는 살짝 데치는 것이 좋으며 베이컨은 구워서 기름기를 제거하고 사용한다.
- 토핑의 케첩과 마요네즈는 필요에 따라 적당량 가감한다.

통밀사워브레드 Whole Wheat Sour Bread(영)

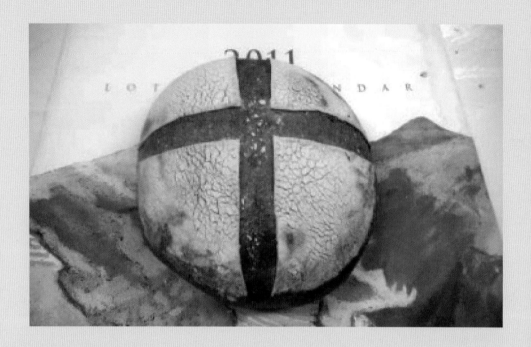

사워종(Sour Starter) 만들기

• 1차 사워종(Sour Starter)

재 료	비 율(%)	무 게(g)
강력분	100	200
물(30℃)	100	200

• 강력분과 물을 혼합하여 비닐로 덮어 실온에서 24시간 뒤 다시 한 번 저어주고 24시간을 다시 비닐로 덮어둔다.

• 2차 사워종(Sour Starter)

재 료	비 율(%)	무 게(g)
1차 사워종	100	200
강력분	100	200
물(30℃)	100	200

• 1차 반죽과 강력분과 물을 혼합하여 비닐로 덮어 실온에서 24시간 둔다.

• 3차 사워종(Sour Starter)

재 료	비 율(%)	무 게(g)
2차 사워종	200	400
강력분	100	200
물(30℃)	100	200

• 2차 반죽과 강력분과 물을 혼합하여 비닐로 덮어 실온에서 24시간 둔다.

• 4차 사워종(Sour Starter)

재 료	비 율(%)	무 게(g)
3차 사워종	33.3	200
강력분	100	600
물(30℃)	66.6	400

• 3차 반죽과 강력분과 물을 혼합하여 비닐로 덮어 실온에서 24시간 둔다.

• 최종 사워종 배합표

재 료	비 율(%)	무 게(g)
4차 사워종	20	200
강력분	100	1000
물(10℃)	100	1000

• 차가운 물에 4차 사워종을 잘 푼다.
• 강력분을 혼합하여 18시간 이상 실온에서 발효시킨 후 다른 반죽과 혼합하여 사용한다.

통밀사워브레드

반죽 배합표

재 료	비 율(%)	무 게(g)
강력분	76	760
통밀가루	12	120
호밀가루	12	120
사워종	58	580
물(21℃)	64	640
소금	2	20
계	224	2240

제조 과정

1. 반죽 제조

• 18시간 이상 발효시킨 사워종에 강력분, 통밀가루, 호밀가루를 섞고 물과 함께 저속으로 3분간 혼합한다.
• 믹싱볼에서 비닐을 덮어 15분 정도 휴지시킨 후 소금을 넣고 5분간 저속으로 반죽한다.
• 중속으로 반죽을 하여 글루텐을 최종단계 초기까지 발전시킨다.

2. 반죽상태

• 통밀, 호밀 등이 들어가 약간은 거칠지만 매끈하게 반죽되어야 한다.
• 호밀 등이 들어가 최종단계에 조금 못 미치는 반죽을 한다.

3. 1차 발효

• 나무 작업대 위나 볼에 옮겨 마르지 않게 비닐을 덮어 60분간 1차 발효시킨다.
• 펀치 후 다시 60분간 1차 발효를 계속 시킨다.
• 다시 한 번 펀치하여 그릇에서 꺼낸 후 15분 정도 휴지 타임을 준다.

4. 분할, 둥글리기

• 550g짜리 4개로 정확하게 분할한다.
• 매끈하게 둥글리기를 하여 차례로 정돈한다.

5. 중간발효

- 성형하기 좋게 20분간 중간발효시킨다.
- 비닐 등으로 덮어 마르지 않게 한다.

6. 성형

- 단단하게 말아서 둥근 나무 사워틀이나 오발틀, 혹은 원로프형으로 성형한다.
- 틀에 따라서 모양을 잡는다.

7. 패닝

- 패닝 전 밀가루나 세몰리나를 듬뿍 묻혀 패닝한다.

8. 2차 발효

- 실온에서 비닐을 덮어 2시간 정도 2차 발효시킨다.

9. 굽기

- 오븐온도 : 윗불 220℃, 아랫불 200℃
- 굽기 시간 : 30분 정도
- 굽기 전 오븐에 스팀을 분사시키거나 고르게 분무하여 굽는다.
- 고르게 속까지 잘 익어야 한다.

key point

- 사워종의 특별함은 발효에 있으므로 충분한 시간을 주어 작업하여야 한다.
- 성형한 후 냉장고에서 저온발효하여 다음날 굽기 전 1~2시간 전에 냉장고에서 꺼내어 발효하여 굽기하여도 된다.
- 천연발효종을 이용하는 빵은 발효 시 오랜 기다림이 필요한 빵이라 할 수 있다.

Chapter 5

실무제과실습

티라미수 Tiramisu(영, 이)

배합표

• 핑거쿠키 배합표

재 료 명	비 율(%)	무 게(g)
박력분	100	350
계란	(43)	150(3개)
계란 노른자	(26)	90(5개)
설탕	(71)	250
레몬필 · 즙	(4)	15(1/2개)
바닐라향	(0.9)	3
계	(244.9)	858

물		25(약간)
휘핑크림	30	300
바닐라빈		1ea
젤라틴	2.5	25
아마레토(amaretto)	70	70
계	100	1000

• 티라미수 배합표

재 료 명	비 율(%)	무 게(g)
마스카르포네 치즈	30	300
생크림	7.5	75
계란 노른자	9	90(5개)
설탕	14	140

• 시럽 배합표

재 료 명	비 율(%)	무 게(g)
물	100	200
설탕	60	120
에스프레소 커피원액	30	60
칼루아	10	20
계	200	400

제조 과정

1. 핑거쿠키(Finger cookies) 반죽 제조

- 계란과 설탕을 중탕하여 볼 위에 놓고 거품을 최대한 올린다.
- 박력분과 바닐라향을 체에 내려 주걱으로 자르듯이 가볍게 혼합한다.
- 가루가 어느 정도 섞이면 레몬필과 즙, 바닐라향을 넣어 섞는다.
- 철판에 유산지를 깔고 모양깍지 끼운 짤주머니에 반죽을 담아 막대모양으로 짠다.
- 윗면에 설탕을 뿌려서 털어낸 후 15분 정도 시간을 두어 말린 뒤에 굽는다.
- 오븐온도 : 윗불 190℃, 아랫불 150℃에서 10분 정도 윗면에 색이 나지 않게 말리듯이 굽는다.

2. 티라미수 반죽 제조

- 생크림에 바닐라빈의 씨를 빼서 넣고 껍질과 함께 살짝 끓여 거른다.
- 마스카르포네 치즈를 부드럽게 풀어서 끓인 생크림을 조금씩 흘려넣어 섞는다.
- 계란 노른자를 크림화시키면서 설탕을 물과 함께 110℃ 정도로 끓여 조금씩 흘려넣으면서 계란 노른자를 살균소독하여 크림화시킨다.

- 풀어진 마스카르포네 치즈에 계란 노른자를 혼합한다.
- 젤라틴을 찬물에 불려서 그릇에 담아 중탕으로 녹인 후 일부의 반죽과 혼합한 후 전체의 반죽과 섞어준다.
- 휘핑크림을 80% 정도 휘핑하여 혼합한다.
- 아마레토 술을 섞어 반죽을 마무리한다.

3. 시럽만들기
- 설탕을 물에 넣어 끓인다.
- 식힌 후 커피원액과 칼루아 술을 혼합하여 시럽으로 사용한다.

4. 마무리
- 핑거쿠키에 시럽을 듬뿍 묻힌 후 모양틀이나 팬에 크림과 함께 담아서 낸다.
- 윗면에는 코코아파우더를 뿌리고 슈거파우더로 모양을 내어 낸다.

key point

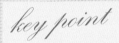

- 젤라틴은 판젤라틴을 사용하기 좋은데 판젤라틴은 10℃의 차가운 물에 충분히 불린 후 물기를 살짝 짜내고 그릇에 담아 따뜻한 물이 담긴 큰 그릇 위에 중탕으로 녹여서 사용한다.
- 젤라틴은 반죽이 10℃ 이하로 차가우면 섞이기 전에 몰려서 굳을 수 있으므로 반죽에 고르게 섞일 수 있게 주의하여 혼합하여야 한다.
- 핑거쿠키 반죽은 짤주머니에서 한 번 더 짜지는 것이므로 반죽할 때 밀가루를 가볍게 섞어주어 짤주머니에 담아서 짠다.
- 티라미수 제품에 핑거쿠키 반죽을 사용하는 것은 이탈리아에서 정통적으로 사용되던 방법이며 우리나라에서는 핑거쿠키 반죽 대신 모카스펀지를 사용하여 티라미수를 만들기도 한다.

호박카스테라 Pumpkin Castella(영)

배합표

재 료 명	비 율(%)	무 게(g)
박력분	100	300
설탕	110	330
계란	(83)	250(5개)
계란 노른자	30	90(5개분)
소금	1	3

재 료 명	비 율(%)	무 게(g)
정종	50	150
물엿	20	60
꿀	10	30
호박퓌레	15	45
계	419	1258

제조과정

1. 반죽 제조

- 계란, 설탕, 소금, 물엿, 꿀을 볼에 넣고 중탕하여 풀어준다.
- 설탕이 녹고 계란의 온도가 24℃ 정도가 되었을 때 고속으로 휘핑하여 거품을 떨어뜨려 모양이 잠시 동안 남아 있을 때까지 거품을 올린다.
- 중·저속으로 속도를 바꾸어 거품을 단단하게 만든다.
- 박력분을 체에 내려 거품이 꺼지지 않게 주의하여 가볍게 섞어준다.
- 일부의 반죽을 덜어 정종과 호박퓌레를 가볍게 혼합한다.
- 다시 전체 반죽과 거품이 꺼지지 않게 주의하여 혼합한다.

2. 반죽상태

- 전 재료가 균일하게 혼합되고 거품이 많이 꺼지지 않은 적당한 반죽이 되어야 한다.
- 매끈하며 윤기가 있는 반죽으로 손가락 자국이 천천히 메워질 때가 가장 적합한 반죽이다.

3. 반죽온도

- 27℃로 맞추려면 초콜릿을 지나치게 뜨겁게 하지 않아야 한다.

4. 반죽 비중

- 비중은 0.50±0.05 정도 되게 한다.

5. 패닝

- 오발형 카스텔라팬에 옆면과 밑면에 오발형 유산지를 깔아 준비한다.
- 팬의 70% 정도씩 나누어 패닝한다.
- 오븐에 들어가기 전에 윗면에 생긴 기포를 제거한다.

6. 굽기

- 오븐온도 : 윗불 190℃, 아랫불 160℃
- 20분 정도 굽기
- 전체가 고르게 익고 황금색이 나야 한다.

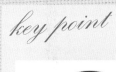

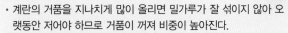

- 계란의 거품을 지나치게 많이 올리면 밀가루가 잘 섞이지 않아 오랫동안 저어야 하므로 거품이 꺼져 비중이 높아진다.
- 계란의 거품은 불빛에 비추면 표면에 윤기가 있고 수분기가 약간 보일 정도인 80% 정도가 알맞다.
- 일부의 정종과 호박퓌레는 일부의 반죽과 잘 혼합한 후에 다시 전체 반죽과 섞어주면 고르고 빠르게 혼합하는 데 도움이 된다.
- 거품이 지나치게 꺼지면 완제품의 속이 뭉쳐 끈적거림이 생긴다.

핫수플레 Hot Souffle(불)

배합표

재 료 명	비 율(%)	무 게(g)
중력분	100	60
버터	100	60
우유	500	300
계란 노른자	(116)	70(4개분)
계란 흰자	(232)	140(4개분)

재 료 명	비 율(%)	무 게(g)
설탕	100	60
그랑마니에르	(16)	10
계		700
슈거파우더		5

제조과정

1. 반죽 제조

- 팬에 버터를 녹인 후 밀가루를 넣고 낮은 온도에서 2분 정도 황금색이 나도록 볶는다.
- 우유를 2~3회 나누어 넣으면서 밀가루 반죽이 끓어 오를 때까지 젓기를 반복한다.
- 불을 낮추고 계란 노른자를 넣으면서 저어서 반죽이 부드러워지면 불에서 내린다.
- 계란 흰자의 거품을 내어 설탕을 넣고 85% 정도의 머랭을 만들어 반죽과 혼합한다.
- 그랑마니에르(Grand marnier)를 섞어준다.

2. 반죽상태

- 전 재료가 균일하게 혼합된 적당한 반죽이 되어야 한다.
- 매끈하며 윤기가 있는 반죽이다.

3. 반죽온도

- 27℃로 맞추려면 초콜릿을 지나치게 뜨겁게 하지 않아야 한다.

4. 반죽 비중

- 비중은 0.40±0.05 정도가 되게 한다.

5. 패닝

- 핫수플레용 그릇에 버터를 고르게 칠하고 설탕을 묻혀서 준비한다.
- 팬의 70% 정도씩 나누어 패닝한다.
- 오븐에 들어가기 전 윗면에 생긴 기포를 제거한다.

6. 굽기

- 오븐온도 : 윗불 160℃, 아랫불 160℃
- 중탕으로 30분 정도 굽기
- 구워져 나온 수플레에 슈거파우더를 뿌려 바로 사용한다.

key point

- 수플레는 구워져 나오는 순간부터 가라앉기 시작하는 제품으로 소스 등의 서빙 준비를 철저히 하였다가 오븐에서 나오면 바로 서빙한다.
- 우유 대신에 과일 퓌레를 이용할 수도 있고 초콜릿을 갈아서 넣거나 하여 맛을 가미할 수도 있다.
- 머랭을 섞기 전에 반죽하여 두었다가 필요한 때에 머랭을 섞어서 구우면 좋은 제품을 만들 수 있다.
- 수플레 중 정통적인 핫수플레 그랑마니에르는 그랑마니에르 술의 오렌지향과 어울리는 더운 디저트 중 고급에 속하는 디저트이다.

블루베리치즈케이크 Blueberry Cheese Cake(영)

케이크 배합표(2호 무스틀 5개용)

재 료	비 율(%)	무 게(g)	재 료	비 율(%)	무 게(g)
크림치즈	(19.7)	500	그랑마니에르	(3.0)	75
생크림	(29.6)	750	계	100	2530
휘핑크림	(19.7)	500	모카스펀지	2호 2개	5(슬라이스)
계란 노른자	(10.7)	270(15개분)	무스띠	2호 둘레 5개×3cm	적당량
설탕	(7.5)	190			
물엿	(2.8)	70	블루베리 파이 필링	캔 사용	500
물	(4.0)	100	블루베리	토핑용	4개
레몬즙	(1.0)	25(1개분)	살구 혼당	토핑용	300
젤라틴	(2.0)	50			

제조 과정

1. 케이크 반죽 제조

- 크림치즈를 볼에 넣어 풀어서 끓인 생크림을 흘려 넣으면서 부드럽게 풀어준다.
- 판젤라틴을 물에 충분히 불린 후 중탕으로 녹여 혼합한다.
- 설탕과 물엿, 물을 끓여 115℃ 정도 되었을 때 다른 볼에 계란 노른자 거품을 올리면서 조금씩 흘려 넣어 단단한 봄브를 만든다.
- 크림치즈에 거품 올린 노른자 반죽을 넣는다.
- 레몬즙과 그랑마니에르를 섞어준다.
- 휘핑크림을 70% 정도 올려 전체의 반죽이 고르게 혼합하여 반죽을 마무리한다.

2. 토핑 블루베리 혼당 제조

- 캔 블루베리를 드레인한 주스를 살구 혼당과 함께 충분히 끓여준다.
- 약간 식었을 때 케이크 위에 블루베리를 깔고 발라준다.

3. 마무리

- 평평한 판(나무나 아크릴판) 위에 비닐을 깔고 2호 세르클 무스틀을 올려 놓는다.
- 자연스럽게 무늬를 낸 무스띠를 틀의 1/2 높이로 잘라 두른다.
- 바닥에 모카스펀지를 맞게 잘라 깐다.

- 무스를 1/3가량 채운다.
- 블루베리 파이 필링을 100g 정도씩 짜준 후 모카스펀지를 올린다.
- 다시 무스 반죽을 틀의 윗면까지 가득 채운다.
- 냉동에서 굳힌다.
- 굳힌 케이크를 내어 윗면에 드래인한 블루베리 알갱이를 고르게 펴서 올린 후 블루베리 혼당을 발라 마무리한다.

- 윗면의 블루베리를 고르게 깔아주고 토핑 블루베리 혼당은 적당한 밝기를 유지하여야 한다.
- 반죽에서 젤라틴은 여름에는 겨울보다 많은 양을 사용하여 반죽하여야 한다.
- 젤라틴은 10℃ 이하의 찬물에서 충분히 불린 후 물기를 짜고 그릇에 담아 따뜻한 물 위에 중탕으로 녹여야 하는 데 10℃ 이상의 물에서 불리면 젤라틴이 불리기 전에 녹아 없어지기 때문이다.
- 젤라틴을 섞을 때는 차가운 재료를 섞기 전에 섞어주어야 반죽 전체에 고르게 섞일 수 있다.

녹차찜케이크 Steamed Green Tea Cake(영)

배합표

재 료 명	비 율(%)	무 게(g)
중력분	100	200
계란 노른자	45	90(5개분)
설탕ⓐ	65	130
소금	1.5	3
물	20	40
올리브오일	35	70
녹차가루	6	12

재 료 명	비 율(%)	무 게(g)
베이킹파우더	3	6
계란 흰자	90	180(5개분)
설탕ⓑ	55	110
럼주	5	10
크랜베리	40	80
계	465.5	931

제조과정

1. 반죽 제조

- 건조 크랜베리는 찬물에 한 시간 정도 담근 후 물기를 제거하고 럼주에 섞어 전처리해서 준비한다.
- 노른자와 설탕ⓐ는 거품을 약간 올려 소금, 물, 올리브오일을 섞어준다.
- 중력분과 녹차가루, 베이킹파우더를 혼합하여 체에서 내린 후 덩어리지지 않게 혼합한다.
- 흰자와 설탕ⓑ로 80% 정도의 부드러운 머랭을 만들어 1/2을 섞어준다.
- 전처리한 크랜베리에 여분의 박력분을 살짝 혼합하여 반죽에 섞어준다.
- 나머지 머랭을 가볍게 섞는다.

2. 패닝

- 작은 찜 케이크팬에 기름을 바르고 설탕을 묻혀 털어낸 후 2/3 정도를 패닝한다.
- 윗면의 기포를 제거한다.

3. 굽기

- 오븐온도 : 윗불 180℃, 아랫불 190℃
- 굽기 시간 : 40분 정도 굽는다.
- 중탕으로 반죽을 찌듯이 굽는다.

key point

- 머랭은 부드러우면서도 지나치게 단단하지 않게 올리려면 처음에는 고속으로 올리다가 50% 정도 올라오면 중속으로 천천히 거품을 올린다.
- 녹차가루 대신 코코아파우더, 커피가루를 넣어 찜 카스텔라를 만들 수 있다.
- 건과일의 전처리는 반드시 하여야 완제품에서 수분의 이동이 심하지 않다.
- 크랜베리 대신에 강낭콩배기, 완두배기, 팥배기, 견과류, 건포도를 넣어 만들 수 있다.

Memo

갈레트브르통 Galette Breton(불)

배합표

재 료 명	비 율(%)	무 게(g)
박력분	100	500
아몬드파우더	30	150
버터	100	500
슈거파우더	60	300
소금	1	5

재 료 명	비 율(%)	무 게(g)
계란 노른자	14	70(4개)
럼	4	20
레몬즙		1/2개
레몬필		1/2개
계		1545

제조과정

1. 반죽 제조

- 24℃ 정도의 버터를 볼에 담아 부드럽게 풀어준다.
- 슈거파우더와 소금을 넣고 크림화를 계속한다.
- 계란을 넣고 지나치지 않게 크림을 올린다.
- 레몬즙과 레몬필, 럼을 혼합한다.
- 박력분과 아몬드파우더를 체에 내린 후 가볍게 섞어준다.
- 반죽을 냉장고에서 24시간 휴지시킨다.
- 냉장고에서 꺼낸 반죽을 1cm 두께로 밀어 편다.
- 계란 노른자 물을 두껍게 칠한다.
- 포크를 이용하여 격자무늬를 낸다.
- 계란물이 굳을 때까지 냉장고에서 휴지시킨다.
- 지름 5.8cm의 원형틀로 찍어낸다.
- 은박 갈레트 틀에 담아 철판에 간격을 유지하여 패닝한다.

2. 굽기

- 오븐온도 : 윗불 180℃, 아랫불 170℃
- 굽기 시간 : 15분 정도 굽기

key point

- 버터는 24℃ 내외일 때 수분의 보유력과 크림성이 가장 좋으므로 계란을 투여했을 때 분리되지도 않고 크림이 잘 일어난다.
- 버터의 크림화는 지나치지 않게 하고 가루는 가볍게 섞어주어 냉장고에서 충분한 휴지의 시간을 준다.
- 휴지시킨 반죽을 밀어 펴서 틀로 찍어서 계란물을 바른 후 약간의 휴지시간을 거쳐 굽기도 한다.

Memo

딸기요구르트치즈케이크
Strawberry Yogurt Cheese Cake(영)

케이크 배합표(3호 무스틀 4개용)

재 료	비 율(%)	무 게(g)
크림치즈	(15.5)	500
생크림	(7.7)	250
플레인 요구르트	(18.5)	600
요구르트 엑기스	(7.7)	250
계란 노른자	(9.9)	320(18개분)
설탕	(6.5)	210
물엿	(2.5)	80
물	(1.5)	50
휘핑크림	(23.2)	750
판젤라틴	(1.7~2.2)	56~70
레몬주스	(2.2)	70
럼	(3.1)	100
계	100	3236
아몬드스펀지		3호 2개 정도
글레이즈		적당량

딸기 젤로 배합표

재 료	비 율(%)	무 게(g)
딸기퓌레	(60.4)	500
레몬주스	(6.0)	50
설탕	(31.4)	260
판젤라틴	(2.2)	18
계	100	828

제조 과정

1. 케이크 반죽 제조
- 크림치즈를 볼에 넣어 풀어서 끓인 생크림을 흘려 넣으면서 부드럽게 풀어준다.
- 설탕과 물엿, 물을 끓여 115℃ 정도 되었을 때 다른 볼에 계란 노른자의 거품을 올리면서 조금씩 흘려 넣어 단단한 봄브를 만든다.
- 크림치즈에 거품 올린 노른자 반죽을 넣는다.
- 판젤라틴을 물에 충분히 불린 후 중탕으로 녹여 혼합한다.
- 플레인 요구르트와 요구르트 엑기스를 넣고 잘 섞어준다.
- 레몬주스와 럼을 섞어준다.
- 휘핑크림을 70% 정도 올려 전체의 반죽을 고르게 혼합하여 반죽을 마무리한다.

2. 딸기 젤로 제조
- 딸기퓌레를 설탕과 함께 끓여 불린 젤라틴을 넣어 혼합한다.
- 약간 식었을 때 레몬주스를 섞어 사용한다.

3. 마무리

- 평평한 판(나무나 아크릴판) 위에 비닐을 깔고 3호 세르클 무스틀을 올려놓는다.
- 바닥의 비닐 위에 먼저 딸기 젤로를 이용하여 자연스런 무늬를 낸다.
- 젤로를 살짝 굳힌 후 무스 반죽을 틀의 1/3 정도 채워 무늬를 살린다.
- 아몬드스펀지를 1cm 두께로 틀보다 약간 작은 사이즈로 잘라 틀에 닿지 않게 가운데 넣고 시럽을 충분히 바른다.
- 다시 무스 반죽을 1/3 정도 채운 후 딸기젤로를 적당하게 짜서 고르게 편다.
- 아몬드스펀지를 틀의 크기에 맞춰 잘라서 덮어준다.
- 냉동에서 굳혀 뒤집어서 비닐을 제거한 후 글레이즈를 발라 마무리한다.

- 업 사이드다운(Up-side down)으로 만드는 무스 케이크로 딸기 젤로와 흰 무스 반죽의 자연스런 무늬를 살려주어야 한다.
- 반죽에서 젤라틴은 여름에는 겨울보다 양을 많이 사용하여 반죽하여야 한다.
- 젤라틴은 10℃ 이하의 찬물에서 충분히 불린 후 물기를 짜고 그릇에 담아 따뜻한 물 위에 중탕으로 녹여야 하는 데 10℃ 이상의 물에서 불리면 젤라틴이 불기 전에 녹아 없어지기 때문이다.
- 젤라틴은 차가운 재료를 섞기 전에 섞어주어야 반죽 전체에 고르게 섞일 수 있다.

라즈베리파운드 Raspberry Pound(영)

배합표

재 료 명	비 율(%)	무 게(g)
강력분	50	250
박력분	50	250
버터	56	280
계란	40	200
라즈베리퓌레	100	500
딸기시럽	10	50

재 료 명	비 율(%)	무 게(g)
설탕	90	450
베이킹파우더	4	20
바닐라에센스	2	10
계	402	2010
라즈베리퓌레	토핑용	400

제조 과정

1. 반죽 제조

- 버터를 풀어준 후 설탕을 넣고 크림화시킨다.
- 계란을 나누어 넣으면서 분리가 일어나지 않게 크림화를 계속하면서 중간에 볼의 바닥과 옆면의 반죽을 긁어 내린다.
- 반죽의 부피가 두 배 이상 커진 상태에서 라즈베리퓌레와 딸기시럽을 넣고 크림화 시킨다.
- 강력분, 중력분, 베이킹파우더를 체에 내려 부드럽게 섞어준다.

2. 반죽온도

- 22℃

3. 패닝

- 파운드팬에 500g씩 패닝한다.
- 가장자리를 높게 하여 윗면을 고른다.

4. 토핑

- 반죽의 가운데 라즈베리퓌레를 짜준다.

5. 굽기

- 오븐온도 : 윗불 170℃, 아랫불 180℃
- 굽기 시간 : 40분 정도

key point

- 버터를 23℃ 정도로 하여 수분 흡수율과 크림성이 최대로 될 수 있게 하여 크림화시킨다.
- 수분의 양이 많은 반죽이므로 분리에 조심하고 버터와 설탕을 넣은 크림이 두 배 정도 되었을 때 퓌레를 넣어 빠르게 반죽을 완료한다.
- 반죽을 팬에 담아 가장자리를 가운데보다 높게 하여주는 것은 가장자리가 미리 열을 받아 가운데보다 많이 부풀어오르지 못하기 때문이다.
- 윗면의 토핑 라즈베리를 짤 때에는 반죽 속으로 약간 들어간 듯하게 짜주어 윗면 전체에 흐르지 않게 한다.

수플레치즈케이크 Souffle Cheese Cake(영)

배합표

재 료	비 율(%)	무 게(g)
크리미비트	(11.7)	900
우유	(38.9)	3000
크림치즈	(32.4)	2500
사워크림	(3.9)	300
계란 흰자	(6.9)	530

재 료	비 율(%)	무 게(g)
설탕	(5.8)	450
계란 흰자 파우더	(0.4)	30
계	100	7710
화이트스펀지	6등분 슬라이스	4호 2개

제조과정

1. 케이크 반죽 제조

- 크림치즈를 볼에 넣고 풀어서 사워크림을 넣고 덩어리가 지지 않게 잘 풀어준다.
- 우유에 크리미비트를 조금씩 넣으면서 덩어리지지 않게 혼합하여 커스터드크림을 만들어 치즈와 부드럽게 혼합한다.
- 흰자, 설탕, 난백 파우더를 넣어서 머랭을 만든다.
- 머랭을 치즈 반죽에 넣어 잘 섞어준다.

2. 마무리

- 3호 케이크 틀 6개의 옆면에 녹은 버터를 칠하여 준 다음 백설탕을 묻힌다.
- 4호 스펀지를 1.5cm 정도로 슬라이스하여 옆면을 다듬어 색이 난 부분을 잘라내고 설탕으로 옆면이 코팅된 3호 케이크 틀의 바닥에 깔고 위에 완성된 반죽을 틀 윗면까지 채운다.
- 컨벡션 오븐 180℃에서 중탕으로 140분간 굽는다.

key point

- 크리미비트는 우유에 조금씩 넣으면서 휘저어주어야 덩어리지지 않고 매끈한 크림을 만들 수 있다.
- 계란 흰자 파우더는 계란의 단백질을 보충하여 머랭을 강하게 하기 위하여 넣는 것이므로 계란 흰자의 상태가 좋을 때는 생략하여도 된다.
- 컨벡션 오븐이나 로터리 오븐에서 중탕으로 구우면 반죽 전체에 열이 고르게 전달되어 좋다.
- 스펀지는 약간 단단한 아몬드스펀지를 사용하여 1.5cm 정도의 적당한 두께로 슬라이스하고 스펀지의 옆면을 다듬어 틀 바닥에 가득 넣는다.

가토쇼콜라 Gateau Chocolat(불)

배합표

재 료 명	비 율(%)	무 게(g)
강력분	14	70
박력분	10	50
아몬드파우더	62	310
코코아파우더	14	70
베이킹파우더	1	5
버터	53	265
슈거파우더	34	170
계란	70	350(7개)

재 료 명	비 율(%)	무 게(g)
소금	1	5
꿀	4	20
우유	30	150
다크드롭형 초콜릿ⓐ	60	300
다크드롭형 초콜릿ⓑ	20	100
칼루아	4	20
계	377	1885

제조 과정

1. 반죽 제조

- 24℃ 정도의 버터를 분당과 함께 볼에 넣고 비터(bitter)를 이용하여 크림화시킨다.
- 계란을 조금씩 나누어 넣으면서 크림이 희고 부드럽게 될 때까지 충분히 저어준다.
- 중력분, 베이킹파우더, 아몬드파우더, 코코아파우더를 섞어서 체에 내려 넣고 가볍게 혼합한다.
- 우유, 칼루아, 드롭형 초콜릿ⓐ 덩어리를 넣고 섞어준다.

2. 반죽상태

- 반죽이 분리되지 않고 매끈하며 윤기가 살아 있는 반죽이어야 한다.
- 지나치게 반죽이 되지 않게 해야 한다.

3. 반죽온도

- 반죽온도는 25℃를 넘지 않게 한다.

4. 패닝

- 2호 케이크팬 2개의 옆면과 밑면에 유산지를 깔아 준비한다.

- 2개의 팬에 900g 정도씩 나누어 담는다.
- 반죽을 평평하게 거른 후 드롭형 초콜릿을 윗면에 올려 살짝 눌러준다.

5. 굽기

- 오븐온도 : 윗불 170℃, 아랫불 180℃
- 굽기 시간 : 40분 정도
- 초콜릿의 겉면이 타지 않고 속이 잘 익어야 한다.

key point

- 강력분과 박력분을 섞어서 사용하지 않고 중력분을 사용하여도 된다.
- 버터가 24℃ 정도일 때 크림이 가장 잘 되고 수분 보유력이 뛰어나서 계란이 들어가도 분리현상이 적게 일어난다.

고구마파이 Sweet Potato Pie(영)

배합표

• 파이껍질 배합표

재 료 명	비 율(%)	무 게(g)
박력분	100	350
소금	(1.5)	5
무염버터	60	210
쇼트닝(라드)	20	70
물	20	70
계	201.5	705

• 고구마 필링 배합표

재 료 명	비 율(%)	무 게(g)
고구마퓌레	100	700
설탕ⓐ	45	315
소금	(0.7)	5
시나몬파우더	(0.4)	3
진저파우더	(0.3)	2
글로브파우더	(0.1)	1
생크림ⓐ	80	560
우유	35	245
계	(261.5)	1831
생크림ⓑ	100	450
설탕ⓑ	6	27

제조 과정

1. 파이껍질 반죽 제조

- 박력분과 소금을 볼에 넣고 섞는다.
- 딱딱한 버터와 쇼트닝을 박력분 속에 넣고 손으로 콩알 크기로 부순다.
- 찬물을 넣고 손으로 섞어서 반죽이 어울리게 한다.
- 버터를 녹이지 않고 덩어리가 남아 있게 한 덩어리로 뭉친다.
- 반죽을 납작하게 눌러 커버하여 적어도 1시간 이상 냉장 휴지시킨다.

2. 필링 반죽 제조

- 고구마를 삶아 고운체에 내린다.
- 계란을 부드럽게 풀어서 설탕ⓐ, 소금, 시나몬, 생강가루, 글로브가루를 혼합한다.
- 고구마에 계란 반죽을 부드럽게 혼합하고 생크림ⓐ와 우유를 함께 넣으면서 고르게 섞어서 필링 반죽을 마무리한다.

3. 성형

- 파이 반죽을 3mm 정도의 두께로 밀어서 2개의 25cm 파이팬 바닥에 깐다.
- 파이 반죽 윗면에 둥근 유산지를 올리고 위에 마른 콩이나 파이웨이트를 올린다.
- 190℃ 오븐에서 12분 정도 구워서 파이팬 모양으로 만든다.
- 약간 덜 구워진 상태의 파이셀을 완전히 식힌다.

- 콩이나 파이웨이트를 치우고 유산지도 벗겨낸다.
- 구워낸 파이껍질에 고구마 필링을 나누어 담아 윗면을 평평하게 고른다.

4. 굽기

- 오븐온도 : 윗불 190℃, 아랫불 150℃
- 50분 정도 굽기
- 전체가 고르게 익고 주위 테두리가 약간 딱딱하다.

5. 마무리

- 생크림ⓑ와 설탕ⓑ로 거품을 내어 식은 파이 윗면에 필요에 따라 바르고 장식하여 준다.

- 파이 반죽은 손반죽을 하면 기계에 비하여 오버 믹싱을 막을 수 있어 좋다.
- 파이 반죽은 냉장 휴지를 하는 동안 밀가루를 충분히 수화시키고 반죽을 안정시키므로 성형하여 구웠을 때 줄어드는 것을 방지할 수 있다.
- 파이 반죽의 유지를 반죽 속에 그대로 두면 유지 부분이 층을 이루게 되어 바삭바삭한 식감을 준다.
- 생크림을 바르거나 장식한 뒤 윗면에 시나몬파우더나 피스타치오가루를 살짝 뿌려 낸다.

아메리칸치즈케이크 American Cheese Cake(영)

배합표

● 케이크 반죽

재 료	비 율(%)	무 게(g)
박력분	100	200
설탕	160	320
계란	225	450
우유	325	650
크림치즈	1000	2000
레몬주스	12.5	25
계	1822.5	3645
퍼프페이스트리	18cm 파이팬 5개분	필요량

● 토핑 반죽

재 료	비 율(%)	무 게(g)
설탕	(12.6)	150
크림치즈	(52.4)	625
휘핑크림	(14.7)	175
사워크림	(6.3)	75
우유	(10.5)	125
레몬주스	(2)	25
젤라틴	(1.5)	18
계	100	1193

제조 과정

1. 케이크 반죽 제조

- 크림치즈와 설탕, 소금을 믹서하여 부드럽게 풀어준다.
- 계란을 조금씩 나누어 넣으면서 크림을 만든다.
- 치즈를 완전히 풀어준 후 중력분을 체에 내려 섞어준다.
- 우유를 넣어 부드럽게 섞어준다.

- 레몬주스를 고르게 섞어서 치즈케이크 반죽을 완료한다.

2. 토핑 반죽 제조

- 치즈를 완전히 풀어주고 설탕, 레몬주스, 휘핑크림, 사워크림을 차례대로 넣고 부드럽게 풀어준다.
- 우유로 농도를 조절하여 미리 물에 불려 중탕으로 녹인 젤라틴을 넣어 섞어준다.
- 굳기 전에 구워져 나온 케이크 윗면에 부어 굳힌다.

3. 케이크 마무리

- 미리 준비한 퍼프페이스트리 반죽을 0.3~0.4cm 두께로 밀어 파이팬에 깔아준다.
- 파이팬 윗면으로 올라온 반죽은 스크레이퍼를 이용하여 깔끔하게 자른 후 피케 처리한다.
- 준비한 케이크 반죽을 70% 채운다.
- 굽기 : 윗불 170℃, 아랫불 180℃의 예열된 오븐에서 약 50분간 굽는다.
- 구워 나온 케이크를 식힌 후 윗면에 토핑 반죽을 만들어 굳기 전에 부어서 굳힌다.

- 크림치즈는 덩어리 없이 풀어서 계란 등 다른 재료와 고르게 섞일 수 있도록 부드럽게 풀어준다.
- 반죽이 묽으므로 볼의 바닥에 크림치즈가 붙어 덩어리지지 않게 잘 반죽한다.
- 퍼프페이스트리 반죽은 파이껍질 반죽으로 대체하여 사용 가능하다.
- 케이크가 구워져 나와서 식으면 토핑반죽을 만들어 케이크 윗면에 토핑할 때까지 굳으면 안된다.
- 남은 크림치즈는 냉동 보관하지 않도록 한다.

레이즌스퀘어 Raisin Square(영)

배합표

재 료 명	비 율(%)	무 게(g)
박력분	100	700
설탕	78.6	550
버터	54.3	380
마가린	23.6	165
소금	1.1	8
물엿	6.4	45
계란	1.7	12

재 료 명	비 율(%)	무 게(g)
베이킹파우더	1.1	8
건포도	71.4	500
럼	7.1	50
계	345.3	2418
크림치즈		200
설탕		70
생크림		30

제조 과정

1. 반죽 제조

- 버터와 마가린을 풀어준 후 소금, 설탕, 물엿을 넣고 크림화시킨다.
- 계란을 나누어 넣으면서 분리가 일어나지 않게 크림화를 계속하면서 중간에 볼의 바닥과 옆면의 반죽을 긁어 내린다.
- 크림반죽의 부피가 두 배 이상 커진 상태에서 럼을 넣고 크림화시킨다.
- 박력분, 베이킹파우더를 체에 내려 부드럽게 섞어준다.

- 전처리 과정을 거친 건포도를 넣고 가볍게 섞어준다.

2. 반죽온도

- 23℃

3. 토핑 만들기

- 23℃ 정도의 크림치즈를 설탕과 함께 부드럽게 풀어준다.
- 생크림을 넣고 토핑 반죽의 되기를 맞춘다.

4. 패닝

- 사각 케이크 틀에 전체 반죽을 패닝한다.
- 가장자리를 높게 하여 윗면을 고른다.

5. 토핑

- 토핑 반죽을 원형 모양깍지를 끼운 짤주머니에 담는다.
- 패닝한 반죽 윗면에 격자무늬로 토핑 반죽을 짜준다.

6. 굽기

- 오븐온도 : 윗불 170℃, 아랫불 180℃
- 굽기 시간 : 40분 정도

7. 마무리

- 살구잼을 끓여 바르고 원하는 크기로 자른다.

key point

- 버터와 마가린을 23℃ 정도로 하여 수분 흡수율과 크림성이 최대로 될 수 있게 하여 크림화시킨다.
- 반죽을 적당한 사각팬에 담아 가장자리를 가운데보다 높게 하여주는 것은 가장자리가 미리 열을 받아 가운데보다 많이 부풀어오르지 못하기 때문이다.
- 윗면의 토핑을 짤 때에는 반죽 속으로 약간 들어간 듯하게 짜준다.

바나나트레인 Banana Train(영)

배합표

재 료 명	비 율(%)	무 게(g)
박력분	100	1000
소금	0.5	5
설탕	80	800
물엿	10	100
계란	40	400
베이킹파우더	2	20

재 료 명	비 율(%)	무 게(g)
식용유	10	100
우유	10	100
계핏가루	2	20
바나나	120	1200
계	374.5	3745

제조 과정

1. 반죽 제조

- 바나나는 얼려서 믹서에 곱게 갈아서 준비한다.
- 계란, 물엿, 설탕, 소금을 볼에 넣고 저속으로 섞은 후 고속으로 휘핑한다.
- 박력분, 계핏가루, 베이킹파우더를 혼합하여 체에 내린 다음 서서히 투입하여 가볍게 혼합한다.
- 우유와 오일, 바나나를 넣고 반죽을 완료한다.
- 바나나트레인 틀에 750g씩 패닝한다.

2. 반죽온도

- 20℃

3. 굽기

- 오븐온도 : 윗불 190℃, 아랫불 200℃
- 굽기 시간 : 30분 정도

4. 마무리

- 완전히 식은 후 손질하고 시럽과 살구잼을 바른 뒤 혼당을 뿌려서 마무리한다.

key point

- 바나나는 한 번 얼렸다가 갈아서 쓰면 반죽이 부글부글 끓지 않는데 생바나나를 쓰면 반죽이 오븐에서 부글거려 좋지 않다.
- 오븐에서 반죽이 설익지 않도록 오븐의 온도와 관리에 주의한다.
- 반죽한 상태가 대단히 묽은 반죽이므로 패닝 등 다루는 데 주의한다.

바나나넛케이크 Banana Nut Cake(영)

배합표

재 료 명	비 율(%)	무 게(g)
버터	34.1	375
쇼트닝	34.1	375
설탕	100	1100
물엿	4.5	50
소금	0.8	9
계란	68.2	750
베이킹파우더	2.7	30

재 료 명	비 율(%)	무 게(g)
강력분	68.2	750
박력분	31.8	350
바나나	54.5	600
호두	22.7	250
계		4639
호두(윗면 장식용)		100

제조 과정

1. 반죽 제조

- 바나나는 얼려서 믹서에 곱게 갈아서 준비한다.
- 쇼트닝을 부드럽게 풀어준 후 버터를 넣어 함께 부드럽게 푼다.
- 물엿, 설탕, 소금을 넣고 중속으로 휘핑하여 크림을 만든다.
- 계란을 나누어서 천천히 투입하면서 크림을 계속 만든다.
- 강력분, 박력분, 베이킹파우더를 혼합하여 체에 내린 다음 서서히 투입하여 가볍게 혼합한다.

- 바나나와 구운 호두를 넣고 가볍게 섞어 반죽을 완료한다.
- 파운드 틀에 550g씩 패닝한다.

2. 반죽온도

- 22℃

3. 굽기

- 오븐온도 : 윗불 190℃, 아랫불 200℃
- 굽기 시간 : 30분 정도

4. 마무리

- 완전히 식은 후 손질하고 시럽과 살구잼을 바른 뒤 구운 호두를 뿌려서 마무리한다.

- 바나나는 한 번 얼렸다가 갈아서 쓰면 반죽이 부글부글 끓지 않는데 생바나나를 쓰면 반죽이 오 븐에서 부글거려 좋지 않다.
- 오븐에서 반죽이 설익지 않도록 오븐의 온도와 관리에 주의한다.
- 윗면의 색이 빨리 날 수 있으므로 온도관리에 주의한다.
- 반죽한 상태가 대단히 묽은 반죽이므로 패닝 등을 다룰 때 주의한다.

오렌지레오파드 Orange Leopard(영)

배합표

● 오렌지 스펀지 배합표

재 료 명	비 율(%)	무 게(g)
계란 노른자	22.2	200(12개)
계란(전란)	100	900(18개)
박력분	100	900
오렌지주스(농축액)	24.4	220
설탕	150	1350
계		3570

● 슈 반죽(스펀지 토핑용)

재 료 명	비 율(%)	무 게(g)
버터	66.7	80
물	166.7	200
계란	166.7	200
박력분	100	120
계		600

● 오렌지크림

재 료 명	비 율(%)	무 게(g)
오렌지퓌레(주스 · 필)		3개분
버터크림		2500
그랑마니에르(리큐어)		60
계		2700

제조 과정

1. 슈반죽(스펀지 토핑용)

- 물에 버터를 넣고 끓인다.
- 박력분을 체에 내려 섞어 호화시킨다.
- 불에서 내려 계란을 하나씩 섞으면서 저어준다.
- 오렌지 스펀지 반죽 위에 짜기 위해 8mm 정도의 둥근 모양깍지를 끼운 짤주머니에 담아 준비한다.

2. 오렌지 스펀지 제조

- 전란과 노른자를 혼합하여 휘핑한다.
- 40% 정도의 거품이 올랐을 때 설탕을 넣고 거품을 단단하게 올린다.
- 박력분을 체에 내려 가볍게 혼합한다.
- 박력분을 혼합하면서 오렌지 농축액을 섞어준다.
- 지나친 반죽이 되지 않게 한다.
- 유산지를 깐 철판에 고르게 펴준 후 윗면에 준비한 슈 반죽을 2.5cm의 간격으로 격자무늬로 짜준다.

3. 굽기

- 오븐온도 : 윗불 230℃, 아랫불 170℃
- 굽기 시간 : 10~15분 정도
- 윗면의 색이 적당하게 나게 해야 모양이 좋다.

4. 크림 만들기

- 오렌지 필을 부드럽게 갈고 주스를 짜서 준비한다.
- 미리 준비한 버터크림을 부드럽게 풀어서 준비한 오렌지퓌레와 그랑마니에르 술을 섞어준다.

5. 마무리

- 스펀지가 완전히 식으면 기름 바른 유산지 위에 뒤집어놓은 후 스펀지에 붙은 유산지를 제거한다.
- 시럽을 적당히 바르고 준비한 오렌지크림을 적당하게 펴준다.
- 롤케이크처럼 말아서 냉장고에서 크림을 굳힌다.
- 적당한 크기로 잘라서 포장한다.

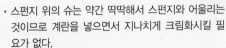

key point

- 스펀지 위의 슈는 약간 딱딱해서 스펀지와 어울리는 것이므로 계란을 넣으면서 지나치게 크림화시킬 필요가 없다.
- 스펀지 반죽을 고르게 펴서 윗면에 짜는 슈는 적당히 촘촘해야 보기가 좋으며 구우면서도 윗면의 색이 좀 진한 듯해야 표범의 표피처럼 보기가 좋다.

믹스넛브라우니 Mix Nut Brownies(영)

배합표

재 료 명	비 율(%)	무 게(g)
박력분	80	480
코코아파우더	20	120
분유	10	60
베이킹파우더	1.3	8
버터	40	240
쇼트닝	40	240
설탕	75	450

재 료 명	비 율(%)	무 게(g)
물엿	36.7	220
계란	66.7	400
우유	50	300
구운 호두	50	300
계		2818
믹스넛	토핑용	100

제조 과정

1. 반죽 제조

- 박력분, 코코아파우더, 분유, 베이킹파우더를 혼합하여 체에 2~3번 내려 코코아가 고르게 섞이게 하여 준비한다.
- 쇼트닝을 먼저 풀어서 버터를 넣고 크림을 만든다.
- 설탕, 물엿을 넣고 크림화를 계속하여 크림이 두 배 정도 올랐을 때 계란을 나누어 넣으면서 크림화를 계속한다.
- 크림화가 충분히 되었을 때 우유를 넣는다.
- 준비한 박력분과 파우더의 혼합물을 넣고 가볍게 섞어준다.
- 거의 가루가 다 섞일 때 구운 호두를 넣고 섞어서 반죽을 마무리한다.

2. 패닝

- 사각 케이크 틀에 유산지를 깔아 준비한다.
- 반죽을 패닝하여 가장자리를 약간 높게 하여준다.
- 믹스넛을 윗면에 구르게 뿌려준다.

3. 굽기

- 오븐온도 : 윗불 800℃, 아랫불 190℃
- 굽기 시간 : 35분 정도

4. 마무리

- 구워져 나온 케이크 윗면에 글레이즈를 발라 마무리한다.

key point

- 캔 믹스넛을 쓸 때에는 소금기를 제거하고 사용한다.
- 속에 들어가는 호두는 살짝 볶아서 식힌 후 적당하게 잘라 반죽에 넣는다.
- 유지의 크림화는 빠르지 않은 속도로 하여 반죽 속의 기포를 고르고 작게 하여 반죽을 한다.

Memo

요구르트파운드 Yogurt Pound(영)

배합표

• 반죽 배합표

재 료 명	비 율(%)	무 게(g)
박력분	100	900
베이킹파우더	1	9
베이킹소다	1	9
요구르트	20	180
버터	50	450
설탕	60	540
계란	50	450
계	282	2538

• 치즈 토핑 배합표

재 료 명	비 율(%)	무 게(g)
크림치즈	57.2	120
설탕	33.3	70
생크림	9.5	20
계	100	210

제조 과정

1. 반죽 제조

- 박력분, 베이킹파우더, 베이킹소다를 혼합하여 체에 내려 준비한다.
- 버터를 풀어 설탕을 넣고 크림을 만든다.
- 크림이 두 배 정도 올랐을 때 계란을 나누어 넣으면서 크림을 계속한다.
- 크림화가 충분히 되었을 때 요구르트를 넣고 고르게 혼합한다.
- 준비한 박력분과 파우더의 혼합물을 넣고 가볍게 섞어준다.

2. 치즈 토핑 만들기

- 크림치즈를 부드럽게 풀어준다.
- 설탕을 넣고 섞으면서 크림을 만든다.
- 생크림을 휘핑하여 혼합한다.

3. 패닝과 토핑

- 파운드케이크 틀을 준비한다.
- 반죽을 패닝하여 가장자리를 약간 높게 하여준다.
- 짤주머니에 토핑 반죽을 넣어 윗면에 적당한 간격을 두고 짜준다.

4. 굽기

- 오븐온도 : 윗불 180℃, 아랫불 200℃
- 굽기 시간 : 25분 정도

5. 마무리

- 구워져 나온 케이크 윗면에 글레이즈를 발라 마무리한다.

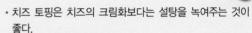

- 치즈 토핑은 치즈의 크림화보다는 설탕을 녹여주는 것이 좋다.
- 박력분에 베이킹파우더와 소다가 함께 들어가므로 고르게 섞어서 체에 내려 준비한다.
- 요구르트는 향이 강한 플레인 요구르트를 사용하고 때에 따라서는 요구르트 엑기스를 가미하여 사용하면 강한 향의 요구르트 맛을 느낄 수 있다.

와인컵케이크 Wine Cup Cake(영)

배합표

• 반죽 배합표

재 료 명	비 율(%)	무 게(g)
박력분	100	550
베이킹파우더	2	11
버터	68.2	375
설탕	78.2	430
계란	68.2	375

재 료 명	비 율(%)	무 게(g)
레드와인	27.3	150
크랜베리	27.3	150
구운 호두	18.2	100
계	389.2	2141
호두	토핑용	100

제조과정

1. 반죽 제조

• 크랜베리와 호두를 레드와인에 전처리한다.
• 버터를 풀어 설탕을 넣고 크림화를 하다가 계란을 나누어 넣으면서 크림화를 계속한다.
• 박력분과 베이킹파우더를 혼합하여 체에 내려 가볍게 섞어준다.
• 레드와인을 혼합한다.
• 전처리한 크랜베리와 호두를 반죽에 넣고 가볍게 섞어준다.

2. 패닝과 토핑

• 컵케이크 틀을 준비한다.
• 반죽을 틀의 80%로 패닝하여 가장자리를 약간 높게 하여준다.
• 호두를 보기 좋게 뿌려준다.

3. 굽기

• 오븐온도 : 윗불 180℃, 아랫불 200℃
• 굽기 시간 : 15분 정도

4. 마무리

• 구워져 나온 케이크 윗면에 글레이즈를 발라 마무리한다.

key point

- 호두와 크랜베리를 충분히 레드와인에 절여서 사용한다.
- 반죽에 믹싱하는 호두는 볶아서 잘게 잘라 사용하고 윗면의 토핑 호두는 반쪽 호두를 사용하여 모양을 낸다.

영국케이크 English Cake(영)

배합표

● 반죽 배합표

재료명	비율(%)	무게(g)
박력분	100	750
바닐라향(파우더)	2	15
베이킹파우더	2	15
버터	66.7	500
설탕	66.7	500
소금	0.7	5
물엿	3.3	25
계란	100	750

재료명	비율(%)	무게(g)
우유	40	300
럼	10	75
건포도	40	300
호두	13.3	100
당조림과일	13.3	100
계	458	3435
다크초콜릿	토핑용	175

제조 과정

1. 반죽 제조
- 건포도와 당조림과일을 럼에 전처리하여 두고 호두를 볶아 준비한다.
- 버터를 풀어 설탕, 소금, 물엿을 넣고 크림화하다가 계란을 나누어 넣으면서 크림화를 계속한다.
- 박력분과 바닐라향, 베이킹파우더를 혼합하여 체에 내려 가볍게 섞어준다.
- 우유, 럼을 혼합한다.
- 전처리한 건포도와 당조림과일, 호두를 반죽에 넣고 가볍게 섞어준다.

2. 패닝
- 마블케이크 틀을 준비한다.
- 반죽을 틀의 80%로 패닝하여 가장자리를 약간 높게 하여준다.

3. 굽기
- 오븐온도 : 윗불 180℃, 아랫불 190℃
- 굽기 시간 : 35분 정도

4. 마무리
- 구워져 나온 케이크 윗면과 옆면을 고르게 다듬는다.
- 다크초콜릿을 녹여 템퍼링과정을 거쳐 발라준다.
- 적당한 크기로 슬라이스하여 낸다.

key point

- 당조림과일은 물에 잠시 넣어 당분의 일부를 제거하고 건포도와 함께 럼에 전처리한다.
- 반죽에 믹싱하는 호두는 볶아서 잘게 잘라 사용한다.
- 버터를 크림화시킬 때 23℃가 적당하여 크림도 잘 일어나고 계란과의 분리현상도 적게 발생하므로 크림법에서 유지의 온도에 항상 주의한다.

Memo

제과제빵 기초실습

계란물 만들기

■ 전란으로 만들기

• 배합표

재 료	무 게(g)	비 고
계란	200(4개)	
소금	2	

제조과정
- 전란을 소금과 함께 노른자와 흰자가 잘 섞이게 하고 소금이 녹게 저어준다.
- 고운체에 내려 알끈을 제거한다.
- 가능하면 냉장고에서 뚜껑을 덮어 24시간 이상 휴지시켜야 한다.
- 사용하기 전 최소 30분 이상 휴지시킨다.

■ 노른자로 만들기

• 배합표

재 료	무 게(g)	비 고
계란 노른자	90(5개분)	
물 & 우유	25	
소금	1	

제조과정
- 계란 노른자와 소금, 그리고 물이나 우유를 넣고 잘 섞어준다.
- 고운체에 내린다.
- 뚜껑을 덮어 냉장고에서 하룻밤 휴지시킨다.
- 불가능하여도 30분 이상 휴지시킨 후에 사용한다.
- 205℃ 이상 굽는 제품은 노른자 칠을 하면 색이 너무 짙게 나므로 주의한다.

■ 뿌리는 계란물 만들기

• 배합표

재 료	무 게(g)	비 고
계란	300(6개)	
계란 노른자	70(4개분)	
소금	2	

제조 과정

• 계란, 계란 노른자, 소금을 잘 혼합한다.
• 아주 고운체에 내려 알끈 등을 걸러낸다.
• 뚜껑을 덮어 최소 12시간 이상 냉장 보관하여 휴지시킨다.
• 미세하게 스프레이할 수 있는 스프레이에 담아 사용한다.
• 스프레이는 25cm 정도 떨어져서 전체가 고르게 스프레이될 수 있게 한다.
• 필요에 따라 두 번 뿌릴 때는 처음 뿌린 것이 약간 말랐을 때 다시 한 번 더 뿌린다.

key point

• 계란물칠은 제품의 광택과 껍질의 색을 살리는 것으로 단과자빵류, 크로와상, 데니시, 퍼프페이스트리, 쿠키 등의 제품에 굽기 전에 사용된다.
• 계란물칠은 제품과 제품의 결합을 위하여 사용할 때도 있다.
• 가장 광택이 좋은 것은 노른자와 약간의 물이나 우유를 혼합한 것이지만 온도가 높은 굽기에는 색이 너무 나서 껍질이 타므로 주의하여야 한다.
• 사용할 때만 내어서 쓰고 잘 덮어 냉장고에 보관한다면 1주일 정도 두고 사용할 수 있으므로 미리 시간이 날 때 만들어서 냉장 보관하여 필요할 때 사용할 수 있도록 한다.
• 소금은 계란의 농도를 묽게 하여 고르고 얇게 칠할 수 있게 해주는데 충분한 작용을 하기 위해서는 적어도 8시간 정도의 휴지시간을 주어야 한다.

팬기름(이형제 : 離形劑) 만들기

■ 팬기름 만들기

• 배합표

재 료	비 율(%)	무 게(g)
버터(마가린)	100	200
강력분	25	50

제조 과정

- 실온의 버터를 부드럽게 풀어서 강력분과 덩어리지지 않게 저어서 혼합한다.
- 실온에 두고 붓을 이용해야 사용하기 좋다.

key point

- 실내온도에서 1주일 사용 가능하다.
- 냉장 보관하였다가 사용하기 전에 꺼내어 부드럽게 풀어서 사용해도 좋다.
- 팬기름을 이렇게 만들어 쓰면 기름을 칠하고 밀가루를 뿌려서 쓰는 것을 대신할 수 있어 편리하다.
- 요즘은 팬이 코팅이 잘 되어 나와서 많이 쓰이지 않는 팬기름이지만 제과를 하는 데는 여전히 필요하고 알아둘 필요가 있다.

케이크시럽 만들기

■ 케이크시럽 만들기

• 배합표

재 료	비 율(%)	무 게(g)
물	100	500
설탕	20~60	100~300
계피스틱		20
레몬		1

제조 과정
- 프레시 레몬을 반 자르고 계피스틱은 깨끗한 물에 씻어서 준비한다.
- 모든 재료를 소스팬에 담아 끓인다.
- 물이 끓은 뒤 5분 더 끓인다.
- 불에서 내려 레몬, 계피스틱을 제거하고 식혀서 냉장 보관하여 사용한다.

key point

- 설탕은 조절하여 물의 20~60% 정도를 사용할 수 있지만 우리의 보통 케이크에는 20% 정도 사용한다.
- 글로브나 바닐라 익스트랙트 등을 넣어 각자의 제품에 따라 사용할 수 있다.
- 사용하기 전 필요한 리큐어를 넣어 사용하기도 한다.

보습 및 광택제

■ 젤라틴 글레이즈(Gelatin Glaze)

• 배합표

재 료	무 게(g)	비 고
물	80	
설탕	50	
물엿	30	
판젤라틴	10	
찬물	120	

제조 과정

• 물과 설탕, 물엿을 팬에 담아 불 위에 올려 끓인다.
• 잠시 동안 끓이다 불에서 내려 식힌다. 너무 오래 끓이면 점점 당도가 짙어 지므로 주의한다.
• 판젤라틴을 찬물에 넣고 10분 이상 충분히 불린 후 물기를 짜고 중탕으로 녹인 후 끓인 설탕시럽이 차갑지 않을 때 넣어서 젤라틴을 섞어준다.
• 사용할 때 굳은 상태이면 열을 살짝 가해서 액체로 만든 다음 되기를 맞추어 사용한다.

key point

• 냉장고에서 장기간 보관하면서 사용할 수 있고 자주 사용하여 농도가 맞지 않을 때는 시럽을 적당량 섞어서 끓이면 사용할 수 있다.
• 색이 없는 무스 종류의 토핑으로 사용하기 좋고 술이나 향 등을 가미하여 사용해도 된다.

■ 펙틴글레이즈(Pectin Glaze)

• 배합표

재 료	무 게(g)	비 고
펙틴파우더	10	
물	800	
설탕	700	
타르타르용액	필요할 때	

제조 과정

• 볼에 물을 넣어 끓인다.
• 펙틴파우더와 일부의 설탕을 섞어 끓는 물에 넣어 저어서 완전히 녹인다.
• 혼합물이 완전히 끓었을 때 남은 설탕을 넣고 저으면서 한 번 더 끓인다.
• 이때 10분 이상 끓이지 않도록 주의한다.
• 불에서 내려 식힌다.
• 표면에 떠오르는 찌꺼기를 걷어내고 커버를 씌워 냉장고에 보관한다.
• 냉장고에서 몇 개월간 보관하면서 사용 가능하다.

key point

• 글레이즈로 사용할 때 타르타르용액을 글레이즈 30ml에 3방울 정도 떨어뜨려 잘 저어서 바로 사용한다.
• 타르타르용액은 펙틴글레이즈의 농도를 조절하여 준다. 묽거나 되거나 할 때는 조절하여 사용해야 한다.

■ 초콜릿 글레이즈(Chocolate Glaze)

• 배합표

재 료	무 게(g)	비 고
다크초콜릿	500	
코코아파우더	45	
무염버터	150	
물엿	200	(조절)
럼	60	

제조 과정

• 초콜릿을 잘게 잘라 중탕으로 녹인다.
• 불에서 내려 실온에서 부드러워진 버터를 넣고 완전히 섞일 때까지 저어준다.
• 럼에 코코아파우더를 섞어 물엿과 함께 잘 섞어서 초콜릿, 버터 혼합물과 완전하게 섞어준다.
• 식혀서 덮개를 하여 실온에 보관한다.

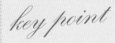

key point

• 사용할 때는 열을 가하여 각각의 제품 농도에 맞게 조절하여 사용한다.
• 보관할 때 만약 표면에 거품이 생기면 위에 약간 더운물을 부어 잠시 두었다가 물을 따라내고 열을 가하여 농도를 조절한다.
• 글레이즈의 농도를 물엿으로 조절하여 사용한다.

■ 초콜릿 미러 글레이즈(Chocolate Mirror Glaze)

• 배합표

재 료	무 게(g)	비 고
물	80	
설탕	50	
물엿	30	
판젤라틴	10	
찬물	120	
코코아파우더	6	

제조 과정

- 물과 설탕, 물엿을 팬에 담아 불 위에 올려 끓인다.
- 잠시 동안 끓이다 불에서 내려 식힌다. 너무 오래 끓이면 점점 당도가 짙어 지므로 주의한다.
- 약간의 열이 있을 때 코코아파우더를 넣고 잘 풀어준다.
- 판젤라틴을 찬물에 넣고 10분 이상 충분히 불린 후 물기를 짜고 중탕으로 녹인 후 끓인 설탕시럽이 차갑지 않을 때 넣어서 젤라틴을 섞어준다.
- 사용할 때 굳은 상태이면 열을 살짝 가해서 액체로 만든 다음 되기를 맞추어 사용한다.

key point

- 사용하는 포인트를 잘 생각해야 하는데 사용하면 바로 굳어질 정도로 식었을 때 빠르게 작업한다.
- 너무 두껍게 칠해지거나 너무 묽게 칠해질 때는 열을 다시 가하여 식혀가면서 칠하는 타임을 잘 잡아서 칠하면 매끈하게 작업할 수 있다.

■ 과일 글레이즈(Fruit Glaze)

● 배합표

재 료	무 게(g)	비 고
과일(살구 & 오렌지)잼	300	각각 사용
물	100	
설탕	100	

제조
과정

- 두꺼운 냄비에 잼, 물, 설탕을 넣고 중불로 저으면서 끓여준다.
- 불을 약간 낮추고 스푼 두 개로 찍어서 양쪽으로 늘였을 때 약간 실처럼 늘어나는 모양이 나타날 때까지 계속하여 끓여준다.

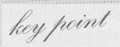

key point

- 불에서 내려 열이 있을 때 바로 사용하고 열이 식어 두껍게 칠해지면 다시 열을 가하여 사용한다.
- 다시 열을 가할 때는 약간의 물을 부어 끓여서 사용한다.
- 끓여서 체에 걸러 사용하면 더욱 부드러운 글레이즈를 이용할 수 있다.
- 지나치게 열을 가하면 다시 잼이 되기 쉬우므로 농도를 잘 조절하여 사용해야 한다.

천연액종과 발효원종 만들기

■ 건포도 액종 만들기

• 배합표

재 료	비 율(%)	무 게(g)
건포도	100	100
물	200	200
설탕	20	20
합계	320	320
열탕소독병(100ml)		1개

제조 과정

• 끓는 물에 유리병을 10분 정도 담가 깨끗하게 소독한다.
• 건포도는 따뜻한 물(35℃)에 살짝 씻어서 준비한다.
• 병에 건포도, 물, 설탕을 넣어 잘 섞어준 뒤 공기가 약간 통할 수 있게 뚜껑을 느슨하게 닫아준다.
• 중간중간 점검하여 건포도가 마르지 않게 병 속을 골고루 저어준다.
• 26℃ 전후의 실내온도에서 5~6일간 발효시킨다.
• 하루 정도 발효시키면 건포도가 물에 가라앉고 3일 정도 되면 건포도가 부풀어오르고 기포방울이 맺히기 시작하며 5일째 되면 기포가 많이 올라오며 바닥에는 하얀 침전물이 생기는데 이것이 효모균체이다.
• 발효가 충분히 진행되면 탄산가스 기포가 많이 발생되고 단향과 알코올향이 나며 맛을 보면 탄산과 알코올의 맛이 난다.

■ 대추 액종 만들기

• 배합표

재 료	비 율(%)	무 게(g)
생대추	100	100
물	200	200
설탕	20	20
합계	320	320
열탕소독병(100ml)		1개

제조 과정

- 끓는 물에 유리병을 10분 정도 담가 깨끗하게 소독한다.
- 대추는 따뜻한 물(35℃)에 살짝 씻어서 슬라이스하여 준비한다.
- 병에 대추, 물, 설탕을 넣어 잘 섞어준 뒤 공기가 약간 통할 수 있도록 뚜껑을 느슨하게 닫아준다.
- 중간중간 점검하여 대추가 마르지 않게 병 속을 골고루 저어준다.
- 26℃ 전후의 실내온도에서 5~6일간 발효시킨다.
- 하루 정도 발효시키면 대추가 부풀어오르고 3일 정도 발효되면 물의 색이 탁해지고 5일째 되면 기포가 활발하게 올라오고 바닥에는 침전물이 생기는데 이것이 효모균체이다.

■ 유자 액종 만들기

• 배합표

재 료	비 율(%)	무 게(g)
유자	100	100
물	200	200
꿀	40	40
합계	340	340
열탕소독병(100ml)		1개

제조 과정

- 끓는 물에 유리병을 10분 정도 담가 깨끗하게 소독한다.
- 유자는 따뜻한 물(35℃)에 살짝 씻어서 슬라이스하여 준비한다.
- 병에 유자, 물, 꿀을 넣어 잘 섞어준 후, 공기가 약간 통할 수 있게 뚜껑을 느슨하게 닫아준다.

- 중간중간 점검하여 유자가 마르지 않게 병 속을 골고루 저어준다.
- 26℃ 전후의 실내온도에서 5~6일간 발효시킨다.
- 하루 정도 발효시키면 물이 노란색으로 변하고 유자가 조금 부풀어오르고 3일 정도 발효되면 유자 표면에 기포가 많이 발생되며 물이 짙은 노란색이 되며 5일째 되면 바닥에는 침전물이 생기는데 이것이 효모균체이다.

■ 발효원종 만들기

• 1차 사워종(Sour Starter)

재 료	비 율(%)	무 게(g)
강력분	100	100
액종(30℃)	100	100

- 강력분과 물을 혼합하여 비닐로 덮어 실온에서 24시간 뒤 다시 한 번 저어주고 24시간을 다시 비닐로 덮어 둔다.

• 2차 사워종(Sour Starter)

재 료	비 율(%)	무 게(g)
1차 사워종	100	200
강력분	100	200
물(30℃)	100	200

- 1차 반죽과 강력분과 물을 혼합하여 비닐로 덮어 실온에 24시간 둔다.

• 3차 사워종(Sour Starter)

재 료	비 율(%)	무 게(g)
2차 사워종	200	600
강력분	100	300
물(30℃)	100	300

- 2차 반죽과 강력분과 물을 혼합하여 비닐로 덮어 실온에 24시간 둔다.

• 4차 사워종(Sour Starter) = 발효 원종

재 료	비 율(%)	무 게(g)
3차 사워종	33.3	200
강력분	100	600
물(10℃)	66.6	400

- 3차 반죽과 강력분과 차가운 물을 혼합하여 비닐로 덮어 실온에 24시간 둔다.

버터크림 만들기

■ 전란으로 만들기

- 배합표

재 료	비 율(%)	무 게(g)
무염버터	100	1000
설탕	42	420
물	8	80
물엿	2	20
계란	30	300(6개)
소금	0.5	5
바닐라에센스	0.5	5
계	183	1830

제조
과정

- 실온에 둔 버터를 부드럽게 풀어준비한다.
- 설탕과 물엿을 물과 함께 끓여 115℃가 되면 불에서 내려 약간 식힌다.
- 계란, 소금, 바닐라에센스를 혼합하여 거품을 내어 60% 정도 올려준 다음 끓여 준비한 설탕물을 흘려 넣으면서 80% 거품을 만든다.
- 풀어서 부드럽게 준비한 버터를 넣고 혼합하여 부드러운 크림을 만든다.

■ 계란 노른자로 만들기

- 배합표

재 료	비 율(%)	무 게(g)
무염버터	100	1000
설탕	65	650
물	10	100
계란 노른자	25	250(14개)
소금	0.5	5
바닐라에센스	0.5	5
계	201	2010

- 실온에 둔 버터를 부드럽게 풀어 준비한다.
- 설탕을 물과 함께 끓여 115℃가 되면 불에서 내려 약간 식힌다.
- 계란 노른자, 소금, 바닐라에센스를 혼합하여 거품을 내어 어느 정도 올려 준 다음 끓여서 준비한 설탕물을 흘려 넣으면서 부드러운 거품을 만든다.
- 풀어서 부드럽게 준비한 버터를 넣고 혼합하여 부드러운 크림을 만든다.

■ 계란 흰자로 만들기

• 배합표

재 료	비 율(%)	무 게(g)
무염버터	(83)	1000
마가린	(17)	200
계란 흰자	40	480(14개분)
설탕	60	720
물	10	120
소금	0.5	6
바닐라에센스	0.5	6
계	211	2532

- 실온에 둔 버터를 부드럽게 풀어서 준비한다.
- 설탕을 물과 함께 끓여 115℃가 되면 불에서 내려 약간 식힌다.
- 계란 흰자, 소금, 바닐라에센스를 혼합하여 거품을 내어 60% 정도 올려준 다음 끓여 준비한 설탕물을 흘려 넣으면서 80% 머랭을 만든다.
- 풀어서 부드럽게 준비한 버터를 넣고 혼합하여 부드러운 크림을 만든다.

key point

- 초콜릿 버터크림을 만들려면 초콜릿을 녹여 일부의 버터크림에 빠르게 혼합하여 전체의 크림에 섞어준다.
- 마가린을 쓰면 버터만 사용한 크림에 비하여 안정성이 높다.
- 무염버터를 쓸 때 소금을 약간 넣어 만들면 버터의 향이 더욱 진한 크림이 된다.

머랭

■ 이탈리안 머랭(Italian Meringue)

• 배합표

재 료	무 게(g)	비 고
계란 흰자	240	
설탕	340	
물엿	150	조절
물	120	

제조 과정

- 물과 설탕, 물엿을 팬에 담아 불 위에 올려 끓인다.
- 설탕물이 110℃가 될 때까지 계란 흰자를 고속으로 휘핑하여 90% 정도의 휘핑상태가 되면 중속으로 속도를 바꾸고 휘핑을 한다.
- 설탕이 115℃가 되면 불에서 내려 머랭과 믹싱볼 사이로 조금씩 흘려 넣으면서 중속으로 휘핑을 계속한다.
- 시럽을 한꺼번에 너무 많이 흘려 넣거나 고르지 못하게 흘려 넣으면 머랭이 덩어리가 생기게 될 수 있다.
- 시럽을 다 넣고 나면 머랭이 충분히 식을 때까지 고속으로 휘핑을 한다.

key point

- 위의 반죽보다 양을 작게 할 때는 시럽이 그릇에 묻어서 적당한 반죽이 되기 어려우므로 너무 적은 양의 이탈리안 머랭을 만들 때는 주의하여야 한다.
- 이탈리안 머랭은 다른 머랭에 비하여 계란의 흰자가 익어 거품을 함유할 수 있는 시간이 길어서 빨리 꺼지지 않는 머랭이므로 장식용으로 많이 사용한다.
- 이탈리안 머랭은 계란의 살균 소독이 이루어지므로 재차 열을 가하지 않는 무스 등의 반죽에 주로 사용한다.

■ 프렌치 머랭(French Meringue)

• 배합표

재 료	무 게(g)	비 고
계란 흰자	240	실온
설탕	450	조정
레몬주스	약간	타르타르산

제조과정

• 동이나 스테인리스 볼에 계란 흰자와 레몬주스나 타르타르산을 넣고 고속으로 휘핑하여 부피가 4배 정도 되거나 거품이 일정하게 될 때까지 2분 정도 지속한다.
• 설탕을 서서히 넣으면서 계속하여 고속으로 휘핑을 한다.
• 3분 정도 휘핑을 하면 최고의 피크가 되므로 오버 휘핑되지 않도록 한다.

key point

• 만든 머랭은 즉시 사용하는 것이 좋고 머랭 자체를 굽거나 할 필요가 있을 때는 100℃ 정도의 온도에서 말리듯이 구워서 사용한다.
• 아메리칸 머랭이라고도 불리는 프렌치 머랭은 케이크의 베이스나 쿠키 등 재가열하는 제품에 주로 많이 사용한다.
• 프렌치 머랭은 다른 머랭에 비하여 부드럽고 약하고 부서지기 쉬운 머랭이므로 정확하게 만들어 만든 즉시 사용하여야 한다.
• 흰자의 생 머랭이므로 살모넬라균에 오염될 수 있으므로 열을 가하지 않는 제품에는 주의하여 사용하여야 한다.
• 프렌치 머랭은 설탕이 잘 녹지 않을 수 있으므로 주의하여 반죽하도록 한다.

■ 스위스 머랭(Swiss Meringue)

• 배합표

재 료	무 게(g)	비 고
계란 흰자	240	
설탕	400	조정

제조과정

- 볼에 계란 흰자와 설탕을 넣고 다른 큰 볼에 60℃ 정도의 물을 담아 이중탕으로 설탕을 녹여준다.
- 이때 계란 흰자가 익지 않게 잘 저어주어야 한다.
- 설탕이 충분히 녹고 계란이 따뜻해졌으면 볼에서 내려 고속으로 거품을 올린다.
- 원하는 거품이 만들어지면 머랭이 식을 때까지 중속으로 휘핑을 하여 거품이 잘고 단단해지게 만든다.

key point

- 설탕의 양은 머랭을 어떻게 사용할 것인가에 따라 가감할 수 있는데 설탕의 양이 적으면 머랭은 더 뻣뻣하면서 가볍고 반대로 설탕의 양을 많이 하면 거품이 무겁고 부드러운 피크를 이룬다.
- 버터크림이나 필링에 사용하는 머랭은 반죽의 양에 맞게 설탕량을 결정하여야 한다.
- 스위스 머랭은 프렌치 머랭과 이탈리안 머랭의 장점을 결합하여 만든 머랭으로 그냥 먹는 버터크림 등에 사용 가능하다.
- 이탈리안 머랭에 비하여 쉽고 간단하게 만들 수 있지만 안정성에서 떨어진다.
- 보통은 버터크림이나 제품의 필링에 많이 사용하지만 프렌치 머랭과 마찬가지로 쿠키나 모양을 짜서 말리거나 굽기 하여 사용할 수도 있다.

■ 누아제트 머랭(Noisette Meringue)

• 배합표

재 료	무 게(g)	비 고
계란 흰자	240	
설탕	450	
전분	30	
헤이즐넛	100	구운 것
바닐라향	5	익스트랙트

제조과정
- 헤이즐넛을 구워 껍질을 제거하고 입자가 곱고 균일하게 갈아서 분당과 섞어준다.
- 계란 흰자의 거품을 4배 정도 되게 단단하게 올린다.
- 설탕을 3~4분에 걸쳐 천천히 흘려 넣으면서 계속하여 휘핑을 한다.
- 머랭의 거품이 최상의 피크가 되었을 때 바닐라 익스트랙트를 혼합한다.
- 반죽기에서 반죽을 내려 헤이즐넛 가루와 전분의 혼합물을 손으로 가볍고 부드럽게 혼합한다.
- 원하는 모양으로 짠 반죽을 120℃ 정도의 오븐에서 거의 말리듯이 굽는다.

key point

- 얇고 고르게 머랭을 밀어 펴기 위한 최선의 방법은 원하는 모양과 두께로 된 고무판형을 이용하여 윗면에 반죽을 부어 밀어 펴고 남는 반죽을 제거한 후 고무판을 들어내는 것이다.
- 유산지에 미리 원하는 크기로 원을 그린 다음 유산지를 뒤집어 철판에 깔고 필요에 따른 크기의 둥근 모양깍지를 끼운 짤주머니에 반죽을 담아 원하는 크기의 지름으로 달팽이형으로 돌려서 짜는 방법도 있다.

■ 자포니 머랭(Japonaise Meringue)

• 배합표

재 료	무 게(g)	비 고
계란 흰자	240	실온
설탕	300	조정
아몬드파우더	220	곱게 간 것
전분	30	

제조 과정

• 곱게 간 아몬드파우더와 전분을 섞어 준비한다.
• 계란 흰자의 거품이 4배 정도 되었을 때 설탕을 천천히 흘려 넣으면서 최상의 거품을 만든다.
• 아몬드와 전분의 혼합물을 머랭에 넣고 손으로 부드럽게 혼합한다.
• 미리 준비한 팁을 끼운 짤주머니에 반죽을 담아 원하는 모양을 짜거나 준비된 모형의 틀을 철판에 대고 반죽을 고르게 펴서 모양을 잡는다.
• 필요에 따라 적당하게 구워서 사용한다.

key point

• 자포니는 프렌치 머랭처럼 만드는 것이지만 케이크나 페이스트리에 사용하기 위하여 얇게 밀어 펴거나 짜서 사용할 수 있는 장점이 있다.
• 머랭을 올리지 않고 만든 자포니는 구우면 바삭바삭하고 공기가 충분히 들어가 있는 정상적인 자포니에 비해 딱딱하게 되어 케이크에 같이 사용하면 자를 때 상당한 어려움이 있고 먹었을 때의 식감도 좋지 않다.
• 머랭은 반드시 최고의 상태일 때 아몬드와 전분 혼합물을 섞어주고 섞는 동안과 짜는 동안에 거품이 빠지지 않게 하여야 한다.
• 아몬드파우더가 없으면 껍질 벗긴 아몬드를 일부의 설탕과 함께 그라인더에 갈면 그라인더의 열이 올라가는 것을 방지하고 끈적해서 한 덩어리가 되는 것을 방지하면서 갈 수 있다.

무늬 반죽(무스띠)

■ 배합표

• 시가렛(cigarette) 반죽 배합표

재 료 명	비 율(%)	무 게(g)
박력분	70	140
코코아파우더	30	60
버터	100	200
분당	100	200
계란 흰자	100	200
계	400	800

• 비스퀴 조콩드(Biscuit Joconde) 배합표

재 료 명	비 율(%)	무 게(g)
박력분	12	60
아몬드파우더	44	220
슈거파우더	44	220
계란	60	300
계란 흰자	40	200
설탕	6	30
버터	9	45
계	215	1075

제조 과정

1. 시가렛 반죽 제조

- 포마드상태의 버터에 분당을 섞어 부드럽게 풀어준다.
- 흰자를 나누어 섞는다.
- 체질한 가루재료를 섞는다.
- 실팻 위에 무늬틀을 놓고 반죽을 얇게 펴 바른다.

- 무늬틀을 제거한다.
- 냉동실에 넣어 굳힌다.

2. 비스퀴 조콩드 반죽 제조
- 아몬드파우더와 슈거파우더에 계란을 섞어 거품을 올린다.
- 흰자와 설탕을 이용하여 단단한 미랭을 만든다.
- 머랭의 1/3을 먼저 혼합한 후 체에 내린 박력분을 섞는다.
- 나머지 머랭을 섞고 녹인 버터를 혼합한다.

3. 마무리 작업하기
- 냉동고에서 굳힌 시가렛 반죽 위에 균일한 두께로 비스퀴 조콩드 반죽을 패닝한다.
- 200℃에서 12분간 구워낸다.

key point

- '비스퀴'는 원래 'bis(중복, 두 번), cuit(굽다)'라는 뜻의 불어이다.
- 조콩드(Joconde)는 불어로 '모나리자'라는 뜻으로 비스퀴 조콩드는 T.P.T(탕 프르탕)이 들어가는 반죽으로 모나리자처럼 예쁜 모양을 내는 스펀지라는 뜻인 듯하다.
- 아몬드파우더와 슈거파우더를 혼합한 것을 T.P.T라 한다.

- 시가렛 반죽은 거품이 일지 않게 반죽하여 무늬들이 잘 나타날 수 있게 색도 진하고 질지도 않게 하여야 한다.
- 시가렛 반죽을 흰색으로 하여 여러 가지 색을 넣어 응용할 수 있다.
- 이 스펀지는 무스케이크의 옆면 장식이나 잘랐을 때 무늬가 살아나는 무스 속 스펀지로 많이 이용되고 있다.

여러 가지 스펀지 반죽

■ 화이트스펀지(White Sponge)

• 배합표

재 료	비 율(%)	무 게(g)
박력분	(69)	120
전분	(31)	55
계란	(171)	300(6개)
설탕	100	175
소금	(1)	2
무염버터	40	70
계		722

제조 과정
- 4호 케이크팬에 이형제를 칠하거나 유산지를 깔아 준비한다.
- 박력분과 전분을 혼합하여 체에 내려 준비한다.
- 버터를 따로 녹여 약간 식혀둔다.
- 계란에 설탕, 소금을 넣고 중탕으로 계란의 온도를 43℃ 정도로 올리고 설탕, 소금을 녹이면서 저어준다.
- 중탕에서 내려 고속으로 휘핑하여 거품을 최대로 올려서 가볍고 솜털처럼 부드럽게 한다.
- 중속으로 바꾸어 열이 식을 때까지 휘핑하여 반죽 속의 거품이 안정되게 만든다.
- 체에 내린 박력분을 손으로 가볍게 섞어준다.
- 녹여서 식혀둔 버터를 넣고 바닥의 반죽까지 고르게 섞이게 한다.
- 준비한 케이크팬에 담는다.
- 205℃의 오븐에서 15분 정도 굽는다.

key point

- 구워져 나온 케이크는 팬에서 식힌 후 분리한다.
- 박력분을 계란의 반죽에 섞을 때는 손을 그릇의 가장자리로 돌리면서 섞어주면 고르게 섞을 수 있다.
- 원형팬에 패닝을 할 때는 유산지를 틀의 높이보다 0.5cm 정도 높게 알맞게 재단하여 준비한다.

■ 초콜릿 스펀지(Chocolate Sponge)

• 배합표

재 료	비 율(%)	무 게(g)
박력분	50	90
전분	(33)	60
코코아파우더	(17)	30
계란	(166)	300
설탕	100	180
소금	(1.6)	3
무염버터	(33)	60
계		723

제조과정

• 4호 케이크팬에 이형제를 칠하거나 유산지를 깔아 준비한다.
• 박력분과 전분, 코코아파우더를 혼합하여 체에 내려 준비한다.
• 버터를 따로 녹여 약간 식혀둔다.
• 계란에 설탕, 소금을 넣고 중탕으로 계란의 온도를 43℃ 정도로 올리고 설탕, 소금을 녹이면서 저어준다.
• 중탕에서 내려 고속으로 휘핑하여 거품을 최대로 올려서 가볍고 솜털처럼 부드럽게 한다.
• 중속으로 바꾸어 열이 식을 때까지 휘핑하여 반죽 속의 거품이 안정되게 만든다.
• 체에 내려 준비한 건재료 혼합물을 손으로 가볍게 섞어준다.
• 녹여서 식혀둔 버터를 넣고 바닥의 반죽까지 고르게 섞이게 한다.
• 준비한 케이크팬에 담는다.
• 205℃의 오븐에서 15분 정도 굽는다.

key point

• 구워 나온 케이크는 팬에서 식힌 후 꺼낸다.
• 코코아파우더와 박력분, 전분의 혼합물은 체에 2~3번 내려 고르게 섞이게 하여 준비한다.
• 버터는 무거워 섞을 때 그릇의 바닥으로 가라앉으므로 바닥까지 잘 섞어주어야 한다.

■ 모카 스펀지(Mocca Sponge)

• 배합표

재 료	비 율(%)	무 게(g)
박력분	(61)	110
전분	(33)	60
인스턴드커피	(6)	10
계란	(166)	300
설탕	100	180
소금	(1.6)	3
무염버터	(33)	60
계		723

제조 과정

- 4호 케이크팬에 이형제를 칠하거나 유산지를 깔아 준비한다.
- 박력분과 전분, 인스턴트커피를 혼합하여 체에 내려 준비한다.
- 버터를 따로 녹여 약간 식혀둔다.
- 계란에 설탕, 소금을 넣고 중탕으로 계란의 온도를 43℃ 정도로 올리고 설탕, 소금을 녹이면서 저어준다.
- 중탕에서 내려 고속으로 휘핑하여 거품을 최대로 올려서 가볍고 솜털처럼 부드럽게 한다.
- 중속으로 바꾸어 열이 식을 때까지 휘핑하여 반죽 속의 거품이 안정되게 만든다.
- 체에 내려 준비한 건재료 혼합물을 손으로 가볍게 섞어준다.
- 녹여서 식혀둔 버터를 넣고 바닥의 반죽까지 고르게 섞이게 한다.
- 준비한 케이크팬에 담는다.
- 205℃의 오븐에서 15분 정도 굽는다.

key point

- 구워 나온 케이크는 팬에서 식힌 후 꺼낸다.
- 커피와 박력분, 전분의 혼합물은 체에 2~3번 내린 뒤 고르게 섞이게 하여 준비한다.

■ 아몬드 스펀지(Almond Sponge)

● 배합표

재 료	비 율(%)	무 게(g)
박력분	100	100
계란 흰자ⓐ	30	30(1개분)
아몬드 페이스트	140	140
계란 노른자	110	110(6개분)
설탕ⓐ	50	50
계란 흰자ⓑ	180	180(6개분)
설탕ⓑ	100	100
바닐라향	2	2
계		612

제조 과정

- 3호 케이크팬에 이형제를 칠하거나 유산지를 깔아 준비한다.
- 박력분과 바닐라향을 혼합하여 체에 내려 준비한다.
- 아몬드 페이스트를 부드럽게 풀어서 계란 흰자ⓐ를 서서히 넣으면서 저어서 크림을 만들어준다.
- 계란 노른자를 설탕ⓐ와 함께 부드러운 크림을 만들어 아몬드 페이스트에 천천히 조금씩 넣으면서 크림을 만들어준다.
- 계란 흰자ⓑ를 거품을 올리면서 설탕ⓑ를 서서히 넣어 최상의 머랭을 만든다.
- 계란 노른자와 아몬드 페이스트의 반죽에 머랭을 나누어 넣으면서 주의하여 섞어준다.
- 체에 내려 준비한 박력분을 가볍게 섞어준다.
- 준비한 케이크팬이나 유산지 종이를 깐 철판에 패닝한다.
- 철판은 220℃ 오븐에서 8분 정도 굽는다.

key point

- 오븐의 예열을 충분히 해놓지 않거나 케이크를 너무 오래 구우면 케이크 속의 수분이 다 빠져서 딱딱해지게 되므로 부드럽게 말거나 감지 못하고 부서지기 쉽다.
- 딱딱하게 구워진 스펀지는 철판에 젖은 수건을 올리고 위에 스펀지를 종이가 붙은 채로 올리고 다른 스펀지를 뒤집어 덮어서 200℃ 오븐에서 5분 정도 구워주면 어느 정도 수분이 촉촉한 스펀지로 사용할 수 있다.

■ 시퐁 스펀지(Chiffon Sponge)

• 배합표

재 료	비 율(%)	무 게(g)
박력분	100	200
베이킹파우더	4	8
소금	1	2
바닐라향	3	6
설탕ⓐ	40	80
계란 노른자	40	80(4개)
식용유	40	80
물	60	120
계란 흰자	60	120(4개)
설탕ⓑ	60	120
계	408	816

제조 과정

• 박력분과 베이킹파우더, 바닐라향을 체에 내려 소금과 설탕ⓐ를 섞어서 준비한다.
• 계란 노른자를 저어서 식용유와 함께 잘 섞은 다음 차갑지 않은 실온의 물을 넣고 잘 저어준다.
• 준비한 건재료를 계란의 반죽에 넣고 고속으로 1분 정도 돌려준다.
• 다른 볼에 계란 흰자를 담고 거품을 올리다가 설탕ⓑ를 조금씩 천천히 넣으면서 최상의 머랭을 만든다.
• 머랭을 준비된 반죽에 2~3번으로 나누어 거품을 살리면서 조심하여 섞어준다.
• 190℃ 오븐에서 25분 정도 구워준다.
• 구워진 케이크는 틀과 함께 뒤집어서 식힌 후 틀을 제거한다.

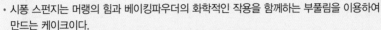

key point

• 시퐁 스펀지는 머랭의 힘과 베이킹파우더의 화학적인 작용을 함께하는 부풀림을 이용하여 만드는 케이크이다.
• 식용유는 케이크의 수분을 보유할 수 있게 하고 버터 등으로 만든 스펀지에 비하여 장기간 사용할 수 있는 장점이 있다.
• 시퐁케이크는 품질을 잃지 않고 냉동, 해동하여 사용할 수 있는 장점이 있다.
• 초콜릿시퐁은 박력분 45g을 빼고 코코아파우더 45g을 대신하여 사용한다.
• 레몬시퐁은 물 60g을 빼고 레몬주스 60g과 레몬제스트 1개를 넣어 사용한다.

■ 엔젤 스펀지(Angel Sponge)

• 배합표

재 료	비 율(%)	무 게(g)
박력분	100	120
설탕ⓐ	150	180
계란 흰자	300	360
설탕ⓑ	150	180
타르타르산	(1.6)	2
소금	(0.8)	1
바닐라향	(4.1)	5
레몬제스트		1개
레몬주스	(8.3)	10
계		858

제조 과정

• 박력분에 바닐라향, 설탕을 함께 섞어 유산지 위에서 체에 내린 후 준비한다.
• 계란 흰자에 소금과 타르타르산을 넣고 고속으로 거품을 올린다.
• 거품이 3배 정도 되었을 때 설탕ⓑ를 천천히 넣으면서 고속으로 휘핑을 계속 한다.
• 부드러운 피크인 80% 정도 올렸을 때 기계에서 내린다.
• 체에 내린 가루를 부드럽게 섞으면서 레몬제스트와 주스를 천천히 조금씩 넣어 가볍고 고르게 혼합한다.
• 반죽을 팬에 담아 위에 생긴 큰 기포를 톡톡 두드려서 꺼트린다.
• 165℃ 오븐에서 55분 정도 구워 윗면이 골든 브라운이 되게 한다.
• 구워 나온 케이크를 뒤집어 식히면 케이크 속의 공기가 순환하면서 식게 된다.

key point

• 엔젤케이크는 식감이 부드럽고 가벼운 케이크이다.
• 엔젤케이크는 시퐁케이크의 틀에 많이 굽는다.

■ 도보스 스펀지(Dobos Sponge)

• 배합표

재 료	비 율(%)	무 게(g)
박력분	(62)	230
아몬드파우더	(38)	140
바닐라향	(1.4)	5
무염버터	(92)	340
설탕ⓐ	(46)	170
계란 노른자	(65)	240
소금	(1.4)	5
레몬제스트		1개
계란 흰자	(97)	360
설탕ⓑ	(46)	170
계		1660

제조 과정

• 만들고자 하는 사이즈의 링 틀을 유산지를 깐 철판 위에 준비한다.
• 실온의 버터를 부드럽게 풀어 설탕ⓐ를 서서히 넣으면서 가벼운 크림을 만든다.
• 계란 노른자를 풀어 소금을 넣고 휘핑하여 레몬제스트를 섞어준다.
• 다른 볼에 계란 흰자를 휘핑하다가 부피가 4배 정도 되었을 때 설탕ⓑ를 조금씩 천천히 넣으면서 80%의 머랭을 만든다.
• 머랭의 1/3을 부드럽게 풀어 놓은 크림에 가볍게 섞는다.
• 아몬드파우더와 박력분의 체에 내려 가볍게 섞어준다.
• 남은 머랭을 주의하여 거품을 최대한 살리면서 반죽을 완료한다.
• 준비한 링 틀 속에 반죽이 6mm가 넘지 않도록 고르게 펼쳐준다.
• 220℃ 오븐에서 10분 정도 구워준다.

key point

• 도보스 케이크는 한 장 한 장 얇게 구운 카스텔라를 모카, 초콜릿 크림으로 샌드하여 윤기 나는 캐러멜을 윗면에 씌우고 구운 헤이즐넛을 올려 만드는 케이크이다.
• 버터에 계란 노른자를 넣을 때는 버터나 계란 노른자는 같은 실내온도인 것이 좋다. 계란이 차가우면 유지를 굳게 하여 분리가 일어나기 쉽다.
• 반죽에 분리가 일어나면 중탕으로 녹이면서 저어주어 분리현상을 고친 후에 머랭을 섞는다.
• 아몬드가루가 없을 때는 아몬드를 갈아서 써야 하는 데 아몬드를 갈 때는 배합표 속의 설탕을 같이 넣어 갈면 아몬드의 기름이 새어 나와 뭉치는 현상을 어느 정도 막을 수 있다.
• 코코아 도보스 스펀지는 박력분 60g을 빼고 코코아파우더 60g을 넣어 반죽한다.

■ 레몬 레이디 핑거(Lemon Ladyfingers)

• 배합표

재 료	무 게(g)	비 고
박력분	140	70
전분	60	30
계란 노른자	160	80
설탕ⓐ	60	30
계란 흰자	240	120
설탕ⓑ	120	60
레몬제스트	1개분	
계	780	390
슈거파우더	적당량	

제조 과정

- 계란 노른자를 설탕 ⓐ와 함께 휘핑하여 가볍고 밝은색의 노른자 거품을 만들어 준비한다.
- 레몬제스트와 설탕ⓑ를 충분한 시간을 두고 잘 섞어서 레몬 설탕을 만든다.
- 계란 흰자를 고속으로 휘핑하여 4배 정도 거품이 올랐을 때 레몬 설탕을 천천히 넣으면서 80% 머랭을 만든다.
- 저속으로 휘핑 속도를 낮추어 전분을 섞어주고 다시 고속으로 휘핑을 계속하여 100%의 머랭을 만든다.
- 흰자 머랭에 노른자 거품을 넣어서 섞으면서 박력분을 넣어 고르게 혼합한다.
- 굵은 원형깍지를 끼운 짤주머니에 반죽을 담아 철판 위에 베이킹페이퍼를 깔고 적당한 길이의 반죽을 고르게 짠다.
- 짠 반죽 위에 파우더 슈거를 체에서 내린다.
- 210℃ 오븐에서 8분 정도 구워 골든 브라운색이 나게 한다.

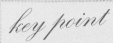

key point

- 레이디 핑거는 필요한 크기로 짜서 무스의 띠로도 사용 가능한 스펀지이며 티라미수의 속 스펀지로도 이용된다.
- 철판에 유산지보다는 실리콘 페이퍼를 깔아 쓰면 오븐에서 구운 후 분리하기 쉽다.
- 초콜릿 레이디 핑거는 배합표에서 전분의 양을 조절하여 사용하면 된다.

■ 오페라 스펀지(Opera Sponge)

• 배합표

재 료	비 율(%)	무 게(g)
박력분	52	130
아몬드파우더	48	120
바닐라향	2	5
버터	112	280
계란 노른자	80	200(10개분)
설탕ⓐ	56	140
계란 흰자	120	300(10개분)
설탕ⓑ	58	145
계	528	1320

제조 과정

- 평평한 철판에 유산지를 깔아 준비한다.
- 박력분과 아몬드파우더, 바닐라향을 혼합하여 체에 내려 준비한다.
- 버터를 부드럽게 풀어서 설탕ⓐ를 서서히 넣으면서 저어서 크림을 만들어준다.
- 계란 노른자를 나누어 넣고 부드러운 크림을 만들어준다.
- 계란 흰자는 거품을 올리면서 설탕ⓑ를 서서히 넣어 80% 머랭을 만든다.
- 계란 노른자와 버터의 반죽에 머랭을 나누어 넣으면서 주의하여 섞어준다.
- 체에 내려 준비한 박력분을 가볍게 섞어준다.
- 유산지 종이를 깐 철판에 패닝한다.
- 철판은 220℃ 오븐에서 10분 정도 굽는다.

key point

- 오페라케이크는 커피시럽 바른 스펀지를 커피와 버터가 들어간 초콜릿크림으로 샌드하여 만드는 케이크이다.
- 초콜릿 오페라 스펀지는 박력분 대신 코코아파우더 30g을 대체한다.

여러 가지 기초 반죽

■ 프랑지판(Frangipane)

• 배합표

재 료	비 율(%)	무 게(g)
박력분	5	50
아몬드 페이스트	35	350
설탕	10	100
버터	20	200
계란	30	300(6개)
계	100	1000

제조 과정

• 아몬드 페이스트와 설탕을 볼에 담아 비터(bitter)를 이용하여 저속으로 천천히 부드럽게 풀어서 모래알처럼 되게 하여준다.
• 실온에 둔 부드러운 버터를 넣고 서서히 돌려 크림을 부드럽게 만든다.
• 버터를 다 넣고 부드럽게 크림을 만든 후 계란을 조금씩 넣으면서 크림을 만든다.
• 박력분을 넣고 고르게 잘 섞는다.
• 냉장고에 보관하다가 쓸 때 꺼내 녹여 부드럽게 저어서 사용할 수 있다.

key point

• 프랑지판 반죽은 어느 반죽보다 계란이 많이 들어가는 반죽으로 많은 제과제품 중 가장 부풀림이 좋은 제품을 만들 수 있는 필링이다.
• 프랑지판은 많은 페이스트리제품에 사용하는 반죽이며 아몬드의 강한 향을 느낄 수 있는 반죽이다.
• 프랑지판 필링의 아몬드는 맛있는 향을 줄 뿐 아니라 수분을 잘 보유하여 촉촉함이 오래가고 어느 제과제품보다 오랫동안 호화상태를 유지할 수 있다.
• 타르트의 속 필링 반죽으로 많이 이용된다.

■ 쇼트 도우(Short Dough)

• 배합표

재 료	비 율(%)	무 게(g)
강력분	100	450
버터	60	270
마가린	20	90
설탕	40	180
계란	(11)	50(1개)
바닐라향	(1.7)	8
계		1088

제조
과정

- 반죽기 훅(hook)을 이용하여 마가린과 버터를 부드럽게 풀어 설탕을 넣고 계란을 넣어 섞는다.
- 밀가루를 넣고 반죽이 고르게 섞이고 부드러워지게 한다.
- 실팬 위에 비닐을 깔고 반죽을 올려 빠르게 휴지될 수 있게 가능한 한 평평하게 눌러준다.
- 비닐을 덮어 냉장고에 30분 이상 휴지하여 반죽이 적당한 되기가 되게 한다.
- 필요할 때 꺼내어 밀어서 사용한다.

key point

- 반죽이 오버 믹싱이 되면 롤링작업을 하기 어렵게 된다.
- 마가린을 제외하고 버터로만 만들 수 있는데 버터의 양을 많이 쓰거나 버터로만 작업을 할 때는 특히 조심하여 오버 믹싱이 되지 않게 한다.
- 코코아 쇼트 도우는 코코아가루를 3~4% 정도 가하여 만든다.
- 쇼트 도우는 타르트 깔개 반죽으로 많이 사용된다.

■ 시가렛 튀일(Cigarette Tuiles)

• 배합표

재 료	비 율(%)	무 게(g)
중력분	100	100
버터	120	120
분당	100	100
계란 흰자	90	90(3개분)
바닐라향	3	3
계	413	413

제조 과정

• 박력분과 바닐라향을 혼합하여 체에 내려 준비한다.
• 버터를 크림화시키면서 분당을 넣는다.
• 실온상태의 계란 흰자를 나누어 넣으면서 부드러운 크림을 만든다.
• 준비해 둔 박력분을 넣고 살짝 섞는다.
• 냉장고에 넣어 휴지시킨 후 필요할 때 사용한다.
• 실리콘 페이퍼를 간 철판 위에 모양 틀을 올리고 반죽을 스패튤러(spatula)를 이용하여 얇게 밀어 펴서 180℃ 정도의 예열된 오븐에서 7분 정도 구워 적당한 색이 나면 꺼내어 따뜻할 때 막대, 틀 등을 이용하여 구부리거나 말아준다.

key point

• 모양 틀은 두껍지 않은 플라스틱 등으로 여러 가지 모양을 만들어 사용할 수 있다.
• 굽기 전에 곱게 갈아서 준비한 넛이나 코코아파우더를 뿌려 모양을 내기도 한다.
• 버터와 계란의 흰자가 분리되지 않도록 버터의 온도가 24℃ 정도가 되게 한다.
• 수분을 먹으면 눅눅해지므로 사용하기 전에 바로 구워 사용하거나 미리 구워 진공포장하여 보관하다가 쓰기 전에 살짝 수분을 날려서 사용한다.

■ 크레페(Crepes, 불)

• 배합표

재 료	비 율(%)	무 게(g)
중력분	(17)	70
계란	(25)	100
설탕	(9)	35
우유	(34)	140
생크림	(15)	60
바닐라향		1
계	100	406

제조 과정

• 계란을 부드럽게 풀어 설탕, 우유를 넣고 섞는다.
• 중력분과 바닐라향을 섞어 체에 내린 후 저으면서 흘려 넣어 응어리가 지지 않게 혼합한다.
• 생크림을 넣고 거품이 지지 않게 부드럽게 섞어준 후 체에 내린다.
• 150℃ 정도의 약불 위에 프라이팬을 올리고 예열한 후 기름을 살짝 두른다.
• 얇게 펴질 정도의 반죽을 국자로 떠서 프라이팬(Frying pan) 위에 올리고 팬을 돌려 반죽이 고르게 펴지게 한다.
• 한쪽 면의 색이 나면 뒤집어서 양면을 고르게 익힌다.

key point

• 가루를 넣고 많이 섞으면 반죽이 끈기가 생겨 구울 때 얇게 펴지지 않는다.
• 크레페는 과일이나 크림을 싸서 소스와 함께 디저트로 제공되기도 하고 우리나라에서도 다양한 먹거리로 이용되고 있다.
• 크레페는 반죽을 하여 한꺼번에 만들어 냉동 보관하였다가 필요할 때 꺼내어 사용한다.

■ 프랄린(Praline, 영)

• 배합표

재 료	비 율(%)	무 게(g)
설탕	44	220
물	11	55
레몬주스	1	5
아몬드	22	110
헤이즐넛	22	110
계	100	500

제조 과정

- 아몬드와 헤이즐넛을 160℃의 오븐에서 브라운색이 나게 굽는다.
- 스테인리스 냄비에 설탕과 물을 조심해 넣어 설탕의 입자가 그릇 위로 붙지 않게 한다.
- 레몬주스를 고이 넣고 180℃가 될 때까지 끓인다.
- 미리 구워놓은 넛을 넣고 저어서 설탕이 결정이 될 때까지 열을 가하면서 저어준다.
- 불을 끄고 설탕이 결정을 이루어 달그락거리는 소리가 날 때까지 저어준다.
- 황산지나 유산지를 깐 철판에 프랄린을 올려 식힌다.
- 그라인더에 프랄린을 적당하게 갈아준다.

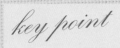

key point

- 프랄린을 갈 때는 프랄린이 페이스트가 되지 않고 모래알처럼 되어야 한다.
- 갈아서 진공포장하여 보관하였다가 필요할 때 사용한다.

■ 판나코타 Panna Cotta(이)

• 배합표

재 료	비 율(%)	무 게(g)
생크림	90	450
설탕	9	45
바닐라빈		1개
젤라틴	1	5
계		1660

제조 과정
- 바닐라빈을 갈라 씨를 꺼내어 껍질과 함께 생크림, 설탕에 넣어 끓인다.
- 끓인 생크림을 불에서 내려 10분 정도 그대로 둔다.
- 젤라틴을 냉수에 충분히 불린 후 열이 식지 않은 크림에 넣어 저어 녹인다.
- 아주 고운체에 내려 바닐라빈 껍질을 걸러낸다.
- 얼음물 위에 이중냄비를 하여 저으면서 바닐라 씨가 전체에 고르게 퍼지게 식힌다.

key point

- 판나코타는 이탈리아의 디저트로 생크림에 우유, 설탕, 리큐어, 향 등을 넣어 젤라틴으로 굳힌 크림을 말한다.
- 판나코타는 식혀서 덮어 냉장 보관하면 5일 정도 사용 가능하다.
- 스펀지 위에 시럽을 충분히 칠하고 판나코타를 올리고 레몬, 유자 등으로 장식하여 디저트로 활용된다.

크림 반죽

■ 가나슈(Ganache)

• 배합표

재 료	비 율(%)	무 게(g)
다크초콜릿	100	500
생크림	60	300
계란 노른자	10	50(3개분)
설탕	15	75
바닐라 익스트랙트	0.5	2.5
계	185.5	927.5

제조 과정

- 계란 노른자에 설탕과 바닐라 익스트랙트를 혼합하여 가볍고 부드러운 크림을 만든다.
- 잘게 자른 초콜릿에 65℃ 정도로 따뜻하게 만든 생크림을 부어 중탕하여 녹이면서 계속 저어준다.
- 초콜릿이 녹으면 계란 반죽을 넣어 저으면서 설탕이 다 녹았는지 확인한다.
- 모든 재료가 고르게 섞이면 반죽 속에 공기를 넣어 가볍고 부드러운 크림을 만들기 위하여 반죽이 식을 때까지 천천히 저어준다.
- 반죽을 식혀 밀폐된 용기에 담아 필요할 때 사용한다.

key point

- 냉장고에서 장기간 보관하면서 사용할 수 있고 실내온도에서도 3일 정도 보관할 수 있다.
- 보관하는 동안 생긴 겉껍질은 가나슈 윗면에 뜨거운 물을 부어 1분 정도 두었다가 물을 따라 내고 사용한다.
- 냉동고에 보관하면 몇 달 동안 사용 가능하다.
- 보관하는 동안 설탕이 재결정되면 65℃ 정도의 온도에서 설탕의 결정이 녹을 수 있게 계속해서 저어준다.
- 가나슈크림은 보통은 생크림과 초콜릿의 양을 같이 사용하는 것이 기본이며 초콜릿의 카카오 함량과 원하는 되기 등의 필요사항에 따라 비율을 조정하여 사용한다.
- 기본 가나슈크림에 버터, 계란 노른자 그리고 여러 가지 향신료를 섞어서 사용할 수 있다.
- 가나슈크림은 따뜻하게 하여 케이크 등의 코팅용 글레이즈로 사용할 수 있고, 케이크, 초콜릿 속 등의 필링이나 데커레이션용으로 사용이 가능하다.

■ 페이스트리 크림(Pastry Cream=Custard Cream=Crème Patissiere)

• 배합표

재 료	비 율(%)	무 게(g)
우유	100	500
바닐라빈		1/2개
전분	10	50
설탕	24	120
소금	0.2	1
계란 노른자	15	75
무염버터	10	50
계	157.2	786

제조 과정

• 바닥이 두꺼운 냄비에 전분을 녹일 정도의 우유를 남긴 뒤 나머지 우유를 담아 바닐라빈을 길이로 쪼개어 속에 있는 씨앗을 꺼내 껍질과 함께 넣고 중불로 끓인다.
• 너무 뜨거워지거나 끓어 넘치지 않게 주의하면서 바닐라빈을 충분히 우려낸 후 껍질을 걸러내고 설탕과 소금을 넣고 다시 끓인다.
• 끓어 넘칠 정도로 뜨거워질 때 조금 남긴 우유와 계란, 전분을 고르게 섞어 조금씩 흘려 넣으면서 빠르게 저어준다.
• 중불 위에서 타거나 눌지 않게 빠르게 저으면서 전체 반죽이 농후해져 두꺼워지게 되면 불에서 내린다.
• 버터를 넣고 저어주면 버터가 반죽 속에서 녹으면서 반죽과 결합되고 열도 식혀주며 껍질의 형성도 덜 되게 하므로 완전히 식을 때까지 껍질이 생기지 않게 간혹 저어주면서 식힌다.
• 식은 크림을 공기와 접촉되지 않게 조치하여 냉장고에 보관한다.

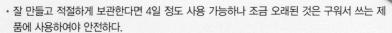

key point

• 잘 만들고 적절하게 보관한다면 4일 정도 사용 가능하나 조금 오래된 것은 구워서 쓰는 제품에 사용하여야 안전하다.
• 끓일 때 너무 높은 온도에서 작업을 하거나 너무 천천히 저으면 눌어붙거나 타는 것은 물론이고 계란이 익거나 하여 덩어리가 생기기 쉬우므로 주의한다.
• 커스터드크림은 제과의 기본 크림으로 많은 제품에서 다양하게 사용되고 있다.

■ 바바리안(Bavarian) 크림(=바바로이스, Bavarois)

• 배합표

재 료	비 율(%)	무 게(g)
계란 노른자	11	110(6개분)
설탕	15	150
판젤라틴	2	20
물	8	80
바닐라빈		1개
우유	32	320
생크림	32	320
바닐라 익스트랙트	0.3	3
계	100.3	1003

제조 과정

• 계란 노른자를 설탕과 함께 휘저어 가볍고 부드러운 크림을 만든다.
• 판젤라틴을 찬물(10℃ 이하)에 충분히 불려서 물기를 짜고 그릇에 담아 중탕 으로 녹인다.
• 바닥이 두꺼운 냄비에 우유를 담아 바닐라빈을 길이로 쪼개어 속에 있는 씨 앗을 꺼내 껍질과 함께 넣고 중불로 끓인다.
• 너무 뜨거워지거나 끓어 넘치지 않게 주의하면서 바닐라빈을 충분히 우려낸 후 껍질을 걸러내고 다시 끓인다.
• 끓어 넘칠 정도로 뜨거워질 때 계란크림을 고르게 섞어 조금씩 흘려 넣으면 서 빠르게 저어준다.
• 중불 위에서 타거나 눋지 않게 빠르게 저으면서 전체 반죽이 농후해져 두꺼 워지게 되면 불에서 내린다.
• 녹인 젤라틴을 반죽에 흘려 넣어 반죽과 결합되게 잘 저어준다.
• 크림이 체온만큼 식었을 때 생크림을 80% 정도 휘핑하여 바닐라 익스트랙 트와 함께 고르게 혼합한다.
• 몰드에 부어 굳히거나 원하는 반죽에 사용한다.

key point

• 바바리안크림은 젤라틴을 적당하게 사용하여 여러 가지 제품으로 다시 태어난다.
• 젤라틴의 함유량은 각각의 조건에 맞게 양을 조절하여 사용하면 더욱 맛있는 제품을 만들 수 있다.
• 커스터드크림에 생크림을 섞으면 바쁠 때 바바리안크림 대용으로 사용하기도 하여 퀵 바바리안크림이라고도 불린다.

■ 디플러매트크림(Diplomat Cream)

• 배합표

재 료	무 게(g)	비 고
우유	400	
바닐라빈	1/2개	
전분	32	
설탕	96	
소금	1	
계란	60	
무염버터	40	
생크림	600	
바닐라 익스트랙트	5	
젤라틴	26	
키르시	80	
계	1340	

제조 과정

- 바닥이 두꺼운 냄비에 전분을 녹일 만큼의 우유를 남기고 나머지 우유를 담아 바닐라빈을 길이로 쪼개어 속에 있는 씨앗을 꺼내 껍질과 함께 넣고 중불로 끓인다.
- 너무 뜨거워지거나 끓어 넘치지 않게 주의하면서 바닐라빈을 충분히 우려낸 후 껍질을 걸러내고 설탕과 소금을 넣고 다시 끓인다.
- 끓어 넘칠 정도로 뜨거워질 때 조금 남긴 우유와 계란, 전분을 고르게 섞어 조금씩 흘려 넣으면서 빠르게 저어준다.
- 중불 위에서 타거나 눋지 않게 빠르게 저으면서 전체 반죽이 농후해져 두꺼워지게 되면 불에서 내린다.
- 버터를 넣고 저어주면 버터가 반죽 속에서 녹으면 고르게 혼합시킨다.
- 판젤라틴을 찬물(10℃ 이하)에 충분히 불려서 물기를 짜고 그릇에 담아 중탕으로 녹인다.
- 반죽에 온기가 있을 때 녹인 젤라틴을 반죽에 흘려 넣어 반죽과 결합되게 잘 저어준다.
- 체온 정도로 식었을 때 생크림을 80% 정도 휘핑하여 바닐라 익스트랙트와 천천히 넣으면서 고르게 혼합한다.

key point

- 디플러매트크림은 사용하지 않기도 하고 젤라틴을 적당하게 사용하여 여러 가지 제품으로 다시 태어난다.
- 젤라틴을 사용하지 않는 크림은 생크림을 보다 강하게 올려서 혼합한다.

■ 레몬크림(Lemon Cream)

• 배합표

재 료	무 게(g)	비 고
레몬제스트	3개	
오렌지제스트	1개	
레몬주스	360	
오렌지주스	60	
전분	10	
설탕	340	
계란	6개	
무염버터	80	
생크림	100	

제조 과정

• 레몬제스트와 주스, 오렌지제스트와 주스를 섞어 준비한다.
• 계란을 저어서 풀어준 후 전분과 설탕을 섞는다.
• 스테인리스 소스팬에 모든 재료를 고르게 섞어준다.
• 중불에 올려 저으면서 은근하게 불을 맞추어 재료를 끈기가 있게 만든다.
• 끓이지 않고 은근하게 열을 가하면서 타거나 눋지 않게 하여야 한다.
• 뜨거울 때 체에 내린다.
• 식혀서 공기가 통하지 않게 덮어서 냉장 보관하면 3주 정도 사용할 수 있다.

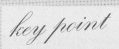

key point

• 제스트(zest)는 레몬, 멜론 등 딱딱한 과일 등의 껍질(skin)을 말한다.
• 레몬의 강한 산이 있어 알루미늄팬을 사용하여 열을 가하면 색이 변하므로 스테인리스 제품이나 부식하지 않는 금속을 이용한 소스팬을 사용하여야 한다.
• 레몬제스트는 속껍질인 흰색 부분은 제외한 아주 바깥의 노란부분만을 사용하여 곱게 갈아서 사용한다.

기타 자료

도라야키 とらやき(일)

배합표

재 료	비 율(%)	무 게(g)
박력분	100	400
소다	2.5	10
계란	75	300
소금	0.5	2
설탕	45	180

재 료	비 율(%)	무 게(g)
우유	15	60
꿀	10	40
계	248	992
생크림		150
통팥앙금		300

제조 과정

- 박력분을 체에 내려 준비한다.
- 계란을 부드럽게 풀어서 거품을 약간 올린다.
- 소금, 설탕, 꿀을 넣고 저어 계속 거품화한다.
- 소다를 소량의 물에 녹여 저어서 혼합한다.
- 준비한 박력분을 넣으면서 덩어리지지 않게 고르게 섞는다.
- 우유로 적당한 되기를 맞춘다.
- 30분 정도 휴지시킨다.
- 190℃의 준비된 그릴이나 프라이팬에서 기름을 두르고 적당한 크기로 구워 한 면이 익으면 뒤집어 다른 면을 익혀낸다.
- 휘핑크림을 휘핑하여 통팥앙금과 섞어 속 필링을 만들어서 식힌 두 장의 도라야키에 충전물을 가운데 충전하고 가장자리를 살짝 눌러 붙인다.

key point

- 반죽할 때 계란의 거품을 많이 올리는 제품이 아니므로 계란을 부드럽게 풀어주어 다른 재료와 잘 섞이게 하는 반죽이어야 한다.
- 도라야키 윗면에 인두를 이용하여 지져서 무늬를 낼 수도 있다.

마시멜로_{Marshmallow(영)}

배합표

재 료 명	비 율(%)	무 게(g)
계란 흰자	(31)	300
설탕	(46)	450
물	(13)	130
물엿	(8)	75

재 료 명	비 율(%)	무 게(g)
판젤라틴	(2)	21
계	(100)	981
라프티 스노		200

제조 과정

1. 반죽 제조

- 계란 흰자의 거품을 올려 80% 정도 올린다.
- 설탕과 물, 물엿을 볼에 넣어 젖은 모래처럼 만든 후 끓여서 150℃ 정도 될 때 불에서 내린다.
- 젤라틴을 찬물에 충분히 불려 설탕시럽에 넣어 녹인다.
- 설탕시럽을 계란의 거품에 조금씩 흘려 넣으면서 저어서 90%의 이탈리안 머랭을 만든다.

2. 패닝

- 철판에 비닐을 깔고 라프티 스노를 뿌린다.
- 반죽된 마시멜로를 윗면에 붓는다.
- 편평하게 원하는 두께로 만든다.
- 윗면에 라프티 스노를 듬뿍 뿌린다.

3. 굳히기

- 냉장고나 서늘한 곳에서 굳힌다.
- 뒤집어서 예리한 칼로 원하는 크기로 잘라서 사용한다.

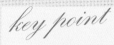

key point

- 마시멜로는 과자 샌드용으로 많이 사용할 수 있고 디저트 등으로도 많이 사용한다.
- 딸기시럽, 민트향 등 향료와 식용색소를 사용하여 다양하게 제조 가능하다.
- 진공 포장하여 냉동고에서 2달 정도 보관할 수 있고 바깥에서 4일 정도 사용 가능하다.

마카롱 Macaron(영, 불)

이탈리안 머랭 이용 배합표

재 료 명	비 율(%)	무 게(g)
아몬드파우더	100	125
슈거파우더(비전분)	100	125
바닐라향	4	5
계란 흰자ⓐ	40	50

재 료 명	비 율(%)	무 게(g)
계란 흰자ⓑ	32	40
설탕	96	120
물	32	40
계	404	505

제조 과정

1. 반죽 제조

- 전분이 들어가 있지 않은 슈거파우더와 아몬드파우더, 바닐라향을 섞어 고운체에 내려 준비한다.
- 계란 흰자ⓐ를 넣어 고르게 섞어준다.
- 설탕과 물을 볼에 넣어 끓여서 110℃ 정도 될 때 60% 정도 거품 올린 계란 흰자ⓑ를 속에 조금씩 흘려 넣으면서 저어서 80%의 이탈리안 머랭을 만든다.
- 머랭을 아몬드파우더 반죽에 3번에 걸쳐 나누어 넣으면서 고르게 섞어준다.

2. 반죽상태

- 반죽이 분리되지 않고 매끈하며 윤기가 살아 있는 반죽이어야 한다.
- 지나치게 저으면 반죽이 질어져서 좋지 않다.
- 반죽을 짜서 두었을 때 15초 정도 후에 짜진 무늬가 없어지는 되기가 알맞다.

3. 팬에 짜기

- 완성된 반죽을 짤주머니에 담아 유산지나 실팻을 깐 철판 위에 원하는 크기로 고르게 짜준다.

4. 말리기

- 반죽의 윗면에 손가락을 살짝 올렸을 때 묻어나지 않을 정도로 말린다.

5. 굽기

- 오븐온도 : 윗불 160℃, 아랫불 150℃
- 굽기 시간 : 12분 정도
- 적당한 프릴(frill)이 생기고 윗면의 광택이 있어야 한다.

프렌치 머랭 이용 배합표

재 료 명	비 율(%)	무 게(g)
슈거파우더(non starch)	47.38	235
아몬드파우더(bleached)	26.20	130
소금	0.10	0.5
계란 흰자(21℃)	20.17	100(3개)

재 료 명	비 율(%)	무 게(g)
가는 설탕(grinding)	6.05	30
크림 오브 타르트	0.10	0.5
컬러(물, 알코올 타입)		적당량
계	100	496

제조 과정

1. 반죽 제조

- 전분이 들어가 있지 않은 슈거파우더와 아몬드파우더, 소금을 섞어 믹서에 갈아 고운 체에 내려 준비한다.
- 계란 흰자에 거품을 60% 정도 올려 커피 그라인더에 간 고운 설탕과 크림 오브 타르트를 넣고 90%의 머랭을 만든다.
- 컬러를 넣고 싶으면 90% 오른 머랭에 원하는 색소를 한두 방울을 넣고 15초 정도 돌려 컬러가 섞이면 반죽을 마무리한다.
- 머랭을 마른 재료 반죽에 한꺼번에 넣어 덩어리지지 않게 부드럽게 반죽하여 질지 않게 고르게 섞어준다.

2. 반죽상태

- 반죽을 덜 휘저으면 덩어리가 보이고 부드럽지 않으며 지나친 반죽이 되면 묽어져서 반죽을 짤 때 줄줄 흘러내려 모양이 잡히지 않는다.

3. 팬에 짜기

- 구멍 뚫린 평평한 철판에 유산지, 실리콘 페이퍼나 눌어붙지 않는 고무매트를 깐다.
- 완성된 반죽을 짤주머니에 담아 원하는 2.5cm 정도의 크기로 고르게 짜준다.
- 뾰족하게 튀어나온 부분은 철판 밑에 젖은 수건을 받쳐 놓고 톡톡 쳐서 고르게 해준다.

4. 말리기

- 반죽의 윗면에 손가락을 살짝 올렸을 때 묻어나지 않을 정도로 말린다.

5. 굽기

- 오븐온도 : 윗불 150℃, 아랫불 150℃
- 굽기 시간 : 12분 정도
- 컨벡션 오븐에서 구우면 열이 고르게 전달되어 좋다.

- 아몬드가루와 섞어주는 슈거파우더는 전분이 함유되지 않은 설탕으로만 된 슈거파우더를 써야 한다.
- 전분이 함유된 슈거파우더를 쓰면 구워져 나왔을 때 속이 끈적거림이 생기게 된다.
- 슈거파우더와 아몬드가루는 믹서에 곱게 갈아서 체에 내려 사용하면 고운 마카롱을 얻을 수 있다.
- 표면이 사그라들지 않을 정도로 뾰족하게 그대로 남아 있으면 반죽이 덜 된 것이므로 다시 반죽을 볼에 담아 저어서 반죽을 부드럽게 하여 사용한다.
- 짜서 말려주면 이 껍질이 마카롱의 특징을 나타낸다.
- 컬러를 쓸 때는 최소의 양을 쓰고 컬러는 머랭의 반죽 마지막에 투입하여 오래 돌리지 않는다.
- 반죽 속의 머랭은 모든 재료를 결합시켜 주고 수분을 제공하는 역할을 한다.
- 이탈리안 머랭은 아메리칸 머랭에 비하여 머랭의 거품이 잘 꺼지지 않으므로 대량작업을 하기 좋고 작업의 실패율을 낮출 수 있다.
- 마카롱은 보통 두 개를 붙여 하나로 만드는데 속 크림은 버터크림, 가나쉬크림, 생크림 등 기호에 따라 다양하게 만든다.

마카롱 샌드 크림

- 모카 가나슈

재 료 명	비 율(%)	무 게(g)
생크림	20	100
포도당시럽	35	175
밀크초콜릿	20	100
코코아 페이스트	17	85
브랜디	7	35
커피 익스트랙트	1	5

재 료 명	비 율(%)	무 게(g)
계	100	500
커피 익스트랙트		20
럼(보드카)		10

제조 과정

- 소스팬에 생크림과 포도당시럽을 넣어 끓인다.
- 밀크초콜릿과 코코아 페이스트를 넣고 저어서 크림이 되게 한다.
- 브랜디와 커피 익스트랙트를 넣고 고르게 저어 섞은 뒤 모카 가나슈를 완성한다.
- 커피 익스트랙트에 럼이나 보드카를 넣고 저어 마카롱시럽을 만든다.
- 마카롱 밑면에 마카롱시럽을 살짝 바르고 짤주머니에 넣은 모카 가나슈를 알맞게 짜고 2개를 붙여 마무리한다.

• 복숭아잼

재 료 명	비 율(%)	무 게(g)
복숭아	60	600
버터	4	40
레몬주스	1	10

재 료 명	비 율(%)	무 게(g)
설탕	35	350
계	100	1000

제조
과정

- 씨를 빼고 껍질 벗긴 복숭아를 잘게 잘라 버터, 레몬주스와 함께 냄비에 담아 중불로 끓인다.
- 복숭아가 익어 부드러워질 때까지 저어주면서 익힌다.
- 잘 익고 무른 복숭아는 빠르게 익힐 수 있고 딱딱한 복숭아는 시간을 두고 서서히 열을 가한다.
- 익어서 부드러워지면 믹서에 갈아서 설탕을 넣고 저어주면서 중불로 졸인다.
- 40분 정도 서서히 끓여 스푼 자국이 남는 정도의 되기가 될 때 불에서 내려 팬에 부어 식힌다.
- 완전히 식으면 마카롱에 적당량을 짜서 붙인다.
- 남은 재료는 밀봉하여 냉장고에 보관하면 3주 정도는 사용 가능하다.

크랜베리스콘 Cranberry Scorn(영)

배합표

재 료 명	비 율(%)	무 게(g)
중력분	100	250
베이킹파우더	4	10
설탕	24	60
버터	36	90
소금	2	5
계란	(37)	100(2개)
생크림	20	50
크랜베리	24	60

재 료 명	비 율(%)	무 게(g)
오렌지필	4	10
초콜릿칩	12	30
럼주	6	15cc
계핏가루	0.8	2
계		682
계란 노른자		36(2개분)
우유		18

제조 과정

1. 반죽 제조

- 박력분, 베이킹파우더를 고르게 혼합하여 체에 내려 준비한다.
- 크랜베리를 럼주에 섞어 전처리하여 둔다.
- 계란 거품기를 이용하여 가볍게 섞는다.
- 설탕과 소금을 넣고 저어준다.
- 녹인 버터를 너무 뜨겁지 않게 조절하여 넣고 고르게 섞일 수 있게 잘 저어준다.
- 생크림과 럼주를 넣고 잘 저어준 후 체에 내려 준비한 중력분을 가볍게 주걱으로 섞어준다.
- 전처리한 크랜베리와 오렌지제스트, 호두를 잘게 잘라 가볍게 혼합한다.

2. 반죽온도

- 24℃

3. 휴지

- 냉장 휴지를 30분 이상 시킨다.
- 휴지시간 동안 밀가루의 수분 이동이 있고 반죽의 안정을 이룬다.

4. 성형

- 휴지시킨 반죽을 밀어 펴기하여 3회 정도 접는다.
- 2cm 정도의 두께로 밀어 편다.

- 스콘틀을 이용하여 찍어낸다.

5. 패닝

- 팬에 간격을 유지하여 패닝한다.
- 남은 반죽은 가볍게 뭉쳐서 밀어 편 후 사각형으로 잘라 간격을 맞추어 패닝한다.

6. 계란물칠하기

- 계란물(계란+우유)을 만들어 체에 내려 곱게 만든다.
- 윗면에 계란물이 흘러내리거나 거칠지 않게 적당한 양을 바른다.

7. 굽기

- 오븐온도 : 윗불 220℃, 아랫불 180℃
- 굽기 시간 : 15분 정도
- 윗면의 색이 고르고 옆면이 잘 터지며 고르게 익어야 한다.

key point

- 반죽을 할 때 글루텐이 잡히지 않게 가볍게 섞는 것처럼 반죽하여야 한다.
- 구워져 나왔을 때 옆면의 터짐을 좋게 하기 위하여 밀가루를 가볍게 혼합하여야 한다.
- 틀로 찍고 남은 반죽을 다룰 때도 너무 짓이기지 않도록 한다.
- 베이킹파우더의 힘으로 많이 부풀어 옆으로 찌그러질 수 있으므로 알맞은 틀에 넣어 옆으로 넘어지지 않게 구우면 더욱 예쁜 모양의 스콘을 얻을 수 있다.
- 크랜베리를 이용한 스콘은 유럽 쪽에서 정통적으로 만들어 오던 스콘 중 하나이다.

와플 Waffle(불)

배합표

● 미국식 와플

재 료 명	비 율(%)	무 게(g)
중력분	100	550
베이킹파우더	(3.6)	20
계란(노른자)	(16)	90(5개분)
설탕ⓐ	(14)	75
소금	(1.8)	10
우유	(91)	500
계란(흰자)	(32)	180(5개분)
설탕ⓑ	(18)	100
정제버터	(3)	16
바닐라향	(0.5)	3
계		1544
정제버터(굽기용)		50

● 벨기에식 와플

재 료 명	비 율(%)	무 게(g)
중력분	100	500
우유	32	160
계란 흰자	24	120(4개분)
버터	20	100
설탕	14	70
소금	1.6	8
드라이 이스트	2	10
계	193.6	968
정제버터(굽기용)		50

제조 과정

미국식

1. 반죽 제조

- 버터를 살짝 태워서 식힌 뒤 윗부분의 맑은 부분만 따라서 정제버터를 준비한다.
- 중력분과 베이킹파우더를 체에 내려 준비한다.
- 계란을 분리하여 흰자의 거품을 먼저 30% 정도 올려 설탕ⓑ를 넣어 80% 머랭을 만들어 준비한다.
- 계란 노른자의 거품을 내다가 소금과 설탕ⓐ를 넣어 거품을 올린다.
- 노른자 거품이 어느 정도 오르면 1/2 정도의 우유를 넣어 섞는다.
- 준비한 밀가루를 조금씩 넣으면서 거품기로 휘저어 덩어리지지 않게 혼합하며 남은 우유를 섞는다.
- 다 섞일 때쯤 흰자로 만든 머랭을 나누어 넣어 섞는다.
- 정제버터를 혼합한다.
- 일부의 머랭이 보일 때 섞기를 중단하여 구울 때 국자로 약간씩 섞어가며 굽는다.

2. 굽기

- 온도 : 220~230℃
- 굽기 시간 : 2~3분 정도
- 예열을 충분히 한 기계에 정제버터를 지나치지 않게 바른 후 반죽을 국자로 떠서 알맞게 부은 후에 굽는다.

벨기에식 40분 정도

1. 반죽 제조

- 32℃ 정도의 우유에 드라이 이스트를 풀어 10분간 둔다.
- 모든 재료를 넣고 반죽을 발전단계 말기까지 해준다.

2. 반죽상태

- 중력분을 사용하는 반죽으로 지나친 글루텐을 잡지 않는다.
- 반죽이 매끈하고 약간의 탄력성을 유지하는 정도이다.

3. 반죽온도

- 25℃ 정도

4. 1차 발효

- 발효실온도 27℃, 습도 75% 정도에서

5. 분할, 둥글리기, 중간발효

- 기계의 크기와 원하는 크기에 따라 60g 정도씩 분할한다.
- 매끈하게 둥글리기한다.
- 비닐 등으로 덮어 마르지 않게 하고 15분 정도 중간발효시켜 2차 발효 없이 바로 굽기한다.

6. 굽기

- 온도 : 220~230℃
- 굽기 시간 : 2~3분 정도
- 예열을 충분히 한 기계에 정제버터를 지나치지 않게 바른 후 기계의 크기에 따라 분할한 반죽을 넣어 굽는다.

key point

- 강한 불에 단시간에 구워서 겉은 바삭바삭하고 속은 촉촉한 스펀지가 되어야 한다.
- 구워져 나온 와플은 철망 위에서 빠르게(선풍기) 식혀 눅눅해지기 전에 사용한다.
- 정제버터로 반죽하고 기계에도 정제버터를 사용하여야 더욱 바삭바삭한 와플을 얻을 수 있다.
- 와플은 꿀, 메이플시럽과 과일, 생크림, 아이스크림, 슈거파우더와 곁들여서 먹으면 더욱 맛이 있다.
- 벨기에 와플은 계란 흰자, 이스트를 넣어서 발효시킨 반죽을 넣어 굽는 것으로 빵 자체가 미국식 와플에 비하여 달지 않기 때문에 신선한 과일과 휘핑한 크림 등을 얹어서 먹는다.
- 미국식 와플은 베이킹파우더를 넣어 반죽하고 설탕을 많이 첨가하여 메이플시럽을 뿌려 달게 먹는 것이 특징이다.
- 일본에는 묽은 반죽 속에 달콤한 팥앙금을 넣어 빵 틀에 붓고 구운 타이야키(Taiyaki)라는 와플도 있다.

요구르트무스 Yogurt Mousse(영)

배합표

● 스펀지 배합표

재 료 명	비 율(%)	무 게(g)
박력분	75	150
아몬드가루	25	50
베이킹파우더	1.5	3
계란	125	250
설탕	70	140
버터	60	120
럼주	6	12
계	362.5	725

● 무스 배합표

재 료 명	무 게(g)	비 고
마스카르포네 치즈	275	
사워크림	50	
버터	80	
플레인 요구르트	50	
설탕	90	
물	30	
노른자	64(4개분)	
판젤라틴	22	
생크림	250	
레몬즙	15	
트리플섹 리큐어	20	
요구르트 페이스트	50	
계	944	

제조 과정

1. 스펀지 만들기

- 계란과 설탕을 볼에 담아 중탕하여 설탕을 녹이면서 온도가 24℃ 정도 되었을 때 거품기로 거품을 올린다.
- 90%의 거품을 올린 다음 박력분, 아몬드파우더, 베이킹파우더를 섞어서 체에 내려 가볍게 섞어준다.
- 중탕으로 녹인 버터를 약간 식힌 후 럼주와 함께 넣어서 섞어준다.
- 유산지 깐 철판에 패닝하여 고르게 펴준다.
- 예열된 200℃ 오븐에서 12분 정도 구워준다.

2. 무스 반죽 제조

- 버터를 부드럽게 풀어준 후 사워크림과 마스카르포네 치즈를 넣고 고르게 풀어준다.
- 플레인 요구루트를 넣고 잘 섞어준다.
- 냄비에 설탕과 물을 넣고 115℃ 정도로 끓인 후 살짝 식힌다.

- 볼에 계란 노른자를 넣고 충분히 휘핑한 후 약간 식힌 설탕물을 조금씩 넣으면서 고루 섞어 파타 봄브를 만든다.
- 파타 봄브를 치즈 반죽에 넣고 섞어준다.
- 찬물에 불려서 중탕으로 녹인 젤라틴을 일부의 반죽과 섞은 후 본반죽과 잘 섞이게 혼합한다.
- 생크림의 거품을 올리면서 레몬즙, 리큐어, 요구르트 페이스트를 넣고 70% 정도 휘핑한 후 반죽에 나누어 고루 혼합한다.

3. 마무리

- 하트형 세르클 틀에 무스띠를 두르고 바닥에 아몬드 스펀지를 깐다.
- 무스 반죽을 틀 가득 채운 다음 냉장고에서 굳힌다.

- 무늬 반죽을 이용하여 옆면에 무늬를 낼 수 있다.
- 반죽이 굳으면 윗면에 젤리를 올려 장식할 수도 있다.
- 판젤라틴은 10℃ 이하의 찬물에서 충분히 불린 다음 물기를 짜고 그릇에 담아 중탕으로 녹여서 사용한다.
- 녹인 젤라틴을 무스 반죽에 배합할 때는 차가운 반죽에 섞으면 젤라틴이 반죽에 고르게 섞이기 전에 몰려서 굳을 수 있으므로 차가운 생크림을 넣기 전에 섞어주는 것이 보통이다.

클라푸티 Clafoutis(불)

배합표

재 료 명	비 율(%)	무 게(g)
중력분	45	90
아몬드파우더	55	110
바닐라향	1	2
계란 노른자	35	70(4개분)
설탕ⓐ	25	50
생크림	65	130
소금	1	2

재 료 명	비 율(%)	무 게(g)
계란 흰자	70	140(4개분)
설탕ⓑ	35	70
블루베리	100	200
계	205	410
슈거파우더		30

제조 과정

1. 반죽 제조

- 중력분, 아몬드파우더, 바닐라향을 체에 내려 준비한다.
- 계란 노른자를 설탕, 소금과 함께 저어서 거품을 약간 올린다.
- 생크림을 조금씩 흘려 넣으면서 거품을 올린다.
- 계란 흰자를 휘핑하여 60% 정도 거품을 올린 후 설탕을 넣고 90% 머랭을 만든다.
- 노른자에 흰자 머랭의 1/3을 넣고 저으면서 준비해 둔 가루를 혼합한다.

2. 팬 담기

- 철판에 준비한 납작한 종이컵을 깐다.
- 블루베리의 1/2을 컵의 바닥에 깔고 반죽을 90% 채운다.
- 윗면에 블루베리로 장식한다.

3. 굽기

- 오븐온도 : 윗불 180℃, 아랫불 170℃
- 굽기 시간 : 20분 정도
- 오븐에서 나오면 윗면에 슈거파우더를 뿌린다.

key point

- 클라푸티는 프랑스의 대표적인 디저트이며 과일과 함께 부드러움을 즐길 수 있는 케이크이다.
- 다크 체리, 라즈베리 등을 이용하여 많이 만든다.
- 디저트로 사용할 때는 가루의 양을 줄여서 모든 재료를 한꺼번에 섞어서 파이팬처럼 납작한 디저트 접시에 부어 구워내기도 한다.

크렘브륄레 Creme Brule(불)

배합표

재 료	비 율(%)	무 게(g)
노른자	14.5	120
설탕	7.2	60
생크림	42.2	350

재 료	비 율(%)	무 게(g)
우유	36.1	300
바닐라빈		1개
계	100	830

제조 과정

- 우유에 바닐라빈을 갈아서 껍질과 함께 씨를 넣고 은은한 불에 끓여서 식힌다.
- 노른자를 풀어 설탕을 넣은 후 체에 거른 우유와 생크림을 넣고 고르게 섞어준다.
- 랩으로 싸서 6시간 이상 냉장고에서 휴지시킨다.
- 사기로 된 브륄레 컵에 담아 윗불 130℃, 아랫불 150℃의 오븐에 중탕으로 40분 정도 굽는다.
- 구워낸 크렘브륄레를 냉장고에 식혀 보관한다.
- 사용하기 전 윗면에 설탕을 뿌리고 토치 램프로 캐러멜화시킨다.

key point

- 반죽할 때 노른자의 거품을 올리는 제품이 아니므로 노른자를 부드럽게 풀어 다른 재료와 잘 섞이게 하는 반죽이어야 한다.
- 반죽하여 충분히 휴지시켜 주면 반죽의 상태가 안정되어 잔 거품이 없어지고 완성된 제품에는 풍미를 가중시킨다.

팬케이크 Pan Cake(영)

배합표

재 료	비 율(%)	무 게(g)
박력분	100	150
바닐라향	2	3
베이킹파우더	6	9
계란	40	60

재 료	비 율(%)	무 게(g)
설탕	20	30
소금	2	3
우유	140	210
계	310	465

제조 과정

- 박력분, 바닐라향, 베이킹파우더를 체에 내려 준비한다.
- 계란을 부드럽게 풀어 우유, 설탕을 넣고 저어서 설탕을 녹인다.
- 준비한 박력분을 넣으면서 덩어리지지 않게 고르게 섞는다.
- 30분 정 도 휴지시킨다.
- 190℃의 준비된 그릴이나 프라이팬에서 적당한 크기로 구워 한 면이 익으면 뒤집어 다른 면을 익혀낸다.

key point

- 반죽할 때 계란의 거품을 많이 올리는 제품이 아니므로 계란을 부드럽게 풀어주어 다른 재료와 잘 섞이게 하는 반죽이어야 한다.
- 구워진 팬케이크는 메이플(maple)시럽과 어울리는 조식용 빵으로 많이 사용된다.

호두레몬케이크 Walnut & Lemon Cake(영)

배합표

재 료 명	비 율(%)	무 게(g)	재 료 명	비 율(%)	무 게(g)
박력분	100	200	캔디드 레몬	15	30
버터	70	140	호두분태	15	30
흑설탕	75	150	계	397	794
계란	75	150(3개)	아몬드슬라이스	10	20
베이킹파우더	2	4	호두분태	10	20
아몬드분말	20	40	슈거파우더	5	10
우유	25	50			

1. 반죽 제조

- 24℃ 정도의 버터를 볼에 담아 부드럽게 풀어준다.
- 흑설탕을 넣고 휘핑을 계속하여 크림을 만든다.
- 버터가 희게 변하면서 크림이 올랐을 때 계란을 나누어 넣으면서 크림화를 계속한다.
- 크림이 매끄럽게 올랐을 때 박력분, 베이킹파우더, 아몬드분말을 섞어서 체에 내려 가볍게 혼합한다.
- 가루를 섞으면서 우유를 같이 혼합한다.
- 캔디드 레몬과 호두분태를 고르게 혼합한다.

2. 반죽상태

- 전 재료가 균일하게 혼합되고 거품이 많이 꺼지지 않은 적당한 반죽이 되어야 한다.

- 매끈하며 윤기 있는 반죽이 되어야 한다.

3. 반죽온도

- 25℃ 정도일 때 거품상태가 가장 좋다.

4. 반죽 비중

- 비중은 0.70±0.05 정도가 되게 한다.

5. 패닝

- 준비한 레몬형 팬에 버터를 바르고 토핑용 아몬드와 호두를 면에 고르게 뿌린다.
- 팬의 90% 정도 반죽을 짜넣고 가운데가 들어가고 가장자리가 약간 도톰하게 패닝한다.

6. 굽기

- 오븐온도 : 윗불 190℃, 아랫불 180℃
- 굽기 시간 : 15분 정도 굽기

key point

- 버터는 24℃ 내외일 때 수분의 보유력과 크림성이 가장 좋아 계란을 투여했을 때 분리도 되지 않고 크림이 잘 일어난다.

미니바게트 Mini Baguette(영, 불)

배합표

● 1차 반죽 배합표

재 료	비 율(%)	무 게(g)
강력분	100	200
물	60	120
생이스트	1	2
계	161	322

● 2차 반죽 배합표

재 료	비 율(%)	무 게(g)
강력분	100	1000
물	62	620
소금	2	20
생이스트	2	20
스펀지 반죽	32	320
계	198	1980

제조과정

1. 1차 반죽 제조(스펀지)
- 모든 재료를 넣고 섞어서 최종단계까지 반죽을 한다.
- 반죽온도를 23℃ 정도로 낮게 한다.
- 냉장고에서 24시간 이상 발효시킨다.

2. 2차 반죽 제조(본반죽)
- 소금을 제외한 재료를 넣고 저속으로 반죽한다.
- 마르지 않게 조치하여 15분 정도 휴지시킨다.
- 소금을 넣고 중속으로 반죽을 계속한다.
- 반죽의 양에 따라 반죽시간을 늘려서 최종단계까지 하여 글루텐의 발전을 최대로 만든다.

3. 반죽상태
- 반죽의 신장성과 탄력성이 최대인 상태이다.
- 매끈하고 윤기 있는 반죽상태이다.

4. 반죽온도
- 장시간 저온 발효이므로 반죽온도가 25℃가 넘지 않게 조치한다.

5. 1차 발효
- 실온의 나무판 위에서 최소 4시간 이상 발효시킨다.
- 온도 27℃, 습도 80%의 적절한 발효실에서 1시간 이상 발효시킨다.

6. 펀치
- 펀치를 하여 새로운 공기로 바꾼 후 다시 45분 정도 1차 발효를 더 시킨다.

7. 분할, 둥글리기
- 40g짜리 48개로 분할한다.
- 껍질이 매끄럽게 둥글리기를 하여 정돈한다.

8. 중간발효
- 성형하기 좋게 중간발효를 15분 정도 시킨다.

- 비닐 등을 덮어 마르지 않게 조치한다.

9. 성형

- 공기를 빼고 7cm 정도가 되게 단단하게 말아서 양끝을 약간 뾰족하게 오블롱(Oblong)모양으로 잡아준다.

10. 패닝

- 소형 바게트 모양으로 펴서 준다.
- 적당한 밀가루나 세몰리나를 묻혀 패닝한다.

11. 2차 발효

- 발효실온도 : 30℃, 습도 : 85%에서 30분 정도

12. 칼집내기

- 칼집을 엇비슷하게 2개 정도 내준다.

13. 굽기 전 스팀주기

- 굽기 전에 반드시 스팀을 주어 굽는다.
- 스팀 오븐이 준비되지 않았으면 미리 물을 뿌려서 굽는다.

14. 굽기

- 오븐온도 : 윗불 230℃, 아랫불 210℃
- 굽기 시간 : 10분 정도 구운 후 1분 정도 건조시켜서 꺼낸다.
- 고르게 익어 겉껍질은 바삭바삭하고 속은 부드러워야 한다.

key point

- 작은 모양의 제품은 높은 온도에서 빨리 구워야 속의 수분을 유지하는 데 도움이 된다.
- 모양을 잡은 후 윗면에 물을 묻혀 밀가루나 세몰리나(semolina)를 묻혀 발효시켜서 구울 때 작고 예리하게 칼집을 주어 구우면 모양이 좋다.
- 미니바게트는 고급 레스토랑에서 사용하기에 좋다.

블루베리롤번 Blueberry Roll Bun(영)

배합표

● 반죽 배합표

재 료	비 율(%)	무 게(g)
강력분	90	900
박력분	10	100
소금	1.7	17
설탕	18	180
분유	2	20
이스트	3.5	35
계란	35	350
생크림	30	300
버터	35	350
합계	225.2	2252

● 속 필링 배합표

재 료	무 게(g)	비 고
블루베리 파이필링	450(1캔)	
냉동 블루베리	400	
분당	150	
합계	1000	

● 토핑 배합표

재 료	비 율(%)	무 게(g)
크림치즈	100	200
분당	40	80
계란	25	50(1개)
럼주	5	10
합계	170	340

제조 과정

1. 반죽 제조

- 버터, 생크림, 계란을 제외한 건재료를 넣고 저속으로 골고루 섞어준다.
- 계란을 넣고 생크림을 넣으면서 저속으로 섞어 밀가루를 수화시킨다.
- 수화되면 버터를 나누어 넣고 최종단계의 90%까지 반죽을 한다.

2. 반죽상태

- 박력분이 들어간 반죽이므로 최종단계보다는 약간 반죽을 덜해준다.
- 반죽이 지나치게 되면 속재료를 싸기가 좋지 않으므로 반죽의 되기를 잘 조절한다.

3. 반죽온도

- 반죽온도는 26℃가 되도록 한다.

4. 1차 발효

- 발효실온도 27℃, 습도 80%, 발효시간 60분 정도
- 충분한 발효가 되게 한다.

5. 속 필링 만들기

- 냉동 블루베리를 잘 녹여준다.
- 블루베리 파이필링을 열어 필링을 조금은 제거한다.
- 분당과 함께 블루베리를 섞어 준비한다.

6. 토핑 만들기

- 크림치즈를 부드럽게 풀어준다.
- 분당을 넣고 섞어준다.
- 계란을 천천히 넣어 혼합하고 럼주를 섞어준다.

7. 분할

- 150g짜리 15개로 분할한다.
- 분할은 정확하고 능숙한 동작으로 한다.

8. 둥글리기

- 표면이 매끈하게 둥글리기하여 순서대로 정돈한다.
- 숙련되고 빠른 동작이 필요하다.

9. 중간발효

- 성형하기 좋게 15분 정도 중간발효시킨다.
- 비닐 등으로 덮어 마르지 않게 조치한다.

10. 성형

- 밀대로 밀어 편 후 속 필링을 60g 정도 펴서 발라준 후 접어 막대모양으로 말아준다.
- 필링 속의 블루베리 알갱이가 터지지 않게 관리한다.

11. 패닝

- 철판에 알맞은 간격으로 패닝한 후 모양을 잡아 약간 납작하게 눌러준다.

12. 칼집내기

- 윗면에 사선으로 칼집을 내어 속에 들어간 블루베리가 약간 보이게 한다.

13. 2차 발효

- 발효실온도 35℃, 습도 85%, 발효시간 50분 정도
- 가스 포집력이 최대인 상태이다.

14. 토핑하기

- 치즈 토핑을 지그재그로 윗면에 모양내어 짠다.
- 지나치게 토핑하면 모양을 예쁘게 만들지 못한다.

15. 굽기

- 오븐온도 : 윗불 180℃, 아랫불 160℃
- 굽기 시간 : 15분 정도
- 전체가 잘 익고 껍질의 치즈색이 선명하고 알맞아야 한다.

key point

- 충전물을 만들 때는 블루베리 파이필링 속의 필링을 너무 많이 제거하지 말고 적당하게 남겨야 냉동 블루베리와 혼합하여 사용할 수 있다.
- 박력분이 들어가는 반죽이므로 반죽할 때 지나치지 않아야 발효하면서 충분한 공기를 포집할 수 있는 능력이 생긴다.
- 반죽온도가 낮으면 발효시간이 길어지므로 반죽의 온도에 신경을 써야 한다. 보통 계란이나 생크림은 냉장 보관이기 때문에 그대로 사용하면 반죽온도가 상당히 낮을 수 있다.

콤비네이션치즈번 Combination Cheese Bun(영)

배합표

• 빵 반죽

재 료	비 율(%)	무 게(g)
강력분	100	1000
버터	12	120
설탕	14	140
소금	1.8	18
생이스트	3.5	35
제빵개량제	0.3	3
계란	20	200
우유	45	450
계	196.6	1966

• 속 충전물 반죽

재 료	비 율(%)	무 게(g)
모차렐라 치즈	20	200
카망베르 치즈(내열성)	10	100
햄		340

재 료	비 율(%)	무 게(g)
양파	14	140
발아새싹채소	13.5	135
마늘	2.7	27
케첩	5.4	54
마요네즈	5.4	54
계	100	1000
프랑크소시지	3.5cm 크기	49조각

• 토핑 배합표

재 료	비 율(%)	무 게(g)
박력 쌀가루	100	100
버터	100	100
설탕	100	100
파머산 슈레드 치즈	80	80
계	380	380
계란 노른자		20
물		5
체더 다이스 치즈	내열성 치즈	350

제조과정

1. 반죽 제조

- 버터, 계란, 우유를 제외한 모든 재료를 볼에 넣고 가볍게 섞어준다.
- 계란, 우유를 넣고 저속으로 반죽을 수화시킨다.
- 반죽이 한 덩어리로 뭉쳐져 클린업 상태가 되면 버터를 넣고 중속으로 반죽을 계속한다.
- 글루텐이 최상의 상태가 된 최종단계에서 반죽을 마무리한다.

2. 반죽상태

- 반죽이 매끈하고 신장성과 탄력성이 최대인 상태이다.

3. 반죽온도

- 27℃
- 계란, 우유 등이 들어가므로 물리적인 조치를 취하여 반죽온도를 맞춘다.

4. 1차 발효

- 발효실온도 27℃, 습도 80%, 발효시간 50분 정도

5. 속 충전용 제조

- 프랑크 소시지는 3.5cm 정도의 크기로 잘라 십자 칼집을 주어 54개를 따로 준비한다.
- 양파, 햄을 잘게 잘라 간 마늘과 함께 살짝 볶아서 나머지 모든 재료를 함께 버

무린다.
- 스위스 슬라이스 치즈는 잘게 잘라 섞는다.
- 이때 마요네즈와 케첩은 사용하기 직전에 섞어주어야 한다.

6. 토핑 제조

- 실온의 버터를 부드럽게 풀어 설탕을 섞고 쌀가루를 섞어 스트로이젤 반죽을 만든다.
- 파머산 치즈를 섞어서 냉장고에 휴지시킨다.
- 계란 노른자에 물을 섞어서 체에 내려 준비한다.
- 체더 다이스 치즈를 따로 준비한다.

7. 분할

- 1차 발효된 반죽을 40g씩 49개로 분할한다.

8. 둥글리기

- 카망베르 치즈가 안으로 들어가게 하여 매끈하게 둥글리기한다.

9. 중간발효

- 15분 정도 중간발효시킨다.

- 비닐 등을 덮어 마르지 않게 조치한다.

10. 성형

- 중간발효시킨 반죽의 공기를 빼고 납작하게 눌러준비한 소시지 1개와 충전물을 25g 정도씩 싼다.
- 이음새의 마무리를 지나치게 당기지 않고 부드럽게 한다.

11. 패닝

- 5개를 한 조로 하여 타르트 틀에 정리하여 담고 살짝 균형 잡히게 눌러준다.

12. 2차 발효

- 발효실온도 30℃, 습도 85% 정도에서 40분간 발효시킨다.

13. 토핑하기

- 표면에 계란물이 흐르지 않게 칠한다.
- 체더 다이스 치즈를 빵 위에 각각 올린다.
- 쌀가루 스트로이젤을 뿌린다.

14. 굽기

- 오븐온도 : 윗불 180℃, 아랫불 160℃
- 굽기 시간 : 25분 정도

key point

- 윗면에 장식으로 우박설탕을 약간 뿌려 굽거나 햄이나 소시지, 혹은 과일로 장식물을 약간 더하여 구울 수도 있다.
- 충전물을 만들어 준비할 때 케첩과 마요네즈는 미리 섞으면 양파 등 채소에서 수분이 나와 충전물을 질게 만든다.
- 케첩과 마요네즈는 필요에 따라 적당량 가감한다.

크로와상 Croissant(불)

배합표

재 료	비 율(%)	무 게(g)
강력분	100	1000
설탕	12	120
소금	2	20
분유	2	20
생이스트	6	60
제빵개량제	1	10

재 료	비 율(%)	무 게(g)
버터	5	50
물(찬물)	50	500
계	176	1760
충전용 버터(마가린)	45	450

제조 과정

1. 반죽 제조

- 버터, 찬물을 제외한 재료를 넣고 저속으로 가볍게 섞어준다.
- 물을 넣고 저속으로 수화시킨다.
- 클린업 단계에서 버터를 넣고 발전단계 중기까지 반죽을 한다.

2. 반죽상태

- 밀어 펴는 과정이 많이 있으므로 반죽을 지나치게 하여 글루텐이 잡히게 되면 밀어 펴기가 힘들다.
- 밀어 펴는 과정에서 글루텐이 발전되게 하여야 한다.

3. 반죽온도

- 24℃ 이하로 맞춘다.

4. 1차 냉장 휴지

- 반죽을 비닐에 싸서 냉장온도에서 30분 간 휴지시킨다.

5. 충전용 유지 밀어 펴기

- 반죽의 휴지시간에 충전용 유지를 직사 각형으로 밀어 펴서 준비한다.
- 휴지된 반죽은 충전용 유지를 쌀 수 있을 정도로 밀어 편다.

6. 충전용 유지 싸기

- 반죽을 밀어 펴서 충전용 유지를 가운데 넣고 반죽을 감싼다.
- 감싸진 반죽을 직사각형으로 밀어 펴기하여 3절 접기를 한다.
- 반죽을 90도로 돌려 직사각형으로 밀어 펴기 하여 3절 접기를 하여 반복 3회 실시한다.
- 밀어 펴기 사이 냉장 휴지를 30분 정도 시키면서 반죽과 밀어 펴지는 속 유지의 되기를 맞춘다.

7. 성형

- 두께 2~3mm 정도, 폭 20cm 정도로 밀어 펴기하여 직사각형 모양을 만든다.
- 가로 10cm, 세로 20cm 크기로 이등변 삼각형 모양으로 자른다.

- 이등변삼각형의 밑면을 약간 잘라서 말기 좋게 하여 초승달모양으로 말아 올린다.

8. 2차 발효

- 발효실온도 32℃, 습도 80% 정도에서 45분간 발효시킨다.

9. 계란물칠하기

- 표면에 계란물이 흐르지 않게 칠한다.

10. 굽기

- 오븐온도 : 윗불 200℃, 아랫불 180℃
- 굽기 시간 : 15분 정도
- 2분 정도 드라이시킨 후 오븐에서 꺼낸다.

key point

- 지나치게 반죽하면 반죽에 글루텐이 강해져서 밀어 펴기가 쉽지 않으므로 발전단계 중기까지만 한다.
- 냉장 휴지의 이유는 반죽의 수화를 돕고 밀어 펴기 좋게 하기 위함이다.
- 충전물 유지를 넣고 밀어 펼 때 반죽이 찢어지면 제품을 구울 때 유지가 새어 나와 맛이 좋지 않게 된다.
- 밀어 펼 때 속 유지와 반죽의 되기가 너무 틀리거나 무리하게 밀어 속 유지가 깨어지게 되면 완제품에서 결이 좋지 않게 된다.
- 계란물을 칠한 후 윗면에 아몬드 등을 묻혀 굽기도 한다.

크림치즈번 Cream Cheese Bun(영)

배합표

• 반죽 배합표

재 료	비 율(%)	무 게(g)
강력분	100	1000
설탕	20	200
소금	1.8	18
드라이 이스트	2.5	25
분유	4	40
계란	45	450(9개)
버터	30	300
물	12	120
계	215.3	2153

분당	8.2	70
크리미비트	4.1	40
레몬즙		1/2개
계	100	850

• 속 필링 배합표

재 료	비 율(%)	무 게(g)
크림치즈	76.5	650
설탕	11.2	90

• 토핑 배합표

재 료	비 율(%)	무 게(g)
크림치즈	68.7	110
설탕	18.8	30
생크림	12.5	20
계	100	160
브리오슈 종이컵	브리오슈 틀	42

제조 과정

1. 반죽 제조

• 반죽 10분 전에 드라이 이스트를 미지근한 물에 풀어 준비한다.
• 강력분, 설탕, 소금, 분유를 믹싱볼에 넣고 혼합한다.
• 계란과 이스트를 풀어준비한 물을 넣고 혼합한다.
• 클린업 단계에서 버터를 잘게 하여 삼등분으로 나누어 넣으면서 시간을 두고 섞는다.

- 중속으로 믹싱을 계속하여 최종단계까지 반죽을 한다.

2. 반죽상태

- 손으로 글루텐을 늘였을 때 찢어지지 않고 풍선껌처럼 잘 늘어날 때까지 반죽을 한다.
- 반죽의 신장성과 탄력성이 최대이다.

3. 반죽온도

- 26℃

4. 1차 발효

- 온도 27℃, 습도 80% 이하에서 50분간 1차 발효시킨다.

5. 속 필링 만들기

- 크림치즈와 설탕을 넣고 부드럽게 풀어준다.
- 분당과 크리미비트를 넣고 풀어준다.
- 레몬즙을 넣어 섞는다.
- 냉장고에서 1시간 휴지시킨다.

6. 토핑 만들기

- 크림치즈와 설탕을 넣고 부드럽게 풀어준다.

- 생크림을 휘핑하여 고르게 섞어준다.

7. 분할, 둥글리기, 중간발효

- 50g씩 분할하여 둥글리기 후 15분 정도 중간발효시킨다.

8. 성형, 패닝

- 반죽에 충전물을 20g 정도씩 싸주어 브리오슈 틀에 컵 종이를 깔아 패닝한다.

9. 2차 발효

- 온도 30℃, 습도 75%에서 30분간 발효시킨다.

10. 토핑

- 발효 후 토핑물을 윗면에 격자무늬로 짜준다.
- 토핑치즈는 가늘게 하여 공간을 충분히 두고 짜야 구워진 모양이 좋다.

11. 굽기

- 윗불 180℃, 아랫불 200℃의 오븐에서 10분 정도 굽는다.

key point

- 충전물은 아몬드크림이나 커스터드크림과 같은 여러 종류의 크림으로 대체가 가능하다.
- 크림치즈와 레몬이 들어가므로 레몬의 향긋함과 치즈의 부드러움을 같이 느낄 수 있다.

토마토식빵(중종법) Tomato Bread(영)

배합표

● 1차 배합표

재 료	비 율(%)	무 게(g)
강력분	100	200
물	50	100
소금	2	4
몰트	1	2
이스트	3	6
토마토즙	20	40
계	176	352

● 반죽 배합표

재 료	비 율(%)	무 게(g)
강력분	100	1000
1차 반죽	30	300
소금	1.8	18
설탕	3	30
이스트	3	30
몰트	1	10
분유	2	20
토마토즙	72	720
버터	3	30
계	215.8	2158

제조과정

1. 1차 반죽 제조

- 토마토를 끓는 물에 살짝 넣어 삶은 후 껍질을 벗기고 믹서에 갈아 준비한다.
- 강력분, 소금, 몰트, 이스트를 넣고 재료를 고르게 섞는다.
- 토마토즙과 물을 넣고 섞어 반죽을 충분히 수화시킨다.
- 냉장고에서 12시간 이상 숙성·발효시킨 후 사용한다.

2. 2차 반죽 제조

- 토마토를 살짝 데쳐 껍질을 벗기고 믹서에 갈아 즙을 만들어 준비한다.
- 1차 반죽, 토마토즙, 버터를 제외한 모든 재료를 넣고 저속으로 섞어준다.
- 1차 반죽, 토마토즙을 넣고 저속으로 재료를 수화시킨다.
- 클린업 단계에서 버터를 넣고 중속으로 반죽하여 최종단계까지 반죽을 하여 글루텐을 최상으로 만든다.

3. 반죽상태

- 표면이 매끈하고 탄력성이 최대인 상태이다.

4. 반죽온도

- 반죽온도는 27℃가 되게 필요한 조치를 취한다.

5. 1차 발효

- 발효실온도 : 27℃, 습도 : 75%에서 90분 정도
- 충분히 1차 발효시켜 반죽의 부피가 3배 정도 되게 한다.

6. 분할

- 175g으로 12개로 분할한다.

7. 둥글리기

- 표면이 매끈하게 둥글리기한다.
- 차례로 정돈한다.

8. 중간발효

- 성형하기 좋게 20분 정도 중간발효시킨다.
- 비닐 등으로 덮어 마르지 않게 조치한다.

9. 성형

- 밀대로 밀어 편 후 양 옆을 접어 안으로 오므리면서 둥글게 말아준다.
- 빠른 동작과 같은 힘으로 말아서 같은 팬에 들어가는 3개의 반죽이 같은 발효가 되게 한다.

10. 패닝

- 식빵 틀에 3개씩 4팬에 패닝한다.
- 틀에 균형 있게 넣고 가볍게 눌러준다.

11. 2차 발효

- 발효실온도 : 30℃, 습도 : 80%에서 60분 정도
- 발효시켜 틀 높이보다 약간 높을 때까지 한다.

12. 굽기

- 오븐온도 : 윗불 180℃, 아랫불 200℃
- 굽기 시간 : 40분 정도 굽는다.
- 옆면의 색이 나고 윗면이 황금갈색이어야 한다.

key point

- 중종법의 제빵은 시간을 충분히 두고 발효하여야 발효의 풍미를 충분히 느낄 수 있는 제품이 된다.
- 토마토의 종류가 다양하지만 부산, 강서, 대저 토마토로 만들기 좋은 빵이다.

프레첼 Pretzel(영, 독 : Brezel)

배합표

• 반죽 배합표

재 료	비 율(%)	무 게(g)
강력분	100	1000
설탕	2	20
물	50	500
생이스트	4	40
제빵개량제	1	10
올리브오일	5	50
소금	1.5	15
계	163.5	1635

• 소다 배합표

재 료	비 율(%)	무 게(g)
물(온수)	100	500
베이킹소다	1.5	15
계	101.5	515

• 토핑재료 배합표

재 료	비 율(%)	무 게(g)
설탕	100	50
시나몬파우더	5	2.5
소금		약간
깨		약간
계	105	52.5

제조 과정

1. 반죽 제조

- 물과 올리브오일을 제외한 건재료를 넣고 저속으로 가볍게 섞어준다.
- 물과 올리브오일을 넣고 저속으로 수화시키고 중속으로 반죽을 한다.
- 최종단계까지 반죽을 한다.

2. 반죽상태

- 윤기와 탄력성이 있는 반죽이어야 한다.

3. 반죽온도

- 반죽온도를 28℃로 맞춘다.

4. 1차 발효

- 발효온도 : 27℃, 습도 80%, 15분 정도 발효시킨다.

5. 분할, 둥글리기

- 50g짜리 30개로 분할한다.
- 매끈하게 둥글리기를 하여 차례로 정돈한다.

6. 중간발효

- 성형하기 좋게 중간발효를 15분 정도 한다.
- 비닐 등으로 덮어 반죽이 마르지 않게 조치한다.

7. 성형

- 손바닥을 이용하여 가운데가 약간 볼록하게 모양을 잡아가며 40cm 정도로 늘인다.
- 반죽의 끝을 잡고 적당한 지점을 기준으로 3번 꼬아서 약간 굵게 모양이 잡힌

몸통 부위에 떨어지지 않게 붙인다.

8. 냉장 휴지

- 모양을 잡은 후 팬에 담아 냉장온도에서 30분간 휴지시킨다.

9. 소다에 담그기

- 온수에 베이킹소다를 혼합하여 저어준다.
- 베이킹소다에 적셔 꺼내어 물기를 빠지게 한다.

10. 패닝

- 기름칠한 철판에 간격을 고르게 하여 패닝한다.

11. 토핑하기

- 정제소금과 깨를 살짝 뿌리거나 필요에

따라 시나몬을 탄 설탕을 묻힌다.

12. 2차 발효

- 발효실온도 : 32℃, 습도 80%에서 20분 정도

13. 칼집내기

- 도톰한 부위에 일자로 칼집을 낸다.

14. 굽기

- 오븐온도 : 윗불 200℃, 아랫불 170℃
- 굽기 시간 : 15분 정도
- 색갈이 고르고 윤기가 있으며 짙은 갈색을 띠어야 한다.

key point

- 프레첼은 가성소다에 적셔 굽는 빵이었으나 가성소다는 다루기에 무리가 있고 구하기도 쉽지 않아 우리나라에서는 보통 베이킹소다나 소금물을 사용한다.
- 만약 가성소다를 쓰면 프레첼 특유의 색을 얻을 수 있으나 가성소다는 피부에 닿으면 화상을 입을 수도 있는 위험한 것이므로 주의하여 다루어야 한다.
- 반죽이 질면 모양 만들기가 좋지 않으므로 반죽의 되기에 주의한다.
- 밀어 펼 때 공기 빼기가 좋지 않아 겉면에 기포가 형성되면 구워져 나온 완제품은 반점이 생겨 모양이 좋지 않게 된다.

피타브레드 Pita Bread(영)

배합표

• 스펀지 반죽

재 료	비 율(%)	무 게(g)
강력분	100	400
설탕	4	16
물(40℃)	90	360
생이스트	7.5	30
계	201.5	806

• 본반죽

재 료	비 율(%)	무 게(g)
강력분	100	750
소금	(2.6)	20
물(40℃)	48	360
올리브오일	(10.6)	80
스펀지 반죽	(100)	800
계		2010

1. 스펀지 반죽 제조

• 따뜻한 물에 설탕과 이스트를 녹여 강력분을 혼합한다.
• 부드럽게 잘 섞은 후 커버하여 따뜻한 곳에 두어 반죽이 두 배가 될 때까지 발효시킨다.

2. 본반죽 제조

• 한줌의 강력분을 따로 두고 소금, 물, 올리브오일을 스펀지 반죽과 함께 반죽한다.
• 훅을 이용하여 저속으로 반죽하여 반죽이 탄력 있고 매끈하게 약 8분 정도 반죽을 한다.
• 작업대에 따로 둔 강력분을 뿌리고 반죽을 올려놓고 단단해질 때까지 반죽을 이긴다.
• 둥글리기하여 반죽에 올리브오일을 약간 바른 후 그릇에 담아 1차 발효시킨다.

3. 반죽상태

• 반죽이 매끈하고 신장성과 탄력성이 최대인 상태이다.

4. 반죽온도

• 25℃ 정도

5. 1차 발효

• 발효실온도 27℃, 습도 75%, 발효시간 90분 정도

6. 분할

• 1차 발효된 반죽을 펀치한 후 100g씩 20개로 분할한다.

7. 둥글리기

• 매끈하고 단단하게 둥글리기한다.

8. 중간발효

• 글루텐이 느슨해지게 30분 정도 중간발효시킨다.
• 비닐 등을 덮어 마르지 않게 조치한다.

9. 성형

- 중간발효시킨 반죽의 공기를 빼고 납작하고 둥글게 밀어서 붙지 않게 강력분을 묻힌다.
- 밀어 펼 때 반죽에 주름이 지지 않아야 하고 구울 때 포켓형으로 부풀 수 있게 상처를 주지 말아야 한다.

10. 휴지

- 원형으로 민 반죽을 밀가루 뿌린 타월이나 베이킹팬 위에 놓고 실온에서 잠시 휴지시간을 준다.
- 휴지시간을 주면 구우면서 줄어드는 것을 방지할 수 있다.
- 2차 발효 없이 굽는다.

11. 굽기

- 오븐온도 : 윗불 240℃, 아랫불 240℃
- 굽기 시간 : 4분 정도로 바닥이 골든 브라운이 될 때까지 굽는다.
- 데크 오븐의 바닥(스톤)에 직접 굽는 하스(hearth) 브레드이다.

key point

- 글루텐의 함량을 줄여서 부드러운 피타브레드를 만들기 위하여 밀가루의 일부를 박력분으로 대체하여 사용할 수 있다.
- 굽는 동안 윗면이 딱딱해지기 전에 바닥 면이 지나치게 색이 나면 불을 약간 낮추어서 구워야 한다.
- 굽는 동안 가운데가 적당하게 부풀어야 하므로 밀어 펼 때 주름이나 상처가 나서 부푸는데 지장이 가지 않게 한다.
- 바닥에 바로 굽지 못하는 오븐이면 코팅이 잘된 철판 위에 반죽을 올려놓고 높은 오븐온도 속에서 구울 수 있는데 바닥에 직접 구운 피타브레드보다 굽는 시간도 오래 걸리고 바삭바삭한 빵을 만들기가 어렵다.
- 구워져 나온 빵은 식힘망 위에서 식히고 껍질은 부드럽게 하고 싶으면 구운 후 마른 수건을 덮어 식힌다.
- 구운 빵을 바로 사용하지 않으려면 랩에 공기가 통하지 않게 단단히 포장하여야 유연한 빵을 그대로 간직할 수 있다.
- 랩에 포장하여 냉동 보관하면 장기간 사용 가능하다.
- 피타브레드는 샌드위치용으로 많이 사용하는 빵으로 가운데가 비어 있어 공갈빵(flat bread)이라고도 한다.
- 피타브레드는 중동에서 속에 고기를 가득 채우고 팔라펠(falafel) 토핑과 타히니(tahini) 소스를 곁들여 많이 사용하며 그 외에도 여러 가지 재료를 사용하여 샌드위치를 만들어 먹는다.

▣ 저자 소개

조병동

2002년 부산아시안게임 및 아·태 장애인게임 제과담당과장
2003년 대구유니버시아드대회 선수촌 급식 제과담당과장
서울롯데호텔, 부산롯데호텔 제과근무(31년)
현) 부산여자대학교 호텔제과제빵과 교수

황성훈

신라호텔 13년 근무
제과기능장
경희대학교 조리외식 석사
건국대학교 식품공학과 박사수료
현) 메이필드 직업전문학교 호텔조리과 전임교수

최신제과제빵_실습편

2013년 8월 10일 초판 1쇄 인쇄
2013년 8월 15일 초판 1쇄 발행

저　자　조병동·황성훈
발행인　寅製 진　욱　상

저자와의
합의하에
인지첩부
생략

발행처　📙 백산출판사
서울시 성북구 정릉3동 653-40
등록 : 1974. 1. 9. 제 1-72호
전화 : 914-1621, 917-6240
FAX : 912-4438
http ://www.ibaeksan.kr
editbsp@naver.com

값 25,000원
ISBN 978-89-6183-763-7